運算思維與程式設計－Python 程式實作

(附範例光碟)

張元翔　編著

全華圖書股份有限公司　印行

國家圖書館出版品預行編目資料

運算思維與程式設計 : Python 程式實作/
張元翔編著. -- 初版. -- 新北市 : 全華圖書股
份有限公司, 2021.05
面 ; 公分
ISBN 978-986-503-743-7(平裝附光碟片)

1.Python(電腦程式語言)
312.32P97 110006477

運算思維與程式設計－Python 程式實作

(附範例光碟)

作者 / 張元翔
發行人 / 陳本源
執行編輯 / 李慧茹
封面設計 / 戴巧耘
出版者 / 全華圖書股份有限公司
郵政帳號 / 0100836-1 號
圖書編號 / 06461007
初版四刷 / 2024 年 8 月
定價 / 新台幣 420 元
ISBN / 978-986-503-743-7(平裝附光碟片)
ISBN / 978-626-328-002-1(PDF)
全華圖書 / www.chwa.com.tw
全華網路書店 Open Tech / www.opentech.com.tw
若您對本書有任何問題，歡迎來信指導 book@chwa.com.tw

臺北總公司(北區營業處)
地址：23671 新北市土城區忠義路 21 號
電話：(02) 2262-5666
傳真：(02) 6637-3695、6637-3696

南區營業處
地址：80769 高雄市三民區應安街 12 號
電話：(07) 381-1377
傳真：(07) 862-5562

中區營業處
地址：40256 臺中市南區樹義一巷 26 號
電話：(04) 2261-8485
傳真：(04) 3600-9806(高中職)
(04) 3601-8600(大專)

前言

隨著電腦與資訊科技時代的快速變遷，「運算思維與程式設計」儼然已成爲全民教育重要的一環，同時也是國力的象徵。世界上許多國家，都開始將「運算思維與程式設計」的教育向下扎根，強調在早期的基礎教育中，例如：國、高中階段，就應該開始培養相關的基礎能力。

台灣的電腦資訊產業發展快速，以台積電、鴻海、華碩、宏碁等公司爲首，成爲國際知名的「電腦王國」，使得資訊專業人才的需求激增。教育部有鑒於此，開始規劃高中端的「加深加廣選修」課程，其中不乏「資訊科技」相關課程。然而，高中端的師資培育與教學工作，仰賴資訊專業背景的學者專家持續投入。大學端每年訓練的資訊專業人才仍然相當有限，加上產業界的高度需求，因而產生供需失衡現象。

近年來，許多大專院校相繼開設「運算思維與程式設計」課程，大多納入通識課程，適用的對象不再侷限於理工、電資等專業領域的大專學生，強調各種專業領域的大專學生，都必須學習「運算思維與程式設計」的課題，目的即是希望程式設計能力成爲國人具備的基礎能力。

本書編寫的對象，適合一般大專學生；同時也適合對於資訊領域具有興趣的高中職學生。若您無任何「程式設計」的相關經驗，但對於「運算思維與程式設計」具有興趣，本書將會是相當適合的入門書籍。

本書採用主題介紹方式，強調循序漸進、由淺入深。除了介紹「運算思維與程式設計」的理論基礎之外，同時搭配 Python 程式實作，強調理論與實務的緊密結合，實現「做中學」的學習理念，期望協助您快速入門。

本書的內容安排，大致分成四大部分：

- **第 1~4 章介紹「運算思維與程式設計」的基本概念。**
- **第 5~11 章介紹「Python 程式設計」。**
- **第 12~19 章介紹「資料結構與演算法」。**
- **第 20 章介紹「程式設計專題」。**

建議您在研讀本書時，隨時準備一台個人電腦或是筆記型電腦。「運算思維與程式設計」的學習過程，將會是一件相當有趣的體驗。若您經歷思考的過程完成一個程式，並成功解決特定的科學或實際問題，其實會產生相當不錯的「成就感」，或許會對資訊科技領域產生莫大的興趣。

筆者於資訊工程系開授的資訊專業課程，以「**工程數學**」（Engineering Mathematics）與「**演算法分析**」（Algorithm Analysis）爲主，授課經驗超過 17 年。工程數學課程的討論範疇，主要是以「工程上使用的數學」爲主，例如：微分方程式、微分方程式系統、拉普拉斯轉換、傅立葉轉換等。演算法分析課程的討論範疇，包含：具有代表性的資料結構與演算法、演算法的設計策略、時間複雜度分析、NP 完備問題等。

最後，預祝您可以懷著快樂的心情學習「運算思維與程式設計」，充分享受其中帶來的眞、善、美，可以在資訊科技領域自由翱翔，未來更進一步解決複雜的科學或實際問題，提升人類的生活品質。

致謝

特別感謝參與本書校閱工作的全華圖書編輯部同仁，使得本書在內容與編排上更加嚴謹且完善。

張元翔
中原大學資訊工程系

目錄

Chapter 06 數學運算與字串處理

Chapter 07 基本輸入與輸出

Chapter 08 選擇－決策性的運算思維

Chapter 09 迴圈－重複性的運算思維

Chapter 10 函式—模組化的運算思維

Chapter 11 遞迴—呼叫本身的運算思維

Chapter 12 資料結構

Chapter 13 物件導向程式設計

Chapter 14 演算法基礎

Chapter 15 暴力法

Chapter 16 分而治之法

Chapter 17 貪婪演算法

Chapter 18 動態規劃法

Chapter 19 圖形演算法

Chapter 20 程式設計專題

附錄 A

Chapter 1

介紹

本章綱要

本章介紹「運算思維與程式設計」的基本概念，包含：引言、程式語言的概念、程式語言的發展、運算思維與程式設計的應用等課題。

1.1 引言

隨著電腦與資訊科技時代的快速變遷，**運算思維與程式設計**（Computational Thinking and Programming）是一門相當實用的科學，目前儼然已成爲全民教育重要的一環，同時也是國力的象徵。無論您是屬於何種專業領域，「運算思維與程式設計」都是值得學習的課題 [1]。

運算思維（Computational Thinking）可以定義爲：「思考如何建構電腦可以執行的方法或計算過程，用來解決問題或提供問題的解答。」運算思維可以分成「狹義」與「廣義」兩個層面。狹義的運算思維，牽涉電腦科學或資訊科技領域討論的構造性思維；廣義的運算思維，牽涉如何將其進行推廣與應用。簡單的說，運算思維其實是一種**解決問題**（Problem Solving）的能力，而且使用電腦作爲解決問題的主要工具。

所謂的電腦，早期通稱爲**計算機系統**（Computer Systems），主要是指**通用型**（Universal）、**可程式化**（Programmable）的計算設備。廣義的計算機系統，包含：個人電腦、筆記型電腦、智慧型手機、遊戲主機、嵌入式系統、智慧型機器人等，其實不勝枚舉，如圖 1-1 [2]。顯然地，「計算機系統」已成爲現代日常生活中不可或缺的重要工具。

圖 1-1　典型的計算機系統
【圖片來源】https://cc0.wfublog.com、https://www.playstation.com、https://www.raspberrypi.org

---

1 舉凡各種專業領域，例如：資訊、電機、理工、商管、財金、生醫、建築、設計、人文等，「運算思維與程式設計」都是值得學習的課題。

2 邀請您拓展視野，在培養「運算思維與程式設計」能力之後，可以使用的計算機系統、應用的場域與情境、解決的科學或實際問題等方面，其實相當廣泛。

電腦科學（Computer Science, CS）與**資訊科技**（Information Technology, IT）領域中，**程式設計**（Computer Programming）的目的是使用電腦執行數學運算、邏輯推理、資料處理等工作，可以用來解決許多科學或實際問題，如圖 1-2。

圖 1-2　程式設計
【圖片來源】© Pressmaster | Dreamstime.com

程式設計是指使用特定的**程式語言**（Programming Language），編寫電腦可以執行的計算過程，稱爲**電腦程式**（Computer Programs）或**軟體**（Software）[3]。具有代表性的程式語言，例如：C、C++、C#、Java、Perl、PHP、Python、Visual Basic 等。

以電腦與資訊科技時代而言，**軟體**其實隨處可見。舉例說明，個人電腦的文書處理軟體、網頁瀏覽器、多媒體軟體、防毒軟體等，智慧型手機的通訊軟體與 APP 應用軟體，遊戲主機的遊戲軟體等，其實不勝枚舉。

軟體的應用範圍，舉凡教育、工業、商業、金融、醫療、農業、建築、文創、藝術、旅遊等，以及日常生活中的影音娛樂、GPS 導航、健康管理、家電用品、智慧機器人等，更是無遠弗屆。概括而言，隨著電腦與資訊科技時代的快速變遷，現代人類對於軟體的需求與日俱增，應用範圍更是愈來愈廣泛。

自從電腦問市以來，「程式設計」被普遍認爲是資訊專業領域人員，例如：資訊工程師、軟體工程師、網路工程師、系統工程師、遊戲程式設計師等，必須具備的專業能力。

「運算思維與程式設計」能力，目前儼然已成爲全民教育重要的一環，同時也是國力的象徵。世界上有許多國家，都開始將「運算思維與程式設計」的教育向下扎根，強調在早期的基礎教育中，例如：國、高中階段，就應該開始培養相關的基礎能力。

3　中國將 Programming 翻譯成「編程」，意指編寫電腦可以執行的計算過程，其實也相當貼切。

麻省理工學院（Massachusetts Institute of Technology, MIT）媒體實驗室，特別針對兒童開發一套電腦程式開發平台，稱爲 Scratch [4]，如圖 1-3，目的就是運用互動多媒體的圖形介面，期望在早期的基礎教育中，便開始培養「運算思維與程式設計」的能力。

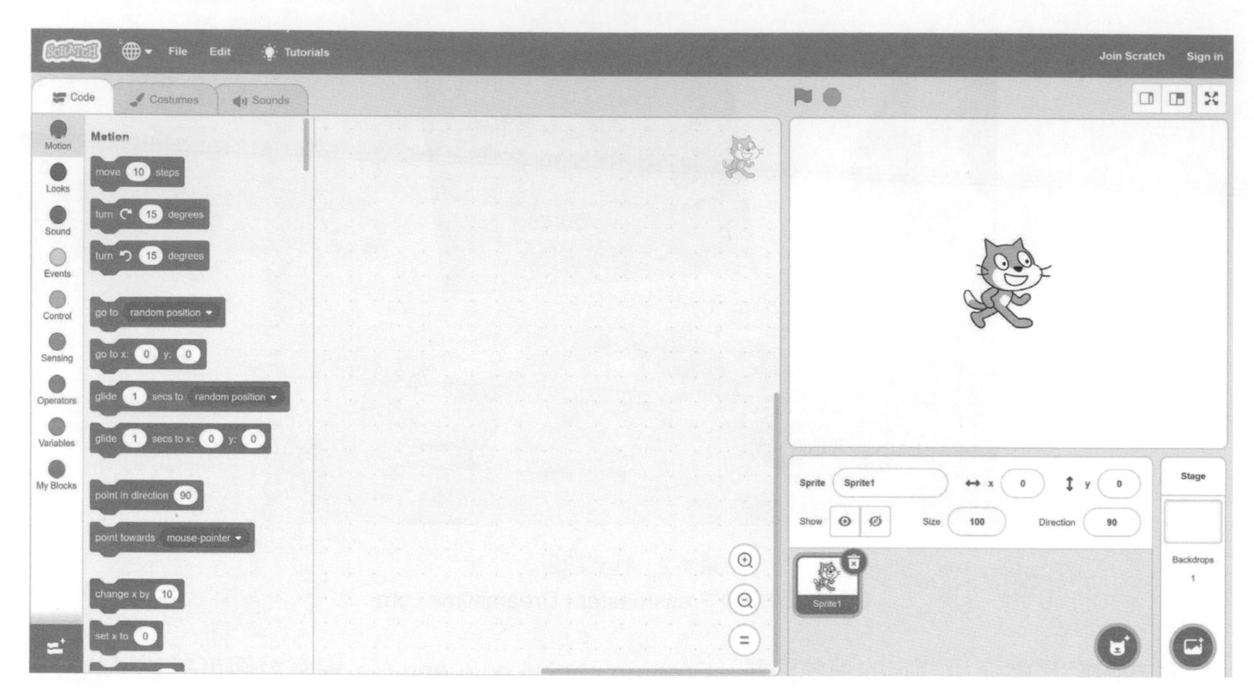

圖 1-3　Scratch 圖形介面
【圖片來源】https://scratch.mit.edu

無論是「運算思維」，或是「程式設計」，牽涉的討論範圍都相當廣泛。本書採取主題方式，循序漸進、由淺入深。除了介紹「運算思維與程式設計」的理論基礎之外，同時搭配 Python 程式實作，強調理論與實務的緊密結合，實現「做中學」的學習理念。

1.2 程式語言的概念

電腦其實不懂人類的**自然語言**（Natural Language），例如：國語、英語等。因此，程式設計師（或軟體工程師）必須使用電腦可以理解的語言編寫程式，才能告知電腦執行指定的工作。電腦使用的語言，稱爲**程式語言**（Programming Language）。

一般來說，程式語言必須經過**編譯**（Compile）的過程，進而轉換成 0 與 1 的指令，才能告知電腦執行指定的工作，如圖 1-4 [5]。

4　Scratch 的名稱取自 Start from Scratch，有「從零開始」的意涵。以台灣的基礎教育而言，目前許多學校開始導入 Scratch 課程，有助於培養「運算思維與程式設計」的能力。

5　概念上，如同與外國人溝通時，必須經過「翻譯」的過程。以資訊科技時代而言，「程式語言」儼然已成為另一種必備的語言能力，其重要性甚至超越許多外語能力。

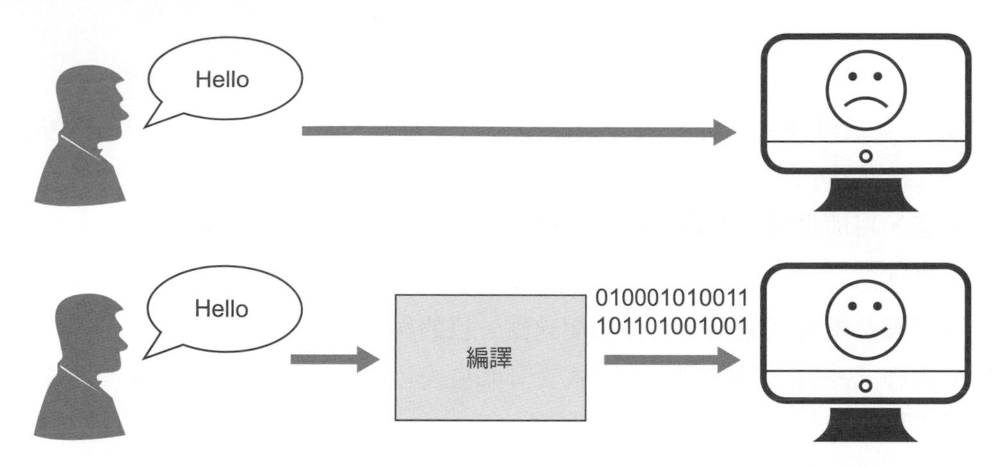

圖 1-4　程式語言須經過「編譯」的過程，電腦才能執行指定的工作

程式語言可以分成下列兩種：

- **低階程式語言**（Low-Level Programming Language）
- **高階程式語言**（High-Level Programming Language）

1.2.1　低階程式語言

電腦使用的原始語言，稱爲**機器語言**（Machine Language），是一種 0 與 1 編碼的程式語言。換句話說，若要對電腦下達**指令**（Instruction）與執行工作，須使用 0 與 1 組合而成的指令，例如：1101 1010 1100 0001 等。

對於電腦而言，機器語言是最直接的指令。然而，使用機器語言編寫的程式非常難以閱讀。因此，早期的計算機系統中，**組合語言**（Assembly Language）被用來取代機器語言，是具有代表性的**低階程式語言**（Low-Level Programming Language）。典型的組合語言指令，例如：add、sub 等，分別用來表示加法、減法等。

由於電腦無法看懂組合語言，須使用**組譯器**（Assembler），將組合語言的原始程式碼轉換成機器語言（或機器碼），電腦才能執行指定的工作，進而產生輸出結果，如圖 1-5。

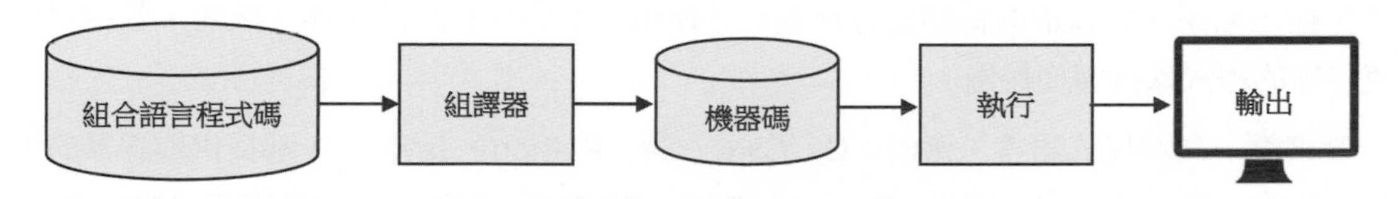

圖 1-5　組合語言的電腦執行過程

一般來說，組合語言須與電腦硬體架構互相對應，例如：×86 組合語言僅適用於 Intel CPU 系列等。對於程式設計師而言，編寫組合語言，須熟悉電腦硬體架構，例如：CPU、記憶體等的運作方式，因此要求的技術層面較高，但電腦的處理速度較快。

1.2.2 高階程式語言

隨著電腦與資訊科技的快速發展，因而產生許多**高階程式語言**（High-Level Programming Language），目的是期望使得程式設計的過程更容易，提供的功能更完善，可以用來解決複雜的科學或實際問題。目前世界上有數百種高階程式語言，相信您會有這樣的疑惑，究竟應該學習哪一種高階程式語言。

基本上，每種高階程式語言都有優點與缺點，目的與適用的環境也不盡相同。因此，並沒有所謂「最佳」的程式語言。經驗豐富的程式設計師會盡可能熟悉多種程式語言，根據目的與環境選擇適當的程式語言。

高階程式語言的電腦執行過程，可以根據翻譯的過程分成兩種方式，分別稱為**編譯器**（Compiler）與**直譯器**（Interpreter），如圖 1-6。

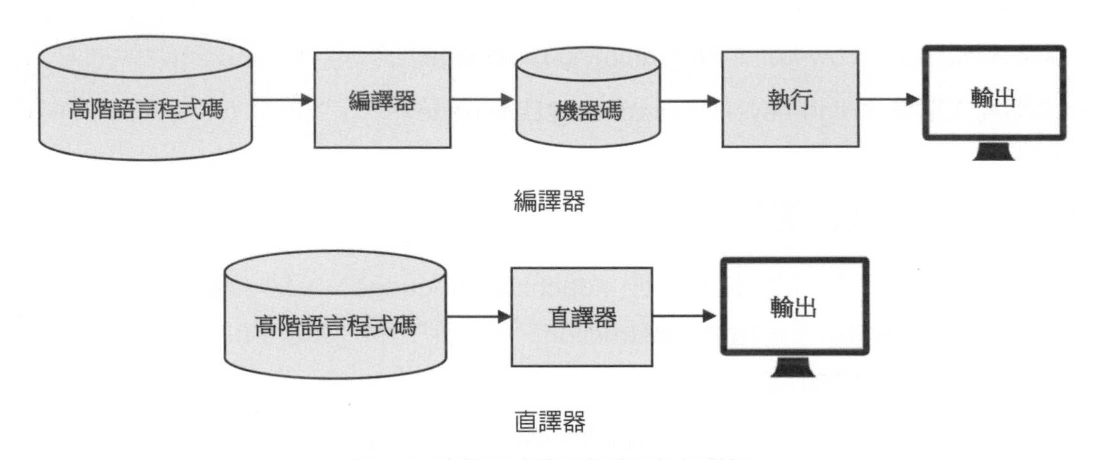

圖 1-6　高階程式語言的電腦執行過程

使用高階程式語言編寫而得的程式，稱為**原始碼**（Source Codes）。由於電腦看不懂原始碼，因此須先翻譯成機器語言（或機器碼）。最典型的方式是透過**編譯器**的程式工具，將程式碼進行編譯。接著，根據編譯後的機器碼，電腦就可以執行指令，並產生輸出結果。

直譯器可以從原始碼讀取一行一行的指令，同時直接翻譯成機器碼，而且馬上執行該指令，進而產生輸出結果。直譯器的優點是方便進行「模組化」的程式設計工作。然而，若相對於編譯器，直譯器的程式執行速度較慢。

一般來說，高階程式語言，例如：C、C++、C#、Python、Java 等，都提供編譯器的程式工具。新一代的高階程式語言，例如：Python、Perl、PHP 等，則進一步提供直譯器的程式工具。

1.3 程式語言的發展

自電腦問市以來，具有代表性的高階程式語言，其發展沿革如圖 1-7；相關的說明，如表 1-1。近數十年來，這些高階程式語言，被程式設計師或軟體工程師廣泛採用。

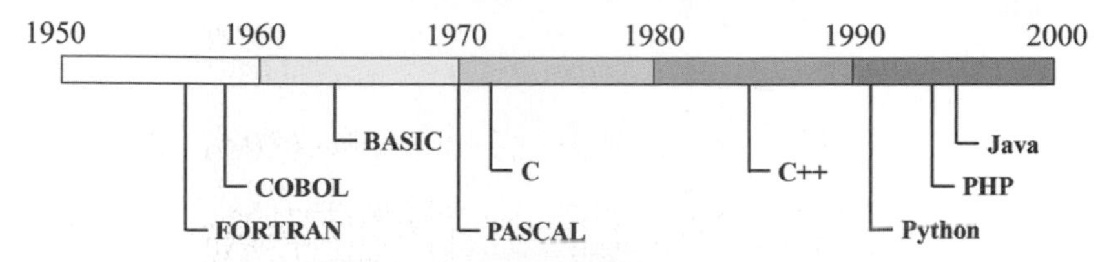

圖 1-7　高階程式語言的發展沿革

表 1-1　具有代表性的高階程式語言

BASIC	BASIC 取自 Beginner's All-purpose Symbolic Instruction Code，由 John G. Kemeny 與 Thomas E. Kurtz 於 1964 年發表，目的是使得初學者更容易學習與使用程式語言。
C	C 是由貝爾實驗室的 Dennis Ritchie 於 1972~1973 年間開發，最早是以 Unix 作業系統為主。
C++	C++ 是通用的高階程式語言，延伸自 C 語言，並具有物件導向的特性，C++ 的第一個版本於 1985 年發表。
C#	C# 唸作 C Sharp，由美國 Microsoft 公司開發，是一種混合 C++ 與 Java 的程式語言。
COBOL	COBOL 取自 Common Business-Oriented Language，由 Grace Hopper 於 1959 年發表，適合用來處理大量的商業資料與報表。
FORTRAN	FORTRAN 取自 Formula Translation，由美國 IBM 公司於 1957 年開發，成為世界上第一個被正式採用，並流傳至今的程式語言。
Java	Java 是一種物件導向的程式語言，由 Sun Microsystems 的 James Gosling 於 1995 年發表，適用於跨平台的網際網路應用程式。
PASCAL	PASCAL 是一種物件導向與程序導向的程式語言，由 Niklaus Wirth 於 1970 年發表，適合程式設計的教學用途。
PHP	PHP 是通用的腳本語言（Scripting Language），由 Rasmus Lerdord 於 1994 年發表，適合網際網路開發工作。
Python	Python 是通用的高階程式語言，由 Guido van Rossum 於 1991 年發表，目前已被廣泛使用。

【註】本表是根據程式語言的英文字母順序排列。

概括而言，C、C++ 是過去數十年來最常用的程式語言；Python 與 Java 則是新一代具有代表性的程式語言[6]。基本上，C、C++、Python、Java，都是「通用型」的程式語言，許多程式設計的概念是相通的，因此只要學習其中一種，就很容易學習另一種程式語言。

6　若您完全沒有接觸過「程式設計」，Python 程式語言確實是一項不錯的選擇。

根據 IEEE Spectrum 期刊的調查，2018 年高階程式語言的排名如圖 1-8。目前最流行的程式語言，以 Python、C、C++、C# 與 Java 爲主。本書是以 Python 程式語言爲主，進行實際的程式設計工作。

Language Rank	Types	Spectrum Ranking
1. Python		100.0
2. C++		99.7
3. Java		97.5
4. C		96.7
5. C#		89.4
6. PHP		84.9
7. R		82.9
8. JavaScript		82.6
9. Go		76.4
10. Assembly		74.1

圖 1-8　程式語言排名（2018 年）

【圖片來源】IEEE Spectrum

1.4 運算思維與程式設計的應用

「運算思維與程式設計」的應用相當廣泛而多元，其實就是現代資訊科技發展趨勢，如圖 1-9。以下概略說明之：

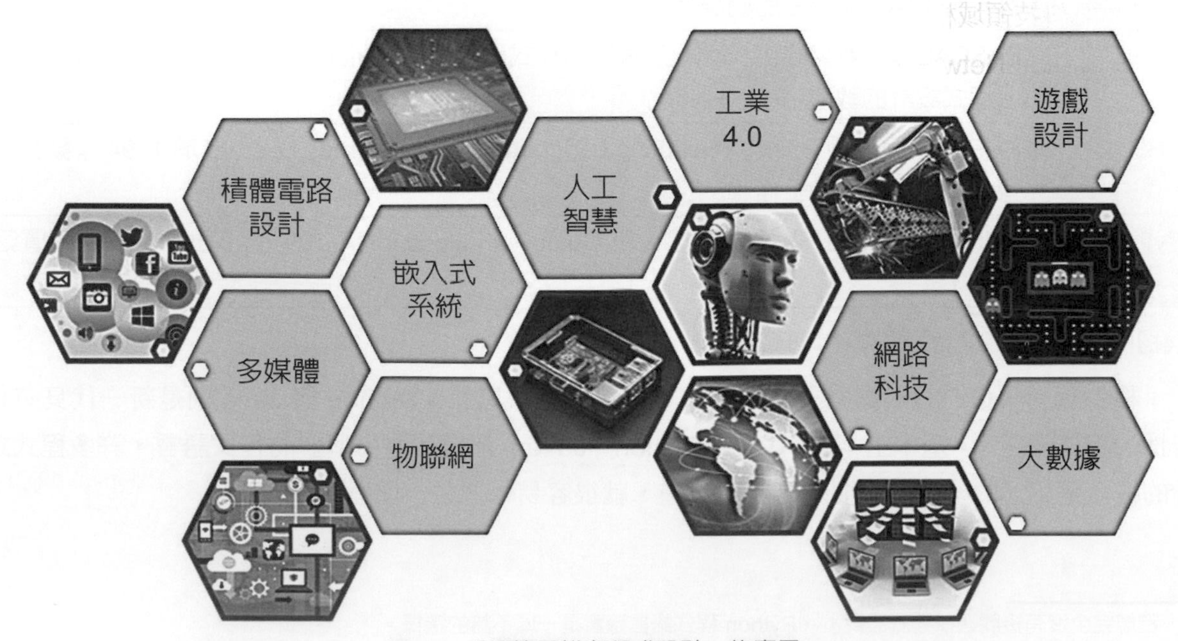

圖 1-9 「運算思維與程式設計」的應用

- **積體電路設計**（Integrated Circuit Design, IC Design），或簡稱**晶片設計**，主要是指積體電路的設計、模擬與測試等工作，透過半導體製程，安置在單一的矽晶片 。為了方便大量製造，矽晶片的載體，稱為**晶圓**（Wafer）。積體電路設計與模擬工作，通常仰賴**電腦輔助設計**（Computer-Aided Design, CAD）軟體，進行模組化的硬體設計與整合工作。
- **多媒體**（Multimedia）是**文字**（Text）、**訊號**（Signal）、**影像**（Image）、**視訊**（Video）、**動畫**（Animation）等的總稱，牽涉的關鍵技術相當多，例如：**自然語言處理**（Natural Language Processing）、**訊號處理**（Signal Processing）、**語音辨識**（Speech Recognition）、**影像處理**（Image Processing）、**視訊處理**（Video Processing）、**電腦視覺**（Computer Vision）、**電腦圖學**（Computer Graphics）、**遊戲設計**（Game Design）、**虛擬實境**（Virtual Reality, VR）、**擴增實境**（Augmented Reality, AR）等。
- **嵌入式系統**（Embedded System）是指「專為特定任務而設計的電子裝置。」嵌入式系統歷經數十年的持續研發，主要是基於**微控制器**（Micro-controller），成為許多硬體設備的計算核心。目前流行的嵌入式系統，以 Arduino 與 Raspberry Pi 最具有代表性。事實上，嵌入式系統的應用已隨處可見，例如：影音娛樂系統、家電用品、車用電子設備、遊戲主機、數位相機、醫療設備、生產製造、智慧型機器人等。
- **物聯網**（Internet of Things，簡稱 IOT），是將許多獨立功能的實際物體，例如：嵌入式系統、感測器等，透過網際網路、傳統電信網等方式進行連接。由於物聯網通常採用無線網路，因此連接的設備可以達到 1,000 至 5,000 個。物聯網中，使用者可以應用電子標籤，將實際物體連接上網，同時在物聯網中查出它們的位置，或是獲得感測的資料。
- **人工智慧**（Artificial Intelligence，簡稱 AI），是指人類製造的電腦（或機器），能夠模仿人類表現的智慧。通常，人工智慧技術是以電腦「程式設計」的方式實現，目前已成為資訊科技領域相當熱門的研究議題。人工智慧牽涉的關鍵技術，包含：**類神經網路**（Artificial Neural Networks）、**機器學習**（Machine Learning）、**深度學習**（Deep Learning）、**生成對抗網路**（Generative Adversarial Network, GAN）等。
- **工業 4.0**，或稱為**生產力 4.0**，是德國政府提出的高科技計畫，又稱為「第四次工業革命」。工業 4.0 的目的是提昇生產製造業的電腦化、數位化與智慧化，藉以建立自動化、高效率的智慧型工廠，俗稱「無人工廠」或「關燈工廠」。事實上，工業 4.0 牽涉的相關技術相當多元，例如：物聯網、嵌入式系統、大數據、人工智慧、工業機器人等。
- **網路科技**（Network Technology）與**資訊安全**（Information Security）具有密不可分的關係。隨著網路科技的快速發展，資訊交換與傳輸變得更快速，使得人與人之間的互動更便利。然而，隨著網路科技帶來的便利性，網路駭客或電腦病毒的攻擊事件層出不窮。如何確保資訊與財產不受偷竊、污染或破壞，成為網路科技與資訊安全的重要議題。

- **大數據**（Big Data），又稱爲**海量資料**，通常是指傳統資料處理軟體無法處理的大量且複雜的資料（Data）。大數據也可以定義爲各種不同來源的大量「非結構化」或「結構化」的資料。**大數據分析**（Big Data Analysis），或稱爲**資料探勘**（Data Mining），目的是將大量的資料進行處理與統計分析，擷取有用的**資訊**（Information），可以用來協助科學研究、市場調查、商業決策等。
- **遊戲設計**（Game Design）是指設計與策劃遊戲內容與規則的過程。以現階段而言，遊戲設計牽涉跨領域的高度整合，其中牽涉遊戲主題、遊戲角色、遊戲規則、藝術創作、電腦多媒體、程式設計等工作。新一代的遊戲設計，同時牽涉**虛擬實境**（Virtual Reality, VR）、**擴增實境**（Augmented Reality, AR）等關鍵技術，應用範圍相當廣泛。

總結而言，「運算思維與程式設計」的應用相當廣泛，在可見的未來，將大幅改變人類的生活型態。期待您在學習這個課題之後，未來可以加入這些應用領域的研發行列，協助人類解決複雜的科學或實際問題，提升人類的生活品質。

本章習題

選擇題

( ) 1. 「運算思維」其實是一種 _______ 的能力？
(A) 創意創造 (B) 表達溝通 (C) 解決問題 (D) 生涯規劃 (E) 以上皆非

( ) 2. 下列何者是一種「計算機系統」？
(A) 個人電腦 (B) 筆記型電腦 (C) 智慧型手機 (D) 遊戲主機 (E) 以上皆是

( ) 3. C、C++、Python 是一種 _______ ？
(A) 電腦硬體 (B) 程式語言 (C) 電腦遊戲 (D) 電腦網路 (E) 以上皆非

( ) 4. 下列何者是電腦可以理解的程式語言？
(A) 機器語言 (B) 組合語言 (C) 高階程式語言 (D) 以上皆非

( ) 5. 組合語言須使用下列何種工具轉換成機器語言，電腦才能執行指定的工作？
(A) 組譯器 (B) 編譯器 (C) 直譯器 (D) 以上皆非

( ) 6. 下列高階程式語言中，何者的歷史最久遠？
(A) BASIC (B) C/C++ (C) FORTRAN (D) Java (E) Python

( ) 7. 下列高階程式語言中，何者的歷史最年輕？
(A) BASIC (B) C/C++ (C) FORTRAN (D) Java (E) Python

( ) 8. 下列高階程式語言中，何者提供「直譯器」的程式工具？
(A) BASIC (B) C/C++ (C) FORTRAN (D) Java (E) Python

觀念複習

1. 試解釋何謂「程式設計」。
2. 試解釋何謂「運算思維」。
3. 試列舉具有代表性的低階程式語言。
4. 試列舉具有代表性的高階程式語言。
5. 試解釋編譯器 (Compiler) 與直譯器 (Interpreter) 的差異。
6. 試解釋下列專有名詞：
(a) 積體電路設計 (b) 多媒體 (c) 嵌入式系統 (d) 物聯網
(e) 人工智慧 (f) 工業 4.0 (g) 資訊安全 (h) 大數據

程式設計練習

1. 請使用 Scratch，初步體驗「運算思維與程式設計」。Scratch 的官方網頁為 https://scratch.mit.edu。

2. 英文打字能力，其實會影響程式設計能力。因此，在學習「運算思維與程式設計」之前，可以培養快速的英文打字能力。建議您上網玩 ZTYPE 英文打字遊戲，如下圖，網頁為 https://zty.pe。邀請您設定目標，例如：超過 1,000 分，準確率超過 95%。原則上，您應該學習正確的英文打字指法，可以提升英文打字的速度，如下圖。除此之外，強化英文字彙能力，也可以加快英文打字的速度。

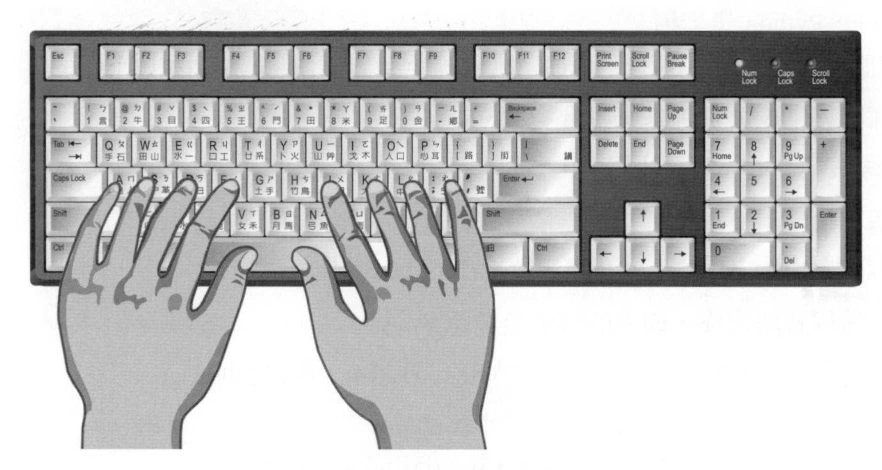

正確的英文打字指法

Chapter 2

數學基礎

本章綱要

本章介紹「運算思維與程式設計」的數學基礎，包含：數的概念、數列與級數、排列與組合等課題。培養紮實的數學基礎，是學習「運算思維與程式設計」的重要條件。

2.1 基本概念

若您覺得「運算思維與程式設計」與「數學」無關，那就眞的大錯特錯了。「數學爲科學之母」，是許多科學領域的重要基礎，如圖 2-1 [1]。愛因斯坦曾說：「數學之所以比其他科學受到尊重，在於它的命題是絕對可靠與無可爭辯，其他科學經常處於被新發現的事實推翻的危險。」

事實上，「數學」不僅與**物理**（Physics）、**化學**（Chemistry）、**電學**（Electricity）等基礎科學相關，同時與**電腦科學**（Computer Science, CS）、**資訊科技**（Information Technology, IT）等應用科學，都具有密不可分的關係。

圖 2-1　數學為科學之母
【圖片來源】https://unsplash.com

電腦與人腦的最大差異，在於電腦能夠進行高速的數學與邏輯運算工作。假設現有一百萬條四則運算（加、減、乘、除）問題，我們希望在最短的時間內得到解答。若由人類執行這個計算工作，即使是心算非常快的高手，可能也要花三天三夜的時間才能算得完。但是，同樣的問題若交給電腦，可能在幾秒鐘的時間內，就可以得到解答 [2]。

不僅如此，人類在執行重複性的工作時，通常支撐不了很久，就會產生疲倦感，因而容易造成計算錯誤的現象。若是換成電腦，只要對它持續供電，就可以不眠不休地執行計算工作，而且不會有計算錯誤的現象 [3]。因此，電腦成爲現代科技生活中重要的計算工具。

1　邀請您上 YouTube 觀看微電影「**數學的版圖**」（The Map of Mathematics）。這部微電影針對數學的全貌，提供相當不錯的概括性介紹。

2　以西元 2020 年而言，世界上最快的超級電腦是美國 IBM Summit，提供 200P FLOPS 的計算能力，其中 FLOPS 是指每秒的浮點計算次數，且 $1\text{P} = 10^{15}$。簡單的說，一百萬條四則運算對它而言，是「眨眼」的瞬間就可以完成。

3　當然，電腦在進行大量的計算工作時，還是會消耗能量，並產生散熱問題。通常電腦的計算能力愈強，消耗的能量愈大，散熱問題也愈嚴重。

然而，電腦並不能進行思考。簡單的說，電腦其實是一台「笨機器」，它只會聽從人類賦予的**指令**（Instructions）執行計算工作。因此，若想要解決複雜的科學或實際問題，須仰賴科學家或工程師（或許就是您），將問題先經過轉換，稱為「數學抽象化」，變成電腦可以處理的計算問題，接著交給電腦執行計算工作，最後再根據計算後的輸出結果，藉以解決複雜的科學或實際問題。

以電腦與資訊科技時代而言，世界上許多相當有用的電腦軟體，例如：**資料處理**（Data Processing）、**訊號處理**（Signal Processing）、**影像處理**（Image Processing）、**視訊處理**（Video Processing）、**資料壓縮**（Data Compression）、**大數據分析**（Big Data Analysis）、**人工智慧**（Artificial Intelligence, AI）、**公鑰密碼系統**（Public-Key Cryptosystem）、**金融科技**（Financial Technology, FinTech）、**電腦遊戲**（Computer Games）等，其實都離不開數學。因此，若想成為優秀的程式設計師或軟體工程師，都應該培養扎實的數學知識與背景。

本章以高中程度的數學為主，介紹數學的基礎概念，包含：數的概念、數列與級數、排列與組合等課題。

2.2 數的概念

從古希臘時代開始，人類就有數的抽象概念。**畢達哥拉斯**（Pythagoras）是古希臘哲學家與數學家，他主張「**萬物皆數**」（All things are numbers），認為數學可以解釋全世界所有的事物，同時認為一切眞理都可以用比例、平方與直角三角形加以反映與證實，如圖 2-2。

圖 2-2 畢達哥拉斯

隨著數學領域的持續發展，因而產生許多數的概念。

2.2.1 自然數

定義	自然數
自然數（Natural Numbers）為 1、2、3 等。自然數的集合可以表示成 ℕ。	

自然數是由於人類對於周遭事物進行**計算**（Counting）或**排序**（Ordering）而來。0 源自印度，是為人稱道的抽象概念。然而，0 是否屬於自然數，目前仍存在爭議，並無統一的說法。一般來說，**數論**（Number Theory）中，0 不屬於自然數；工程與電腦科學領域中，0 屬於自然數 [4]。

4 許多高階程式語言，例如：C、C++、Java、Python 等，都是從 0 開始計算。

2.2.2 整數

定義	整數
整數（Integers）為⋯、–2、–1、0、1、2、⋯。整數的集合可以表示成 $\mathbb{Z}$。	

整數包含**正整數**（Positive Integers）、**負整數**（Negative Integers）與 0。正整數是指大於 0 的整數，例如：1、2、3 等；負整數是指小於 0 的整數，例如：–1、–2、–3 等。

2.2.3 有理數

定義	有理數
有理數（Rational Numbers）是指可以表示成整數分子與非零整數分母分數的數。有理數的集合可以表示成 $\mathbb{Q}$。	

典型的有理數，例如：

$$0.1 = \frac{1}{10}$$

$$0.13 = \frac{13}{100}$$

$$0.\overline{15} = 0.151515\cdots = \frac{15}{99}$$

$$0.\overline{123} = 0.123123123\cdots = \frac{123}{999}$$

其中包含「有限小數」或「無限循環小數」。

2.2.4 無理數

首先，分享一個故事，稱爲「希帕索斯與無理數」：

> 古希臘時代，哲學家畢達哥拉斯有位門生，叫做**希帕索斯**，他發現了無理數 $\sqrt{2} = 1.41421356\cdots$，當時是令人震驚的「無限不循環小數」。畢達哥拉斯無法給予合理的解釋，因而引發畢氏學派的恐慌，釀成「歷史上的第一次數學危機」。希帕索斯後來因為這個無理數被丟到愛琴海淹死，據說是被自己的老師畢達哥拉斯判決淹死；另有一種說法是被學派門人淹死[5]。

定義	無理數
無理數（Irrational Numbers）是指無法表示成整數分子與非零整數分母分數的數。	

典型的無理數，例如：

$\sqrt{2} = 1.41421356\cdots$

$\sqrt{3} = 1.73205080\cdots$

$\pi = 3.1415926535\cdots$

$e = 2.71828182845\cdots$

皆是「無限不循環小數」。

2.2.5 實數

定義	實數
實數（Real Numbers）是有理數與無理數的總稱。實數的集合可以表示成 $\mathbb{R}$ 。	

從古希臘時代直至 17 世紀，數學家才慢慢接受無理數的存在。後來，數學家發現虛數 $i=\sqrt{-1}$ 或 $i^2=-1$ 。爲了區隔起見，因此將有理數與無理數統稱爲**實數**（Real Numbers），意指「實在的數」。

2.2.6 複數

定義	複數
複數（Complex Numbers）可以定義為： $z=a+bi$ 其中 a 稱為**實部**（Real Part），b 稱為**虛部**（Imaginary Part），i 稱為**虛數單位**，即 $i=\sqrt{-1}$ 或 $i^2=-1$ 。複數的集合可以表示成 $\mathbb{C}$ 。	

數學領域中，虛數單位通常是用 i 表示；工程領域中，虛數單位也經常用 j 表示。複數的發現，使得數學領域更完整，數學工具更豐富。典型的複數，例如：$1+i$ 、$1+\sqrt{3}\,i$ 等。

綜合上述數的集合，每個數的集合都是接下來集合的子集。若以數學符號表示，則：

$$\mathbb{N}\subset\mathbb{Z}\subset\mathbb{Q}\subset\mathbb{R}\subset\mathbb{C}$$

其中，$\subset$ 是「包含於」的數學符號。

2.3 數列與級數

組合數學或電腦科學領域中，**數列**（Numbers）與**級數**（Series）是相當重要的課題，兩者具有密不可分的關聯性。在此，我們將先介紹級數，再介紹數列。

2.3.1 級數

定義	級數
級數（Series）可以定義為：「一個有窮或無窮序列的總和。」	

數學領域中，若序列爲有窮序列，則稱爲「有窮級數」；若序列爲無窮序列，則稱爲「無窮級數」。級數是序列的總和，使用數學符號 Σ 表示。

5 中國李永樂老師戲稱畢達哥拉斯是歷史上第一個「學霸」（學術界的惡霸）。希帕索斯發現「無理數」，使得數學領域繼續向前邁進，同時也證明數學領域是沒有止境的。歷史上曾經出現三次數學危機，每一次危機都促使數學領域向前大幅邁進。

一、等差級數

首先，分享一個故事，稱爲「數學王子高斯」，如圖 2-3：

知名的數學家**高斯**，據說在 10 歲的時候，小學老師出了一道數學難題，計算 1 + 2 + 3 + … + 100 = ？ 對於初學數學的小學生而言，這是一道難題。但是，高斯在很短的時間內，就找到答案。 高斯的方法是先將數字分組，即 1 + 100 = 101、2 + 99 = 101、…、50 + 51 = 101，共有 50 組，因此很快就得到答案為 101 × 50 = 5,050。

圖 2-3　高斯

卡爾．弗里德里希．高斯（Carl Friedrich Gauss）是德國數學家，被認爲是歷史上最重要的數學家之一，在數學領域中有許多貢獻，例如：**高斯分布函數**（Gaussian Distribution Function），或稱爲**常態分布函數**（Normal Distribution Function）等，被譽爲「數學王子」。

等差級數，或稱爲**算術級數**（Arithmetic Series），意指任何相鄰數字間的**差**相等，該差值稱爲公差。

定義	等差級數
等差級數（Arithmetic Series）可以定義為： $\sum_{k=1}^{n} k = 1+2+3+\cdots+n$	

範例：求 $\sum_{k=1}^{n} k = 1+2+3+\cdots+n$

解

假設 $S = \sum_{k=1}^{n} k = 1+2+3+\cdots+n$，可得：

$$S = 1 + 2 + 3 + \cdots + n \quad \cdots\cdots (1)$$

$$S = \underbrace{n + (n-1) + (n-2) + \cdots + 1}_{\text{共有 } n \text{ 組}} \quad \cdots\cdots (2)$$

兩式相加 $\Rightarrow 2S = n(n+1) \Rightarrow S = \frac{n(n+1)}{2}$

因此，**等差級數**的公式爲：

$$\sum_{k=1}^{n} k = 1+2+3+\cdots+n = \frac{n(n+1)}{2}$$

□

舉例說明，若取 $n=100$ ，則等差級數：

$$\sum_{k=1}^{100} k = 1+2+3+\cdots+100 = \frac{100\,(100+1)}{2} = 5,050$$

範例：求 $\sum_{k=1}^{n}(2k-1)=1+3+5+\cdots+(2n-1)$

解

$$\sum_{k=1}^{n}(2k-1) = 2\sum_{k=1}^{n} k - \sum_{k=1}^{n} 1 = 2\cdot\frac{n(n+1)}{2} - n = n^2$$

❑

舉例說明，若取 $n=10$ ，則等差級數：

$$\sum_{k=1}^{10}(2k-1) = 1+3+5+\cdots+19 = 10^2 = 100$$

二、等比級數

首先，分享一個故事，稱爲「阿基里斯與烏龜」：

古希臘神話中，神與神發生愛情，結果是誕生「神」；人與人發生愛情，結果是誕生「人」；神與人發生愛情，結果是誕生「英雄」。阿基里斯是古希臘神話中的英雄，被稱為「希臘第一勇士」。阿基里斯出生時，女神母親捉住他的腳踝放入冥河浸泡，使得阿基里斯刀槍不入，但由於腳踝沒有浸泡到，後來成為他致命的弱點。

有一天，烏龜在贏得「龜兔賽跑」之後，跑來挑戰阿基里斯，發生以下的對話，如圖 2-4。

烏龜：「阿基里斯，我知道你跑得很快，但你永遠都追不到我。」
阿基里斯：「我從 A 點開始跑，你在 B 點，肯定很快就追到你。」
烏龜：「不會啊！你從 A 點跑到 B 點，但這段時間我沒閒著啊，這時我已經從 B 點跑到 C 點，所以你追不到我。」
阿基里斯：「我從 B 點繼續跑，你在 C 點，肯定很快就追到你。」
烏龜：「不會啊！你從 B 點跑到 C 點，但這段時間我還是沒閒著啊，這時我已經從 C 點跑到 D 點，所以你還是追不到我。」
阿基里斯：「…」

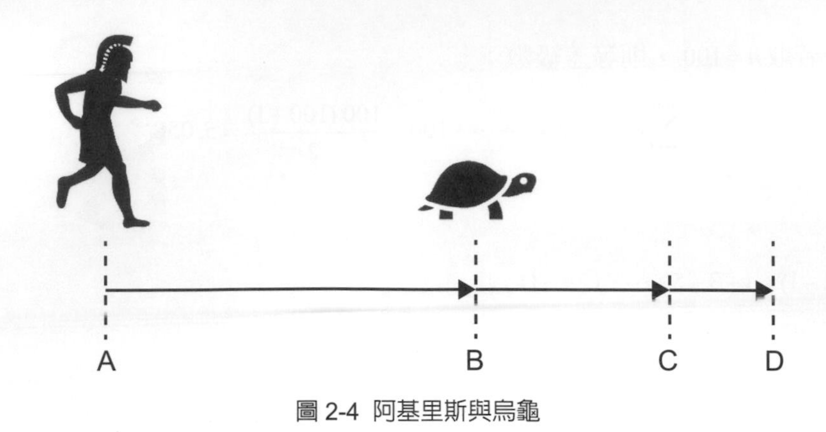

圖 2-4 阿基里斯與烏龜

「阿基里斯與烏龜」是由**芝諾**（Zeno of Elea）提出，由於論證的過程違背我們知道的常理，因此稱為「芝諾悖論」。若問您是相信阿基里斯，還是相信烏龜，答案應該非常明顯。

等比級數，或稱為**幾何級數**（Geometric Series），意指任意相鄰數字間的**比例**是固定的。

定義	等比級數

等比級數（Geometric Series）可以定義為：

$$\sum_{k=0}^{n-1} r^k = 1 + r + r^2 + \cdots + r^{n-1}$$

其中，r 稱為**比例**（Ratio）。

範例：求 $\sum_{k=0}^{n-1} r^k = 1 + r + r^2 + \cdots + r^{n-1}$

解

假設 $S = \sum_{k=1}^{n-1} r^k = 1 + r + r^2 + \cdots + r^{n-1}$ ，可得：

$$S = 1 + r + r^2 + \cdots + r^{n-1} \quad \text{..........................(1)}$$

$$rS = \quad r + r^2 + \cdots + r^{n-1} + r^n \quad \text{..........................(2)}$$

兩式相減 $\Rightarrow (1-r) \cdot S = 1 - r^n \Rightarrow S = \frac{1-r^n}{1-r}$ 或 $\frac{r^n - 1}{r-1}$

因此，**等比級數**的公式為：

$$\sum_{k=0}^{n-1} r^k = 1 + r + r^2 + \cdots + r^{n-1} = \frac{1-r^n}{1-r} \text{ 或 } \frac{r^n - 1}{r-1}$$

❑

若考慮無窮級數，即 n 趨近無限大，則：

- 當 $|r| > 1$，則級數發散。

- 當 $|r|<1$，則級數收斂，可得：

$$\sum_{k=0}^{\infty} r^k = 1 + r + r^2 + \cdots = \frac{1}{1-r}$$

範例：求 $\sum_{k=0}^{9} 2^k = 1 + 2 + 2^2 + 2^3 + \cdots + 2^9$

解

$$\sum_{k=0}^{n-1} r^k = 1 + r + r^2 + \cdots + r^{n-1} = \frac{1-r^n}{1-r} \text{ 或 } \frac{r^n - 1}{r-1}$$

取 $r = 2$、$n = 10$，則：

$$\sum_{k=0}^{9} 2^k = 1 + 2 + 2^2 + \cdots + 2^9 = \frac{2^{10}-1}{2-1} - 1{,}023$$

❑

以「阿基里斯與烏龜」的故事而言，假設阿基里斯的速度是烏龜的兩倍，剛開始他們的距離爲 1，形成下列的無窮級數：

$$\sum_{k=0}^{\infty} \left(\frac{1}{2}\right)^k = 1 + \frac{1}{2} + \left(\frac{1}{2}\right)^2 + \cdots = \frac{1}{1-1/2} = 2$$

簡單地說，若阿基里斯與烏龜剛開始的距離是 100 公尺，阿基里斯的速度是烏龜的兩倍，那麼約 200 公尺處，阿基里斯就能追到烏龜。

由於「芝諾悖論」牽涉「無窮小是否爲 0」的問題，引發當代數學家的爭論，因而釀成「歷史上的第二次數學危機」。這次數學危機造就了**微積分**（Calculus）的發明，促使數學領域向前大幅邁進。

以下列舉基本的級數公式 [6]：

- $\sum_{k=0}^{n} k = \frac{n(n+1)}{2}$
- $\sum_{k=0}^{n} k^2 = \frac{n(n+1)(2n+1)}{6}$
- $\sum_{k=0}^{n} k^3 = \frac{n^2(n+1)^2}{4}$
- $\sum_{k=0}^{n-1} r^k = 1 + r + r^2 + \cdots + r^{n-1} = \frac{1-r^n}{1-r}$ 或 $\frac{r^n-1}{r-1}$

  若 $|r|<1$、$n \to \infty$，則 $\sum_{k=0}^{\infty} r^k = \frac{1}{1-r}$

6 建議您應該熟記這些級數的基本公式。

數學領域中，其實還有許多相當有用的**級數**（Series），通常須先具備**微積分**（Calculus）的基礎概念，才會開始學習。例如：

- **泰勒級數**（Taylor Series）
- **傅立葉級數**（Fourier Series）

2.3.2 數列

數列是由數字組成的序列，通常相鄰的數字之間，具有某種「規律性」。

定義	數列
數列（Numbers）可以定義為： $$\langle a_k \rangle_{k=1}^{n} = \langle a_1, a_2, \cdots, a_n \rangle$$ 其中，n 為正整數。	

數列可以分成兩大類：

- **有窮數列** $\langle a_k \rangle_{k=1}^{n}$ 的項數有限
- **無窮數列** $\langle a_k \rangle_{k=1}^{\infty}$ 的項數無限

有些數列也經常定義爲 $\langle a_k \rangle_{k=0}^{n}$，即首項爲 a_0。

一、等差數列

等差數列，或稱爲**算術數列**（Arithmetic Numbers），是指數列中任何相鄰數字間的**差**相等，該差值稱爲**公差**。

定義	等差數列
等差數列（Arithmetic Numbers）可以定義為： $$\langle a_k \rangle_{k=1}^{n},\ a_k = a_1 + (k-1) \cdot d$$ 其中，首項為 a_1，d 稱為**公差**。	

舉例說明，若 $d = 1$，$a_1 = 1$，則：

$a_1 = 1$

$a_2 = a_1 + (2-1) \cdot d = 1 + 1 = 2$

$a_3 = a_1 + (3-1) \cdot d = 1 + 2 = 3$

⋮

形成典型的等差數列 $< 1, 2, 3, 4, \cdots >$。

二、等比數列

等比數列，或稱爲**幾何數列**（Geometric Numbers），是指數列中任何相鄰數字間的**比例**相等。

定義	等比數列
等比數列（Geometric Numbers）可以定義為： $$\langle a_k \rangle_{k=1}^{n}, \ a_k = a_1 \cdot r^{k-1}$$ 其中，首項為 a_1，r 稱為**比例**（Ratio）。	

舉例說明，若 $r = 2$，$a_1 = 1$，則：

$a_1 = 1$

$a_2 = a_1 \cdot r^{k-1} = 1 \cdot 2^{2-1} = 2$

$a_3 = a_1 \cdot r^{k-1} = 1 \cdot 2^{3-1} = 4$

...

形成典型的等比數列 $< 1, 2, 4, 8, \cdots >$。

三、費氏數列

組合數學與電腦科學領域中，**費波那契數列**（Fibonacci Numbers），或簡稱**費氏數列**，是具有代表性的數列。

義大利數學家**李奧納多・費波那契**（Leonardo Fibonacci）於 1202 年提出一個有趣的問題，稱爲「兔子繁殖問題」，如圖 2-5，描述如下：

兔子繁殖的過程如下：

- 第一個月，剛開始誕生一對兔子（第 1 對）。
- 第二個月，第 1 對兔子成熟，並進行交配，因此總共有 1 對兔子。
- 第三個月，第 1 對兔子產出一對兔子（第 2 對），因此總共有 2 對兔子。
- 第四個月，第 1 對兔子，再產出一對兔子（第 3 對）；第 2 對兔子成熟，並進行交配，因此總共有 3 對兔子。
- 第五個月，第 1 對兔子，再產出一對兔子（第 4 對）；第 2 對兔子同時產出一對兔子（第 5 對）；第 3 對兔子成熟，並進行交配，因此總共有 5 對兔子。
- 依此類推。

費波那契的問題是：「假設兔子會持續交配與繁殖，而且都不會死。那麼一年後總共有幾對兔子？」

圖 2-5　兔子的繁殖問題

定義	費氏數列

費氏數列（Fibonacci Numbers）可以定義為：

$$F_n = F_{n-1} + F_{n-2} \quad (n \geq 2)$$

其中，$F_0 = 0$、$F_1 = 1$。

因此，費氏數列爲：

$F_0 = 0$

$F_1 = 1$

$F_2 = F_1 + F_0 = 1 + 0 = 1$

$F_3 = F_2 + F_1 = 1 + 1 = 2$

$F_4 = F_3 + F_2 = 2 + 1 = 3$

$F_5 = F_4 + F_3 = 3 + 2 = 5$

⋮

依此類推。費氏數列，如表 2-2。

表 2-2　費氏數列

n	0	1	2	3	4	5	6	7	8	9	10	⋯
F_n	0	1	1	2	3	5	8	13	21	34	55	⋯

費氏數列其實與**黃金比例**（Golden Ratio）具有關聯性。黃金比例可以定義爲：

$$\varphi = \frac{a+b}{a} = \frac{a}{b}$$

或

$$\varphi = \frac{1+\sqrt{5}}{2} = 1.61803398875\cdots$$

費氏數列可以表示成[7]：

$$F_n = \frac{1}{\sqrt{2}}\left(\frac{1+\sqrt{5}}{2}\right)^n - \frac{1}{\sqrt{2}}\left(\frac{1-\sqrt{5}}{2}\right)^n$$

自然界中，費氏數列經常出現，例如：花朵的花瓣數，如圖 2-6，分別爲 1、2、3、5、8、13、21、34 個花瓣。

圖 2-6　自然界的費氏數列

四、卡塔蘭數列

組合數學與電腦科學領域中，**卡塔蘭數列**（Catalan Numbers）是具有代表性的數列。

定義	卡塔蘭數列

卡塔蘭數列（Catalan Numbers）可以定義為：

$$C_n = \frac{1}{n+1}\binom{2n}{n}$$

或

$$C_n = \sum_{k=0}^{n-1} C_k \cdot C_{n-1-k}$$

其中，$C_0 = 1$。

7　費氏數列的數學推導過程，請參閱本書附錄。

若 $n = 1 \Rightarrow$

$$C_1 = \frac{1}{2}\binom{2}{1} = \frac{1}{2}\cdot\frac{2!}{1!(2-1)!} = 1 \text{ 或}$$

$$C_1 = \sum_{k=0}^{0} C_k \cdot C_{-k} = C_0 \cdot C_0 = 1$$

若 $n = 2 \Rightarrow$

$$C_2 = \frac{1}{3}\binom{4}{2} = \frac{1}{3}\cdot\frac{4!}{2!(4-2)!} = \frac{1}{3}\cdot\frac{4\cdot 3}{2\cdot 1} = 2 \text{ 或}$$

$$C_2 = \sum_{k=0}^{1} C_k \cdot C_{1-k} = C_0 \cdot C_1 + C_1 \cdot C_0 = 2$$

若 $n = 3 \Rightarrow$

$$C_3 = \frac{1}{4}\binom{6}{3} = \frac{1}{4}\cdot\frac{6!}{3!(6-3)!} = \frac{1}{4}\cdot\frac{6\cdot 5\cdot 4}{3\cdot 2\cdot 1} = 5 \text{ 或}$$

$$C_3 = \sum_{k=0}^{2} C_k \cdot C_{2-k} = C_0 \cdot C_2 + C_1 \cdot C_1 + C_2 \cdot C_0 = 2+1+2 = 5$$

若 $n = 4 \Rightarrow$

$$C_4 = \frac{1}{5}\binom{8}{4} = \frac{1}{5}\cdot\frac{8!}{4!(8-4)!} = \frac{1}{5}\cdot\frac{8\cdot 7\cdot 6\cdot 5}{4\cdot 3\cdot 2\cdot 1} = 14 \text{ 或}$$

$$C_4 = \sum_{k=0}^{3} C_k \cdot C_{3-k} = C_0 \cdot C_3 + C_1 \cdot C_2 + C_2 \cdot C_1 + C_3 \cdot C_0 = 5+2+2+5 = 14$$

依此類推。

卡塔蘭數列（Catalan Numbers），如表 2-3。

表 2-3　卡塔蘭數列

n	0	1	2	3	4	5	6	7	8	9	10	…
C_n	1	1	2	5	14	42	132	429	1,430	4,862	16,796	…

卡塔蘭數列 C_n 出現在許多計算問題中，以下列舉幾個例子：

- 給定 n 個**節點**（Nodes），C_n 是相異**二元樹**（Binary Trees）的總數，如圖 2-7。二元樹是指每個節點最多可以有兩個子節點，分別稱為左子節點與右子節點。若節點數 n = 1、2、3、4，則相異二元樹的總數，分別為 1、2、5、14 棵。

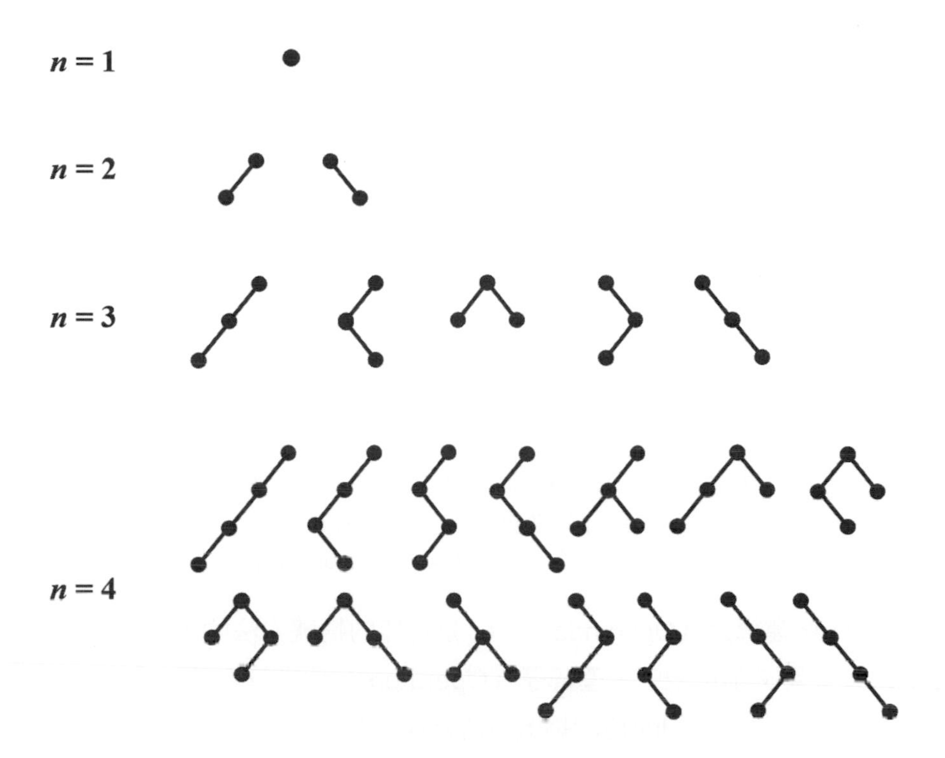

圖 2-7 卡塔蘭數列與相異二元樹

- 給定 $n \times n$ 方塊，出發點爲左下角，目標爲右上角，走法的規則包含：

  (1) 每一步只能向右或向上走

  (2) 不能越過對角線

  則 C_n 是可能走法的總數。若 $n = 4$，則可能的走法共有 14 種，如圖 2-8。

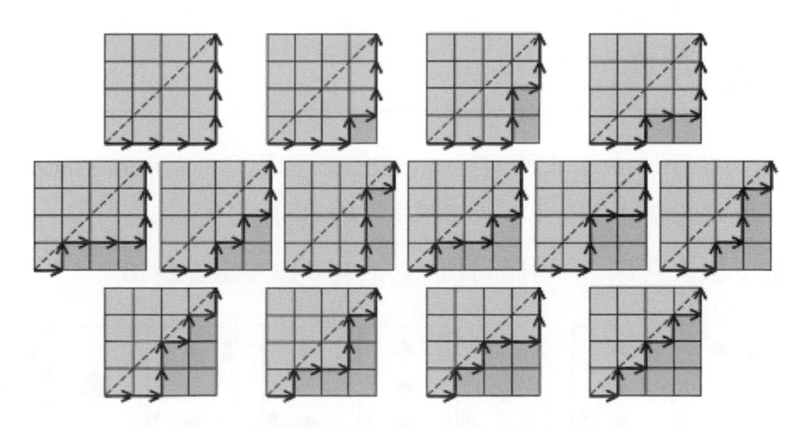

圖 2-8 卡塔蘭數列與 $n \times n$ 方塊的可能走法 ($n = 4$)

【圖片來源】https://zh.wikipedia.org/wiki

- 給定 $(n + 2)$ 多邊形（凸多邊形），C_n 是三角分割法的總數。若 $n = 4$，則六邊形的三角分割法，共有 14 種，如圖 2-9。

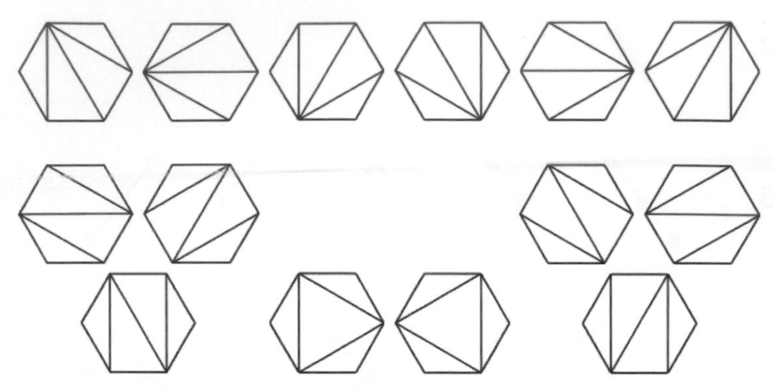

圖 2-9　卡塔蘭數列與三角分割法 ($n = 4$)
【圖片來源】https://zh.wikipedia.org/wiki

- 給定 $(n + 1)$ 個**運算元**（Operands），C_n 是可能的括號方法的總數，如表 2-4。在此，運算元是以大寫英文字母表示，**運算子**（Operators）代表符合「結合率」的數學或邏輯運算。若 $n = 1$、2、3 時，則可能的括號方法分別為 1、2、5 種。

表 2-4　卡塔蘭數列與可能的括號方法

n	C_n	括號方法
1	1	(AB)
2	2	(A(BC))、((AB)C)
3	5	(A(B(CD)))、(A((BC)D))、((AB)(CD))、((A(BC))D)、(((AB)C)D)

2.4 排列與組合

組合數學或電腦科學領域中，**排列**（Permutation）與**組合**（Combination）是相當重要的課題，兩者具有密不可分的關聯性。組合不考慮順序，排列則考慮順序。

舉例說明，現有 3 張撲克牌，則可能的順序，共有 6 種，如圖 2-10。

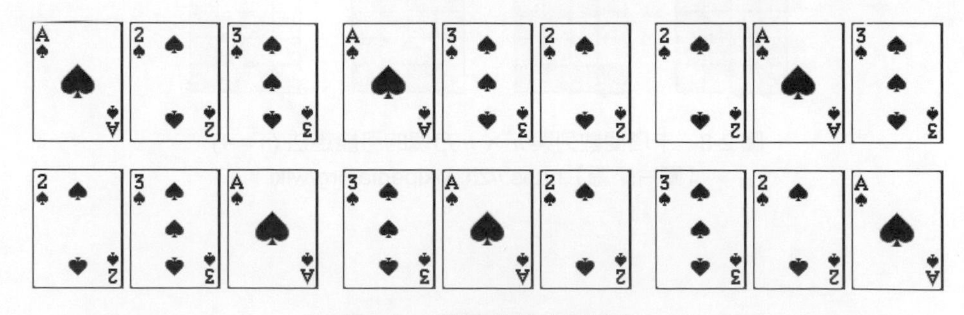

圖 2-10　撲克牌的排列組合

由於組合不考慮順序，因此只有 1 種組合；排列考慮順序，因此共有 6 種不同的排列。

2.4.1 組合

定義	組合
集合 S 的**組合**（Combinations），是指集合 S 的**子集**（Subsets）。	

換句話說，「組合」相當於「子集」，不考慮順序。給定集合 $S = \{ a, b, c \}$，則其組合可以使用一個**二元計數器**（Binary Counter）產生，如表 2-5。請注意，二元計數器的左右相反。

因此，若集合 S 的元素個數為 n，則組合（子集）的總數為 2^n。

表 2-5 集合的組合

$\{ a, b, c \}$	組合（或子集）
0 0 0	{ } 或空集合
1 0 0	$\{ a \}$
0 1 0	$\{ b \}$
1 1 0	$\{ a, b \}$
0 0 1	$\{ c \}$
1 0 1	$\{ a, c \}$
0 1 1	$\{ b, c \}$
1 1 1	$\{ a, b, c \}$

範例：現有一間教室，共有 20 個座位，每個座位可以坐一個人，或是不坐人，則會有幾種可能的組合？

解

$2^{20} = 1,048,576$ 種 ❑

定義	k- 組合
集合 S 的 ***k*- 組合**（k-Combinations），是指集合 S 的子集中包含 k 個元素，因此也稱為 ***k*- 子集**（k-Subsets）。	

給定集合 $S = \{ a, b, c \}$，且 $k = 2$，則 k- 組合（或 k- 子集）為：

$$\{ a, b \} 、 \{ a, c \} 、 \{ b, c \}$$

共有 3 種。

若集合 S 的元素個數為 n，則 k- 組合（或 k- 子集）的總數為：

$$C_k^n = \binom{n}{k} = \frac{n!}{k!(n-k)!}$$

唸成「n 取 k」，或稱為**二項式係數**（Binomial Coefficients）。

範例：現有一個箱子，箱子裡裝了 5 顆不同顏色的球，若從箱子中任意取出 3 顆球，則會有幾種可能的組合（圖 2-11）？

解

$$\binom{5}{3}=\frac{5!}{3!(5-3)!}=\frac{5\cdot4\cdot3}{3\cdot2\cdot1}=10 \text{ 種}$$

❑

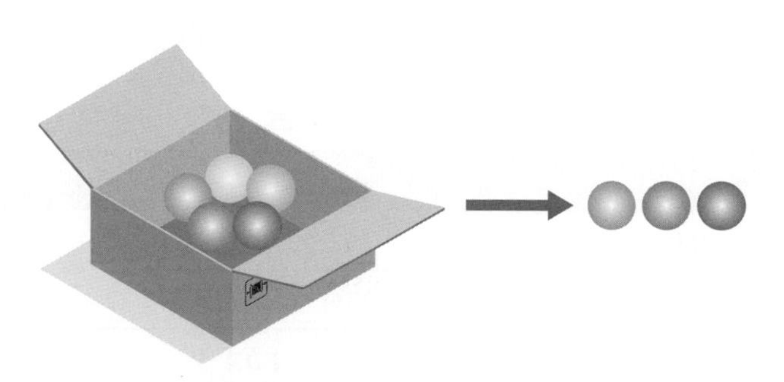

圖 2-11　組合問題

若將二項式係數進行列表，結果如表 2-6。因此，也可以表示成圖形，如圖 2-12，稱為**巴斯卡三角形**（Pascal's Triangle）。

表 2-6　二項式係數表

n	*k*					
	0	1	2	3	4	5
0	1					
1	1	1				
2	1	2	1			
3	1	3	3	1		
4	1	4	6	4	1	
5	1	5	10	10	5	1

1
1　1
1　2　1
1　3　3　1
1　4　6　4　1
1　5　10　10　5　1
1　6　15　20　15　6　1
1　7　21　35　35　21　7　1

圖 2-12　巴斯卡三角形

補充說明，由於二項式展開後的係數就是 C_k^n，因而得名。

$$(x+1)^1 = x+1$$
$$(x+1)^2 = x^2+2x+1$$
$$(x+1)^3 = x^3+3x^2+3x+1$$
$$(x+1)^4 = x^4+4x^3+6x^2+4x+1$$

依此類推。

2.4.2 排列

定義	排列
集合 S 的**排列**（Permutations），是指將集合 S 的元素重新排列。	

舉例說明，給定集合 $S = \{ a, b, c \}$，則可能的排列分別為：

$$\{ a, b, c \}、\{ a, c, b \}、\{ b, a, c \}、\{ b, c, a \}、\{ c, a, b \}、\{ c, b, a \}$$

共有 6 種。在此，我們是根據**字典序**（Lexicographical Order）進行排列。

因此，若集合 S 的元素個數為 n，則排列的總數為 $n!$。

範例：現有3位總統候選人甲、乙、丙，在辯論會議中排成一列，請問主辦單位有幾種可能的排列方式？

解

$3! = 3 \cdot 2 \cdot 1 = 6$ 種 ❑

定義	k- 排列
集合 S 的 ***k*- 排列**（k-Permutations），是指集合 S 的排列中包含 k 個元素。	

舉例說明，給定集合 $S = \{ a, b, c \}$，且 $k = 2$，則 k- 排列為：

$$\{ a, b \}、\{ b, a \}、\{ a, c \}、\{ c, a \}、\{ b, c \}、\{ c, b \}$$

共有 6 種。概念上，可以先取集合 S 的 k- 組合，再對每一個 k- 組合進行排列。

若集合 S 的元素個數為 n，則 k- 排列的總數為：

$$P_k^n = \binom{n}{k} \cdot k! = \frac{n!}{k!(n-k)!} \cdot k! = \frac{n!}{(n-k)!}$$

範例：現有一個箱子，箱子內裝了 5 顆不同顏色的球，若從箱子中任意取出 3 顆球排成一列，則會有幾種可能的排列？

解

$P_3^5 = \frac{5!}{(5-3)!} = \frac{5!}{2!} = 5 \cdot 4 \cdot 3 = 60$ 種 ❑

本章習題

選擇題

( ) 1. 下列何者為「科學之母」？
(A) 數學 (B) 物理 (C) 化學 (D) 電學 (E) 以上皆非

( ) 2. 無限循環小數，例如：$0.\overline{12} = 0.121212\cdots$等，是典型的 ______ ？
(A) 自然數 (B) 整數 (C) 有理數 (D) 無理數 (E) 以上皆非

( ) 3. 無理數是一種 ______ ？
(A) 有限小數 (B) 無限循環小數 (C) 無限不循環小數 (D) 以上皆非

( ) 4. 圓周率 π 是典型的 ______ ？
(A) 自然數 (B) 整數 (C) 有理數 (D) 無理數 (E) 以上皆非

( ) 5. 指數 e 是典型的 ______ ？
(A) 自然數 (B) 整數 (C) 有理數 (D) 無理數 (E) 以上皆非

( ) 6. 指數 e 的值約為 ______ ？
(A) 1.618 (B) 2.718 (C) 3.1416 (D) 以上皆非

( ) 7. 整數的集合，可以表示成 ______ ？
(A) $\mathbb{N}$ (B) $\mathbb{Z}$ (C) $\mathbb{Q}$ (D) $\mathbb{R}$ (E) $\mathbb{C}$

( ) 8. 有理數的集合，可以表示成 ______ ？
(A) $\mathbb{N}$ (B) $\mathbb{Z}$ (C) $\mathbb{Q}$ (D) $\mathbb{R}$ (E) $\mathbb{C}$

( ) 9. 實數的集合，可以表示成 ______ ？
(A) $\mathbb{N}$ (B) $\mathbb{Z}$ (C) $\mathbb{Q}$ (D) $\mathbb{R}$ (E) $\mathbb{C}$

( ) 10. 考慮數的集合，下列敘述何者錯誤？
(A) $\mathbb{N} \subset \mathbb{R}$ (B) $\mathbb{Z} \subset \mathbb{R}$ (C) $\mathbb{Q} \subset \mathbb{R}$ (D) $\mathbb{C} \subset \mathbb{R}$

( ) 11. 考慮數的集合，下列敘述何者正確？
(A) $\mathbb{Z} \subset \mathbb{Q} \subset \mathbb{R}$ (B) $\mathbb{Z} \subset \mathbb{R} \subset \mathbb{Q}$ (C) $\mathbb{Q} \subset \mathbb{R} \subset \mathbb{Z}$
(D) $\mathbb{Q} \subset \mathbb{Z} \subset \mathbb{R}$ (E) $\mathbb{R} \subset \mathbb{Z} \subset \mathbb{Q}$ (F) $\mathbb{R} \subset \mathbb{Q} \subset \mathbb{Z}$

( ) 12. 下列數列中，何者與黃金比例具有關聯性？
(A) 等差數列 (B) 等比數列 (C) 費氏數列 (D) 卡塔蘭數列

( ) 13. 給定 4 個節點，則相異二元樹共有幾種？
(A) 5 (B) 14 (C) 24 (D) 42 (E) 以上皆非

( ) 14. 給定六邊形，則三角分割法共有幾種？
(A) 5 (B) 14 (C) 24 (D) 42 (E) 以上皆非

( ) 15. 給定 5 個運算元 ABCDE，則括號方法共有幾種？

(A) 5 (B) 14 (C) 24 (D) 42 (E) 以上皆非

( ) 16. 現有一個箱子，箱子內裝了 5 顆不同顏色的球，若從箱子中任意取出 3 顆球，則會有幾種可能的組合？

(A) 10 (B) 20 (C) 40 (D) 60 (E) 以上皆非

( ) 17. 現有一個箱子，箱子內裝了 5 顆不同顏色的球，若從箱子中任意取出 3 顆球排成一列，則會有幾種可能的排列？

(A) 10 (B) 20 (C) 40 (D) 60 (E) 以上皆非

觀念複習

1. 化簡下列級數：

(a) $\sum_{k=1}^{n} k$ (b) $\sum_{k=1}^{n} (k^2+k)$ (c) $\sum_{k=1}^{n} (2k-1)$ (d) $\sum_{k=1}^{n} (k^2-1)$ (e) $\sum_{k=1}^{n} k^3$

2. 化簡下列級數：

(a) $1+3+5+\cdots+(2n-1)$

(b) $2+4+6+\cdots+2n$

(c) $1+2^2+3^2+\cdots+n^2$

(d) $1+2+2^2+\cdots+2^{n-1}$

3. 給定集合 $S=\{a, b, c, d, e, f\}$，且 $k=3$，計算下列數值：

(a) 組合的個數

(b) k- 組合的個數

(c) 排列的個數

(d) k- 排列的個數

4. 計算下列數值：

(a) C_3^6 (b) C_4^8 (c) P_3^6 (d) P_4^8

程式設計練習

1. 請使用工程型電子計算機，計算下列有理數[8]：

(a) $\frac{15}{100}$ (b) $\frac{123}{999}$

2. 請使用工程型電子計算機，計算下列無理數：

(a) $\sqrt{2}$ (b) $\frac{1}{2}\pi$ (c) e^2

3. 請使用工程型電子計算機，計算下列指數：

(a) 2^{10} (b) 2^{20} (c) 2^{30} (d) 2^{40}

---

8 您可以使用 Microsoft Windows 提供的「小算盤」，或是在智慧型手機中安裝「工程型電子計算機」。

NOTE

Chapter 3

運算思維

本章綱要

本章介紹「運算思維」，包含四個核心項目：分解問題 、模式識別、抽象化與演算法設計。

3.1 基本概念

定義	運算思維
運算思維（Computational Thinking）可以定義為：「思考如何建構電腦可以執行的方法或計算過程，用來解決問題或提供問題的解答。」	

2006 年，美國**卡內基 · 美隆**（Carnegie Mellon）大學的計算機科學系主任**周以真**（Jeannette M. Wing）教授提出「運算思維」的概念，因而享譽電腦科學界。周教授認爲：「運算思維是運用計算機科學的基礎概念，進行問題求解、系統設計、以及人類行爲理解等的思維活動。」她同時認爲：「運算思維是一種思維方法與基本技能，所有人都應該積極學習並使用，而非僅限於電腦科學家。」

運算思維可以分成「狹義」與「廣義」兩個層面。狹義的運算思維，牽涉電腦科學或資訊科技領域討論的構造性思維；廣義的運算思維，牽涉如何將其進行推廣與應用。簡單的說，運算思維是一種**解決問題**（Problem Solving）的能力，而且使用電腦作爲解決問題的主要工具 [1]。

3.2 運算思維

運算思維（Computational Thinking）包含四個核心項目，如圖 3-1。分別說明如下：

- **分解問題**（Decomposition）：將規模較大、複雜度較高的**問題**（Problems），分解成規模較小、複雜度較低的**子問題**（Subproblems）。
- **模式識別**（Pattern Recognition）：觀察問題的型態、趨勢、共通性或規律性。
- **抽象化**（Abstraction）：忽略不重要的細節，找出一般性的通則，同時進行問題的抽象化。
- **演算法設計**（Algorithm Design）：設計**明確定義**（Well-Defined）、**有限**（Finite）的計算步驟，用來解決複雜的科學或實際問題。

1 若您想知道自己的「運算思維」能力，而且願意接受挑戰。邀請您參加「國際運算思維挑戰賽」，官方網頁為 http://bebras.csie.ntnu.edu.tw。

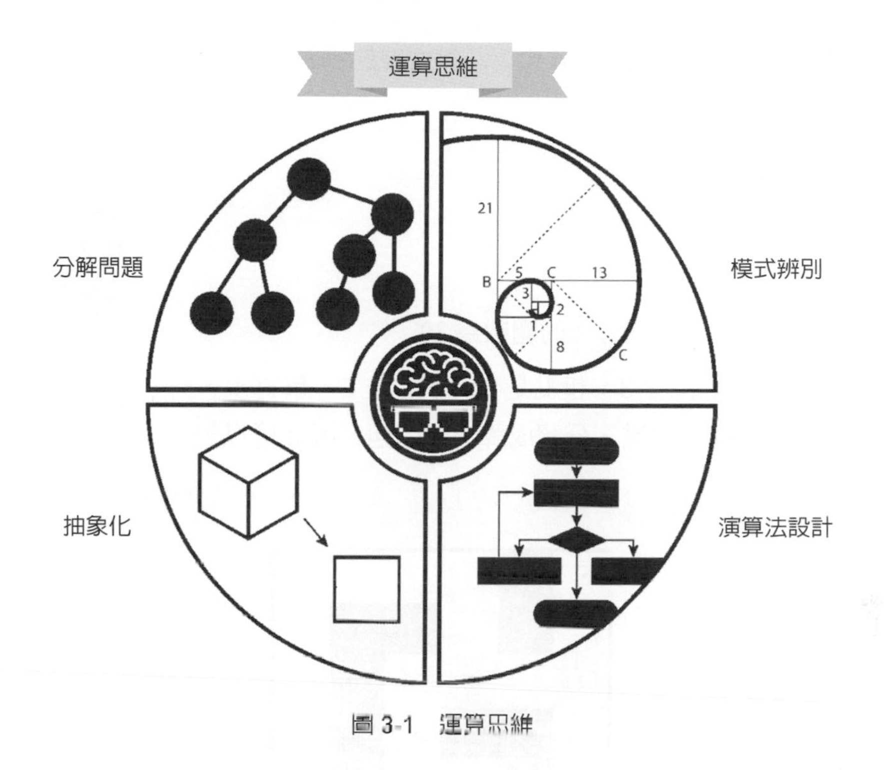

圖 3-1 運算思維

3.3 分解問題

當面臨規模較大、複雜度較高的**問題**（Problems）時，通常我們可以使用**分解問題**（Decomposition）的方式，將原來的問題分解成規模較小、複雜度較低的**子問題**（Subproblems）。

舉例說明，假設我們想計算 1 + 2 + 3 + … + 100 = ? 若是採取以下的方式求解：

1 + 2 = 3

1 + 2 + 3 = 6

1 + 2 + 3 + 4 = 10

⋮

依此類推

雖然最終也可以得到答案，但卻是比較笨的計算方法。

數學家高斯想到的方法，就是將這個複雜的問題，分解成許多小問題（或子問題），即：

1 + 100 = 101

2 + 99 = 101

3 + 98 = 101

4 + 97 = 101

⋮

依此類推

共有 50 組。因此，很快就可以得到答案為 101 × 50 = 5,050。

給定一組堆積的方塊，如圖 3-2。若想要計算方塊的總數，通常我們會將這個問題分解成比較小的子問題。例如：

- **上層**：3 個方塊
- **中層**：8 個方塊
- **底層**：9 個方塊

最後，再組合子問題的解答，得知方塊的總數為 20。

圖 3-2 堆積方塊

現有一個迷宮問題，如圖 3-3，起點是 S，終點是 E。事實上，我們也可以將迷宮問題根據分岔點，分解成許多子問題，因此可以表示成樹狀結構，如圖 3-4。

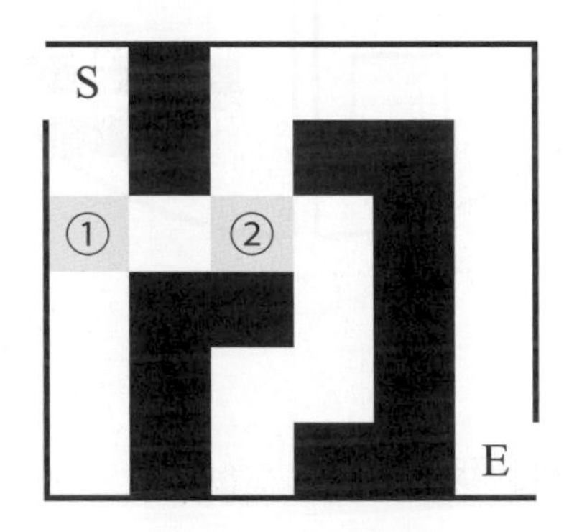

圖 3-3 迷宮問題

從起點 S 出發，在分岔點①處，我們將問題分解成兩個子問題，分別向南走或是向東走，其中向南走無法達到終點；同理，在分岔點②處，我們再將問題分解成兩個子問題，分別向東走或是向北走，其中向東走無法達到終點，向北走可以順利達到終點 E。

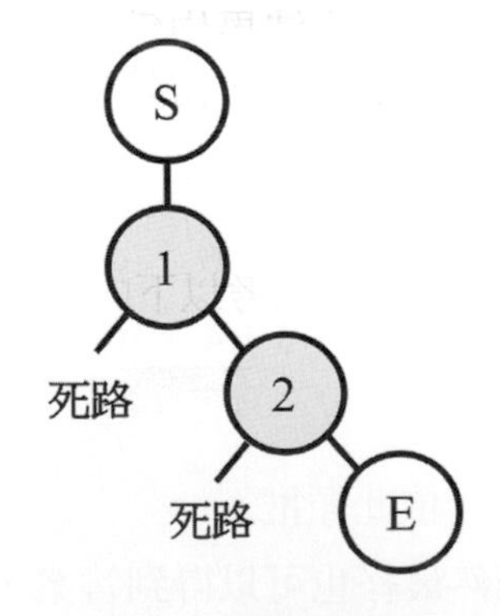

圖 3-4 迷宮問題

因此，即使迷宮相當複雜，我們都可以將其分解，並表示成樹狀結構，只是樹的高度可能會相當高，使得搜尋步驟變多。

進一步說明，通常子問題離終點更近；因此，子問題的複雜度，若與原來的迷宮問題比較，相對會比較容易。

除了上述的「計算問題」之外，我們也經常使用分解的方式，將複雜的「實際問題」分成許多子問題，再分別對這些子問題求解。

舉例說明，若我們準備規劃一次難忘的日本自由行，我們可以將這個問題分解成幾個子問題：

- **食**：行程中必吃的項目，例如：壽司、拉麵、燒肉等。
- **衣**：根據旅遊期間的氣候預測，準備的衣物與行李等。
- **住**：住宿問題，例如：飯店、民宿等。
- **行**：機票與當地交通，例如：西瓜卡、網路卡、GPS 導航等。
- **預算**：總共花費的預算金額、日幣匯兌等。

通常，我們會先設法解決這些子問題，再將這些子問題的解答進行組合。例如：解決「食」與「住」的問題之後，我們就會考慮如何從住宿地點到達用餐地點，約需花多少時間等，進而安排某一天的行程。

3.4 模式識別

模式識別（Pattern Recognition）是一種觀察與探究能力，藉由觀察問題的型態、趨勢、共通性或規律性，探討解決問題的具體方法。

以計算問題 $1 + 2 + 3 + \ldots + 100 = ?$ 爲例，若是採用下列的分解方式：

$1 + 2 = 3$

$3 + 4 = 7$

$5 + 6 = 11$

⋮

似乎無法找到共通性或規律性。數學家高斯的分解方式爲：

$1 + 100 = 101$

$2 + 99 = 101$

$3 + 98 = 101$

⋮

前後相加的結果均爲 101，具有特殊的共通性或規律性，共有 50 組，因此很快就可以得到答案爲：

$101 \times 50 = 5{,}050$

邀請您思考以下的問題，是數學領域中的**模式識別**（Pattern Recognition）問題。

範例：請思考一下，空格中的數字為何？

1、4、7、10、13、____

解 觀察數列的規律性，可以發現：

$4 - 1 = 3$、$7 - 4 = 3$、$13 - 10 = 3$

因此是等差數列，公差爲 3，空格中的數字爲 16 ❑

範例：請思考一下，空格中的數字為何？

1、1、2、3、5、____

解 觀察數列的規律性，可以發現：

$1 + 1 = 2$、$1 + 2 = 3$、$2 + 3 = 5$

因此是費氏數列，空格中的數字爲 8 ❑

範例：請思考一下，空格中的數字為何？

1、3、7、15、31、____

解 觀察數列的規律性，可以發現：

$2-1=1$、$2^2-1=3$、$2^3-1=7$、$2^4-1=15$、$2^5-1=31$

因此數列爲 $2^n - 1$，空格中的數字爲 63 ❑

讓我們再思考一下這個問題：

今天是星期天，100 天後是星期幾？

乍看之下，似乎這個問題可以按照以下的方式逐一列出：

1 天後是星期一

2 天後是星期二

3 天後是星期三

⋮

依此類推

雖然逐一列出 100 天，終究可以得到答案，但卻是一種「笨方法」。顯然的，我們要想一個比較聰明的方法。

若是採用「分解問題」的運算思維，您應該會發現這個問題可以分解成比較小的子問題，依據 7 天爲一個週期，如圖 3-5。

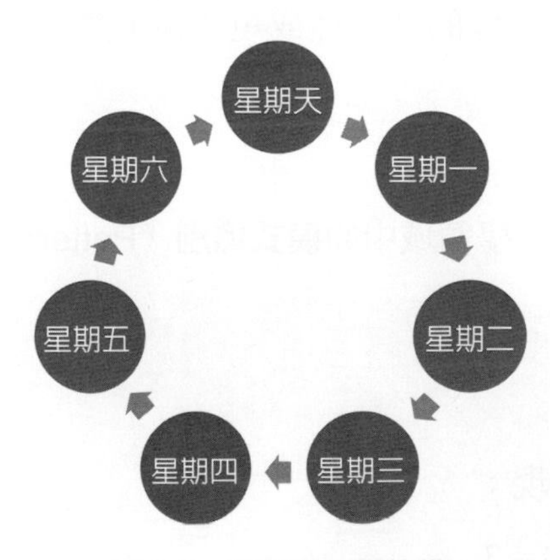

圖 3-5　星期幾的規律性

接著，採用「模式識別」的運算思維，進一步尋找規律性。我們可以使用數學運算的「整數除法取餘數」決定，其中「整數除法取餘數」可以表示成「%」：

1 天後是星期一 ⇒ 1 % 7 = 1

2 天後是星期二 ⇒ 2 % 7 = 2

3 天後是星期三 ⇒ 3 % 7 = 3

⋮

依此類推

因此，若今天是星期日，如何決定 100 天後是星期幾？我們可以透過以下的數學運算式：

100 % 7 = 2

得知是星期二。

範例：今天是星期五，100 天後是星期幾？

解

(5 + 100) % 7 = 0

因此是星期日 ❑

3.5 抽象化

抽象化（Abstraction）的目的是忽略不重要的細節，找出一般性的通則，可以將重點聚焦在解決問題。運算思維的重點，通常是根據問題的主體，以比較簡潔的方法表示，這些表示法包含：資料抽象化等。

資料抽象化（Data Abstraction）的目的是擷取有利於解決問題的資料，並進行抽象化的表示法。**抽象化資料型態**（Abstract Data Type）是一種資料表示法，用來定義一組數值或操作，可以描述問題的本質或特性。

以計算問題 1 + 2 + 3 + … + 100 = ? 爲例，我們必須將資料抽象化，使得電腦可以處理這個問題。因此，我們可以假設一個變數 n，用來儲存共有幾個數字，使得計算問題表示成：

$$1+2+3+\cdots+n=?$$

接著，另外假設一個變數 Sum，用來儲存總和的結果，即：

$$\text{Sum}=1+2+3+\cdots+n=\frac{n(n+1)}{2}$$

如此一來，無論 n 是多少，我們都可以使用電腦幫我們計算總和。

定義	資料結構
資料結構（Data Structure）可以定義為：「資料的組織、管理與儲存方法，以便有效的存取與修改。」	

電腦科學領域中，資料結構其實就是一種**抽象化資料型態**（Abstract Data Type, ADT）。因此，資料結構是程式設計中必備的基本元素。

Python 程式語言提供基本的資料結構。例如：

- **串列**（List）
- **元組**（Tuple）
- **集合**（Set）
- **字典**（Dictionary）

電腦科學領域中，資料結構相當多，其實不勝枚舉[2]。例如：

- 陣列（Array）
- 堆疊（Stack）
- 佇列（Queue）
- 鏈結串列（Linked-List）
- 堆積（Heap）
- 優先佇列（Priority Queue）
- 二元搜尋樹（Binary Search Tree）
- AVL 樹（AVL Tree）
- 紅黑樹（Red-Black Tree）
- B- 樹（B-Tree）
- 費氏堆積（Fibonacci Heap）
- 雜湊表（Hash Table）
- 不相交集合（Disjoint Set）

3.6 演算法設計

定義	演算法
演算法（Algorithm）可以定義為：「**明確定義**（Well-Defined）、**有限**（Finite）的**計算過程**（Computational Procedure）。」	

或許您聽過以下的故事，如圖 3-6：

如何將大象放入冰箱？
電腦科學家的回答是：
1. 打開冰箱門
2. 將大象放入冰箱
3. 關上冰箱門

如何將長頸鹿放入冰箱？
電腦科學家的回答是：
1. 打開冰箱門
2. 將大象抓出來
3. 將長頸鹿放入冰箱
4. 關上冰箱門

圖 3-6　如何將大象放入冰箱
【圖片來源】Freepik

2　本書將於第 12 章介紹基本的資料結構。以資訊專業領域而言，軟體工程師對於這些資料結構，須具備相當程度的認識與理解。

換句話說，「演算法」其實是一組在電腦上執行的**計算過程**（Computational Procedure），計算過程中每個步驟，稱為**指令**（Instructions），都必須明確定義，而且是可以實現的。

麥當勞的薯條，必須根據所謂的**標準作業程序**（Standard Operating Procedures, SOP）製作而成，以確保薯條的品質。描述如下：

1. 馬鈴薯削成條狀，直徑約為一厘米。
2. 切好的薯條浸泡兩小時，每小時換水一次。
3. 使用紙巾抹乾全部的薯條。
4. 薯條下鍋，加入約一吋油，剛好蓋過薯條即可，加熱至攝氏 143 度。
5. 輕柔地將薯條煮約兩分鐘。
6. 薯條放在紙巾墊底的平底鍋，然後放入冷凍庫冷卻。
7. 平底鍋加熱至攝氏 188 度，薯條下鍋約 3 至 4 分鐘炸至金黃酥脆。
8. 取出薯條，加入少許鹽巴即可食用。

換句話說，麥當勞薯條的標準作業程序，其實就是一種「演算法」的概念。麥當勞薯條根據標準作業程序製造而成，每項步驟都不能馬虎，因而成為麥當勞的招牌食物。美國知名大廚 David Myers 曾經稱讚麥當勞薯條是「天下間最完美的薯條」。

Niklaus Wirth（Pascal 程式語言的發明人）曾於 1976 年提出：

資料結構 + 演算法 = 程式
Data Structures + Algorithms = Programs

換句話說，資料結構與演算法是程式的基本構成要件。若以美食料理的比喻說明，「資料結構」就像是精挑細選的食材，「演算法」就像是料理的步驟；兩者缺一不可，相輔相成。事實上，許多具有代表性的演算法，都必須選取適當的資料結構與之搭配，才會使得程式在實際執行時更有效率。

演算法的設計方式，通常會直接影響演算法的執行時間效率。以計算問題 $1 + 2 + 3 + \ldots + 100 = ?$ 為例，演算法的設計方式可以分成下列兩種：

演算法 I

```
1  請使用者輸入 n，例如：n = 100
2  設定變數 Sum，初始值為 0 (Sum = 0)
3  計算 Sum = Sum + 1   (在此是指將 Sum + 1 的結果存回 Sum)
4  計算 Sum = Sum + 2
5  計算 Sum = Sum + 3
6  依此類推，共 n 次加法，因此 Sum = 1 + 2 + … + n
7  輸出 Sum 的結果
```

或

演算法 II

```
1   請使用者輸入 n，例如：n = 100
2   設定變數 Sum
3   計算 Sum = n(n+1)/2
4   輸出 Sum 的結果
```

這兩個演算法都可以輸出正確的結果。然而演算法 I 是使用「笨方法」計算總和；相對來說，演算法 II 的方法可以很快就得到答案。換句話說，若以演算法的執行時間效率而言，演算法 II 優於演算法 I。

3.7 流程圖

定義	流程圖
流程圖（Flow Chart）是演算法或工作流程的一種圖形表示法。	

流程圖經常與**標準作業程序**（Standard Operation Procedure，簡稱 SOP）有密切關係；目的是將某事件的標準操作步驟，要求使用統一的格式描述，藉以指導與規範該事件的標準處理方式。程式設計過程中，經常使用流程圖表示電腦演算法或工作流程。因此，擬定具體的流程圖，對於程式設計工作而言，絕對是有幫助的。

流程圖的基本圖形，如表 3-1。

表 3-1　流程圖的基本圖形

名稱	圖形	名稱	圖形
開始 / 結束		決策	
程序		子程序	
資料		文件	

典型的流程圖，如圖 3-7。因此，流程圖的目的是以圖形的方式表示演算法或工作流程，提供標準的處理方式，用來解決科學或實際問題。

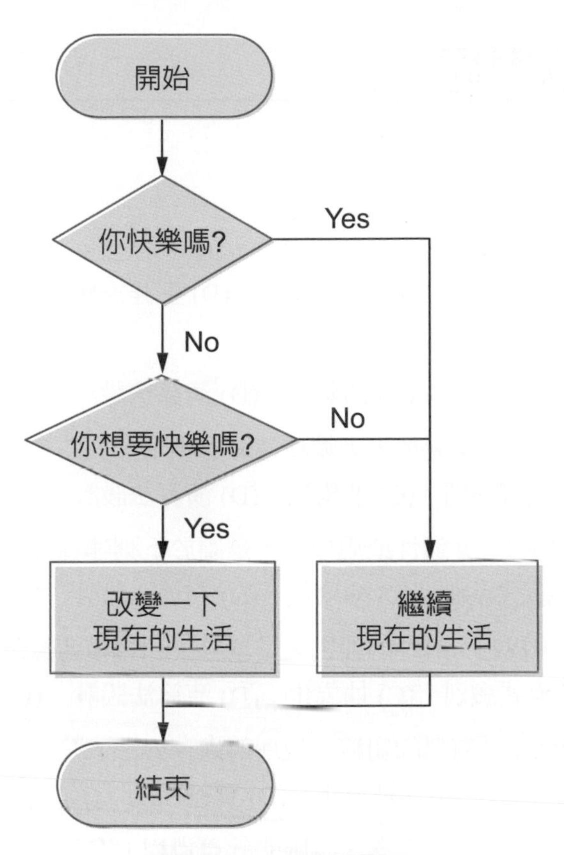

圖 3-7 典型的流程圖

本章習題

選擇題

( ) 1. 「運算思維」其實是一種 _______ 的能力？
(A) 創意創造 (B) 表達溝通 (C) 解決問題 (D) 生涯規劃 (E) 以上皆非

( ) 2. 「運算思維」的核心項目爲何？
(A) 分解問題 (B) 模式識別 (C) 抽象化 (D) 演算法設計 (E) 以上皆是

( ) 3. 將大問題分解成子問題，是屬於下列哪種運算思維？
(A) 分解問題 (B) 模式識別 (C) 抽象化 (D) 演算法設計 (E) 以上皆非

( ) 4. 觀察問題的型態、趨勢、共通性或規律性，是屬於下列哪種運算思維？
(A) 分解問題 (B) 模式識別 (C) 抽象化 (D) 演算法設計 (E) 以上皆非

( ) 5. 忽略不重要的細節，找出一般性的通則，是屬於下列哪種運算思維？
(A) 分解問題 (B) 模式識別 (C) 抽象化 (D) 演算法設計 (E) 以上皆非

( ) 6. 下列何者可以定義爲：「資料的組織、管理與儲存方法」？
(A) 資料結構 (B) 演算法 (C) 抽象化 (D) 資料探勘 (E) 以上皆非

( ) 7. 下列何者可以定義爲：「明確定義、有限的計算過程」？
(A) 資料結構 (B) 演算法 (C) 抽象化 (D) 資料探勘 (E) 以上皆非

( ) 8. 流程圖中，下列圖形是用來表示 _______ ？

(A) 開始 / 結束 (B) 決策 (C) 程序 (D) 資料 (E) 以上皆非

( ) 9. 流程圖中，下列圖形是用來表示 _______ ？

(A) 開始 / 結束 (B) 決策 (C) 程序 (D) 資料 (E) 以上皆非

( ) 10. 流程圖中，下列圖形是用來表示 _______ ？

(A) 開始 / 結束 (B) 決策 (C) 程序 (D) 資料 (E) 以上皆非

觀念複習

1. 試列舉「運算思維」的核心項目。
2. 試解釋何謂「資料結構」。
3. 試解釋何謂「演算法」。
4. 已知今天是星期三，100 天後是星期幾？一年（365 天）後是星期幾？

程式設計練習

1. 現有一隻蝸牛爬十公尺的牆，白天往上爬 3 公尺，晚上休息往下滑 2 公尺，請問它多久能爬到牆頭？
2. 渡河謎題（River Crossing Puzzle）是著名的益智問題，描述如下：

   > 有一位農夫帶著狼、羊與白菜來到河邊，河邊有一艘船，只有農夫可以划船，每次只能載一件東西渡河。而且，狼與羊、羊與白菜不能在無人監視的情況下放在一起。渡河謎題是指：「在這樣的條件下，農夫如何將狼、羊與白菜順利運到河的另一邊？」

   【圖片來源】Freepik

   請您思考一下，解決「渡河謎題」。

3. 電影「終極警探 3」的故事情節中，出現所謂的水桶謎題 (Water Jug Puzzle)。若主角 John McClane 無法在短時間內解決這個謎題，恐怖分子將會引爆炸彈，犧牲許多無辜的性命。問題描述如下：

   > 現有一個水池，水池裡的水可以任意取用。現場有兩個水桶，但是都沒有刻度，若裝滿水桶，分別可以裝 3 加侖與 5 加侖的水。水桶謎題是指：「若只能使用這兩個水桶，如何在其中一個水桶中裝 4 加侖的水？」

   請您思考一下，解決「水桶謎題」。

4. 電腦科學領域中，4- 皇后問題（4-Queens Problem）是具有代表性的問題，描述如下：

現有一個 4 × 4 的西洋棋盤，請在這個棋盤中放入 4 個皇后，任意 2 個皇后都不能吃到對方。換句話說，任意 2 個皇后都不能在同一列、同一行或對角線。

請您思考一下，解決「4- 皇后問題」[3]。

5. 電腦科學領域中，騎士巡邏問題（Knight-Tour Problem）是具有代表性的問題，描述如下：

現有一個 5 × 5 的西洋棋盤，騎士的移動方式是前進 2 步，再向右或向左走 1 步。騎士巡邏問題是指：「若騎士從左上角出發，是否可以找到一條路徑，走遍棋盤所有的格子，而且每個格子只走一次？」

請您思考一下，解決「騎士巡邏問題」[4]。

3 西洋棋盤為 8 × 8，可以在相同的條件下，放入 8 個皇后，稱為 **8- 皇后問題**。基本上，這個問題的解不是唯一解。

4 西洋棋盤為 8 × 8，因此**騎士巡邏問題**更為複雜。基本上，這個問題的解不是唯一解。

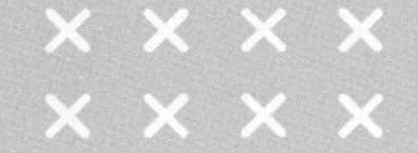

Chapter 4

程式設計

本章綱要

- ◆4.1 基本概念
- ◆4.2 Python 程式語言
- ◆4.3 Python 開發環境
- ◆4.4 Python 程式設計初體驗

本章介紹 Python 程式語言，包含 Python 開發環境的安裝工作，並進行 Python 程式設計初體驗。

4.1 基本概念

程式設計是指使用特定的**程式語言**（Programming Language），編寫電腦可以執行的計算過程。目前高階程式語言相當多，在此是以 Python 程式語言爲主，介紹程式設計的基本概念，包含 Python 開發環境的安裝工作，並進行 Python 程式設計初體驗。

4.2 Python 程式語言

Python 程式語言（Python Programming Language）是由荷蘭電腦科學家**吉多·范羅蘇姆**（Guido van Rossum），如圖 4-1，於 1991 年發表的一種高階程式語言。

圖 4-1 吉多 · 范羅蘇姆
【圖片來源】Wikipedia

Python 的命名來源，主要是因爲**吉多·范羅蘇姆**是**蒙提派森飛行馬戲團**（Monty Python's Flying Circus）的瘋狂愛好者。Python 的英文其實是一種「蟒蛇」。因此，Python 的商標是兩隻互相纏繞的蟒蛇。

Python 程式語言的特性如下：

- 直譯式、物件導向的高階程式語言
- 設計哲學是「優雅」、「明確」、「簡單」
- 強調「只有一種方法，或許是唯一的方法去做一件事」
- 支援跨平台，許多作業系統均提供 Python 直譯器
- 目前版本爲 2.x 與 3.x，但不完全相容

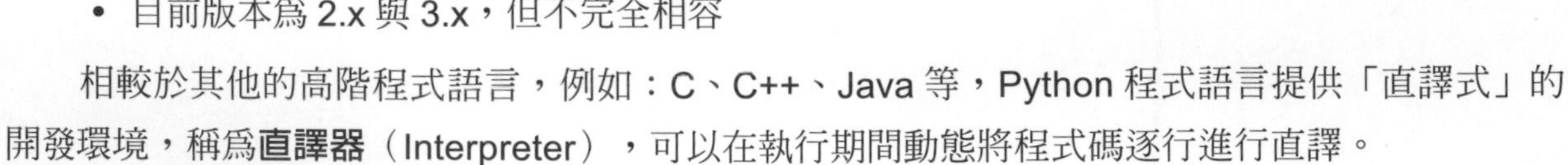

相較於其他的高階程式語言，例如：C、C++、Java 等，Python 程式語言提供「直譯式」的開發環境，稱爲**直譯器**（Interpreter），可以在執行期間動態將程式碼逐行進行直譯。

Python 程式語言是一種**物件導向程式語言**（Object-Oriented Programming Language, OOP），主要是採用**類別**（Class）的方式建立物件。物件導向程式設計有助於程式的模組化與重複使用，目前已成爲高階程式語言的主流。

Python 程式語言強調程式的可讀性，使用「空格」或「縮排」劃分程式**區塊**（Block），而非 C、C++、Java 使用的大括號或關鍵詞，使得 Python 程式的語法結構更爲簡潔，有助於程式設計師的程式開發與除錯工作。

Python 程式語言可以在 Microsoft Windows、MacOS、Linux 等作業系統下執行，因此是一種適應性高、跨平台的高階程式語言。無論您是使用執行 Microsoft Windows 作業系統的個人電腦或筆記型電腦，或是執行 MacOS 作業系統的 Apple 電腦或筆記型電腦，都可以進行 Python 程式設計工作。

目前 Python 同時存在兩種版本，分別為 2.x 與 3.x，但不完全相容。Python 3.x 所編寫的程式，無法在 2.x 的環境下執行。為了方便統一說明，本書是以 Python 3.x 為主。

自 Python 程式語言問市以來，第三方學者專家陸續加入開源軟體開發工作，發展出許多功能強大的**軟體套件**（Packages）。

常見的 Python 軟體套件如下：

- **NumPy**：支援**陣列**（Array）或**矩陣**（Matrix）的運算功能，同時提供大量的數學函式庫。
- **SciPy**：支援**科學運算**（Scientific Computing）功能。
- **Matplotlib**：支援繪圖功能與資料視覺化。Matplotlib 的 pyplot 模組，提供許多方便的繪圖功能。
- **SymPy**：支援**符號數學**（Symbolic Mathematics），適合數學與代數的推導工作。
- **Pandas**：資料分析程式庫，提供許多資料結構與資料分析工具。
- **Tkinter**：提供 Python 視窗介面設計功能。

4.3 Python 開發環境

Python 開發環境的下載與安裝，可以採用下列兩種方式進行[1]：

- **Python 官方網頁**：www.python.org

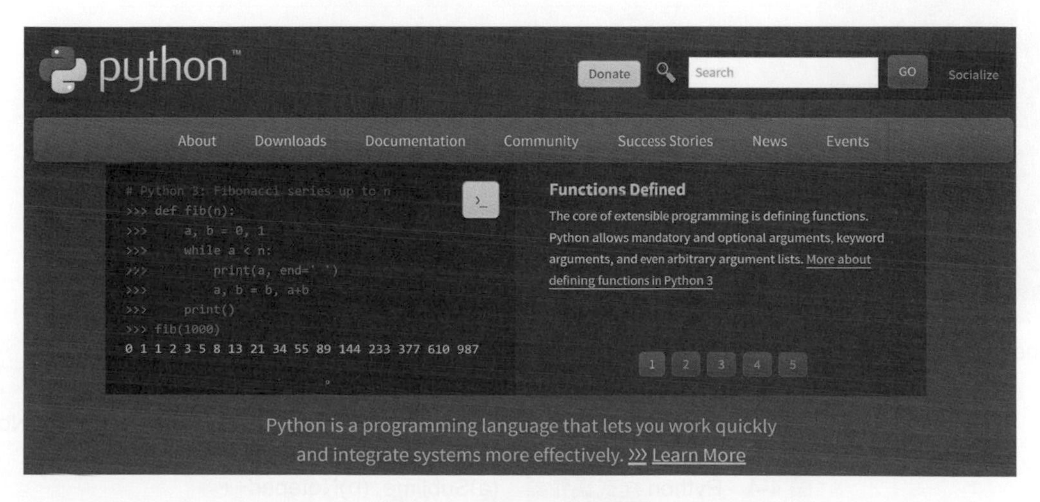

圖 4-2 Python 官方網頁

1 Python 與 Anaconda 其實都是「蟒蛇」的品種。若比較這兩種蟒蛇，Anaconda 其實比 Python 肥。Anaconda 除了 Python 基本的開發環境之外，同時安裝了許多第三方開發的軟體套件（Packages）。

- **Anaconda 官方網頁**：www.anaconda.com

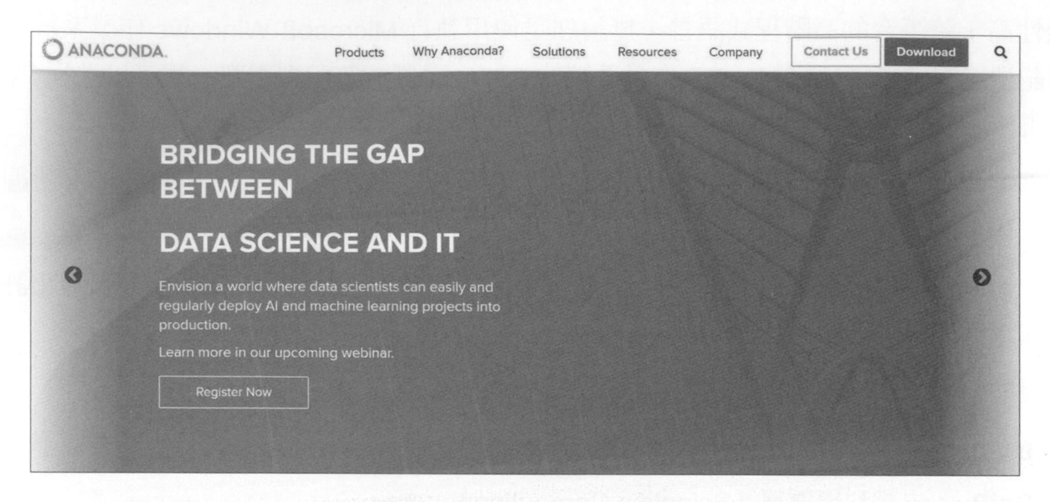

圖 4-3　Anaconda 官方網頁

為了方便 Python 程式設計工作，須熟悉至少一種適合 Python 程式語言的**文字編輯器**（Text Editors）或**整合開發環境**（Integrated Development Environment, IDE），例如：Notepad++、Sublime、Spyder、PyCharm、Eclipse、Code::Blocks 等。典型的程式編輯器 Notepad++ 或 Sublime，介面外觀如圖 4-4，都適合作為 Python 程式的編輯工具。

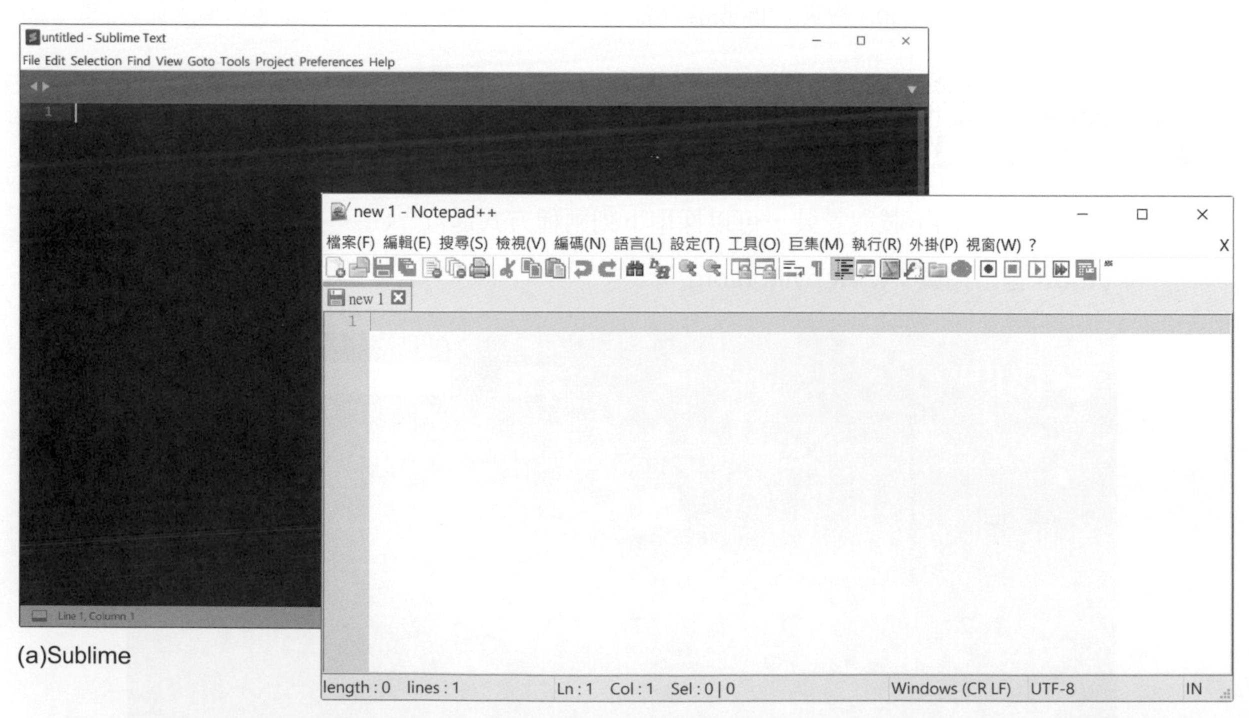

圖 4-4　Python 程式編輯器：(a)Sublime　(b)Notepad++

4.4 Python 程式設計初體驗

若安裝好 Python 開發環境，我們就可以開始 Python 程式設計的初體驗。在此，我們以 Microsoft Windows 作業系統爲例說明。

4.4.1 直譯式的開發環境

啓動 Python 直譯式的開發環境，方式如下：(1) 在 Python 安裝目錄下點選 python；(2) 在命令提示字元下鍵入 python。

在 Python 安裝目錄下點選 python 應用程式，即可啓動 Python 開發環境，結果如圖 4-5。

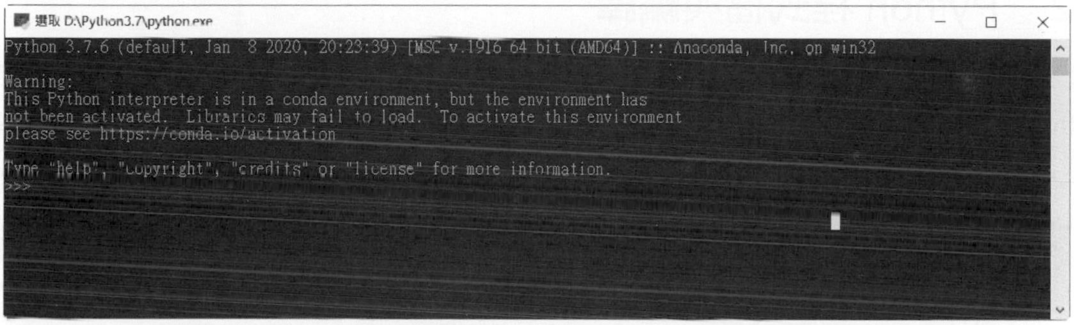

```
選取 D:\Python3.7\python.exe
Python 3.7.6 (default, Jan  8 2020, 20:23:39) [MSC v.1916 64 bit (AMD64)] :: Anaconda, Inc. on win32

Warning:
This Python interpreter is in a conda environment, but the environment has
not been activated.  Libraries may fail to load.  To activate this environment
please see https://conda.io/activation

Type "help", "copyright", "credits" or "license" for more information.
>>>
```

圖 4-5　啓動 Python（安裝目錄下點選 python）

Python 開發環境也可以使用命令提示字元啓動。開啓命令提示字元的方式，可以使用「開始」→「Windows 系統」→「命令提示字元」；接著，在命令提示字元中鍵入 python，結果如圖 4-6。

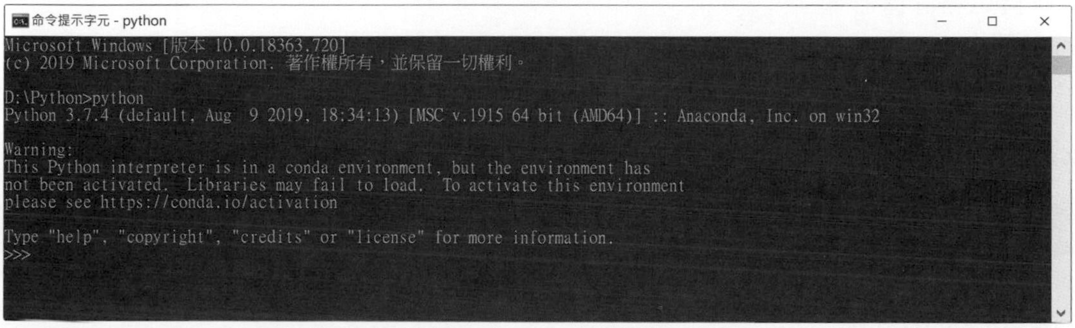

```
命令提示字元 - python
Microsoft Windows [版本 10.0.18363.720]
(c) 2019 Microsoft Corporation. 著作權所有，並保留一切權利。

D:\Python>python
Python 3.7.4 (default, Aug  9 2019, 18:34:13) [MSC v.1915 64 bit (AMD64)] :: Anaconda, Inc. on win32

Warning:
This Python interpreter is in a conda environment, but the environment has
not been activated.  Libraries may fail to load.  To activate this environment
please see https://conda.io/activation

Type "help", "copyright", "credits" or "license" for more information.
>>>
```

圖 4-6　啓動 Python（命令提示字元鍵入 python）

啓動 Python 後，您將會看到 >>> 的符號，是 Python 的提示字元。接著，就可以開始進行 Python 程式設計。

請鍵入下列指令，然後按 Enter 鍵，您會看到 Python 輸出的結果：

```
>>> print('Hello World!')
Hello World!
```

在此，Hello World! 是一種字串（String），Python 使用「單引號」或「雙引號」表示字串。因此，若使用下列指令，輸出的結果相同。

```
>>> print("Hello World!")
Hello World!
```

若想結束 Python，可以使用下列指令：

```
>>> exit()
```

或是使用 Ctrl-Z 鍵。

4.4.2 Python 程式檔與編譯

上述使用 >>> 的方法是採用 Python 直譯式的開發環境，雖然程式設計相當方便，但無法儲存 Python 程式。爲了儲存 Python 程式檔案，以供日後使用，可以先用文字編輯器或 IDE 編輯程式檔案，並儲存該檔案，副檔名爲 .py。

程式範例 4-1

```
# 第一個 Python 程式
print("Hello World!")
```

本程式範例中，我們加入註解（Comments），以「#」符號作爲開頭，用來說明這個 Python 程式碼，執行時將被 Python 直譯器忽略。若想使用多行註解，可以使用多個「#」。

程式範例 4-2

```
# 第一個 Python 程式
# 作者：張小明
print("Hello World!")
```

多行註解也可以使用「三個單引號」或「三個雙引號」。

程式範例 4-3

```
'''
 第一個 Python 程式
 作者：張小明
'''
print("Hello World!")
```

程式範例 4-4

```
"""
 第一個 Python 程式
 作者：張小明
"""
print("Hello World!")
```

完成 Python 程式檔案的編輯與存檔後，即可在命令提示字元執行，例如：

```
D:\Python> Python filename.py
Hello World!
```

注意：執行時須將 Python 程式放在目前的子目錄下。

Python 使用的特殊字元，歸納如表 4-1。

表 4-1 Python 特殊字元

字元	名稱	說明
( )	小括號	使用於函式
#	井字符號	註解的開頭字元
' '	單引號	字串
" "	雙引號	字串
''' '''	三個單引號	多行註解
""" """	三個雙引號	多行註解

本章習題

選擇題

( ) 1. 下列有關 Python 程式語言的敘述，何者錯誤？
(A) 由吉多 ・ 范羅蘇姆所提出
(B) 命名是來自「蟒蛇」
(C) 直譯式、物件導向的高階程式語言
(D) 設計哲學是「優雅」、「明確」、「簡單」
(E) 支援跨平台

( ) 2. 下列高階程式語言中，何者提供「直譯器」的程式工具？
(A) BASIC (B) C/C++ (C) FORTRAN (D) Java (E) Python

( ) 3. 下列何者是 Python 的提示字元？
(A) ### (B) /// (C) >>> (D) !!! (E) 以上皆非

( ) 4. 下列何者是 Python 程式的副檔名？
(A) .cpp (B) .jsp (C) .php (D) .psd (E) .py

( ) 5. 下列何者是 Python 程式的註解符號？
(A) # (B) // (C) ~~ (D) !! (E) 以上皆非

( ) 6. 下列何者是 Python 程式的多行註解符號？
(A) /* */ (B) ''' ''' (C) <! !> (D) 以上皆非

觀念複習

1. 試說明 Python 程式語言的特色。
2. 試列舉 Python 軟體套件。

程式設計練習

1. 下載與安裝 Python 或 Anaconda 的開發環境，並安裝程式編輯器或 IDE，開始進行 Python 程式實作。
2. 試設計 Python 程式，顯示下列訊息：

```
Welcome to Python.
Let's have fun!
```

3. 試設計 Python 程式，顯示下列訊息：

```
歡迎來到 Python 的世界
讓我們展開一段有趣的旅程
```

4. 試設計 Python 程式，顯示下列訊息：

```
*   *   *****   *       *        ***
*   *   *       *       *       *   *
*****   *****   *       *       *   *
*   *   *       *       *       *   *
*   *   *****   *****   *****    ***
```

NOTE

Chapter 5

資料型態、變數與運算子

本章綱要

- ◆5.1 基本概念
- ◆5.2 資料型態
- ◆5.3 變數與指定敘述
- ◆5.4 識別字
- ◆5.5 運算子
- ◆5.6 程式設計風格
- ◆5.7 程式設計錯誤

本章介紹 Python 的資料型態、變數與運算子，並介紹程式設計風格與程式設計錯誤等課題。

5.1 基本概念

Python 程式語言是一種**動態型態**（Dynamically Typed）的程式語言，資料在使用之前，不需事先宣告變數的資料型態。Python 在儲存與處理資料時，直譯器會根據資料型態決定所需的記憶體空間、可以表示的數值範圍、資料的處理方式等[1]。

本章介紹 Python 程式語言的基本元素，包含：資料型態、變數與運算子等，並介紹程式設計風格與程式設計錯誤等課題。

5.2 資料型態

Python 提供下列幾種**資料型態**（Data Types），包含：

- 資料型態 **int**，用來表示整數，例如：5、10、–2 等，不含小數部分。
- 資料型態 **float**，用來表示浮點數，例如：0.1、2.35、3.1416 等，含有小數部分。
- 資料型態 **complex**，用來表示複數，例如：$1 + 2j$ 等，其中虛數單位使用 j 表示。
- 資料型態 **bool**，用來表示布林值，例如：`True` 或 `False`[2]。
- 資料型態 **str**，用來表示字串，例如：`"A"`、`"Hello"`、`" 你好 "` 等。

Python 提供的資料型態，範例如下：

```
>>> 3
3
>>> 2.5
2.5
>>> 1 + 2j
(1+2j)
>>> complex(1, 2)
(1+2j)
>>> True
True
>>> False
False
>>> "Hello"
'Hello'
>>> " 你好 "
' 你好 '
```

1 相對而言，C、C++、Java 程式語言等，是一種靜態型態的程式語言。在使用資料之前，須事先宣告變數的資料型態。例如：int variable 用來宣告整數變數、float variable 用來宣告浮點數變數等。程式執行期間，須注意是否發生**資料溢位**（Data Overflow）的現象。

2 請注意，Python 程式語言定義的布林值 True 與 False，第一個字母必須是大寫，其餘的字母則是小寫。

若想檢查資料型態，可以使用 Python 內建的 type 函式。例如：

```
>>> type(3)  # 整數
<class 'int'>
>>> type(2.5)  # 浮點數
<class 'float'>
>>> type(1 + 2j)  # 複數
<class 'complex'>
>>> type(complex(1, 2))  # 複數
<class 'complex'>
>>> type(True)  # 布林值
<class 'bool'>
>>> type(False)  # 布林值
<class 'bool'>
>>> type("Hello")  # 字串
<class 'str'>
>>> type("你好")  # 中文字串
<class 'str'>
```

資料型態可以進行轉換。例如：

```
>>> float(1)  # 將整數轉換爲浮點數
1.0
>>> int(3.1)  # 將浮點數轉換爲整數
3
>>> int(3.6)  # 將浮點數轉換爲整數
3
>>> bool(1)  # 將整數轉換爲布林值
True
>>> bool(0)  # 將整數轉換爲布林值
False
>>> bool(1.0)  # 將浮點數轉換爲布林值
True
>>> bool(0.0)  # 將浮點數轉換爲布林值
False
>>> str(100)  # 將整數轉換爲字串
'100'
>>> str(3.1416)  # 將浮點數轉換爲字串
'3.1416'
```

若將浮點數轉換爲整數，將會「無條件捨位」。若整數（或浮點數）爲非零值，則轉換後的布林值爲 True；否則爲 False。

5.3 變數與指定敘述

變數（Variables）是用來儲存程式中可變的數值。例如：

```
>>> x = 1
```

在此，等號「=」稱爲**指定**（Assignment）敘述。`x = 1` 是指將數值 `1` 指定給變數 `x`，如圖 5-1。Python 會根據資料型態，配置適當的記憶體空間，用來儲存該數值。在此，Python 是使用 `int` 資料型態。

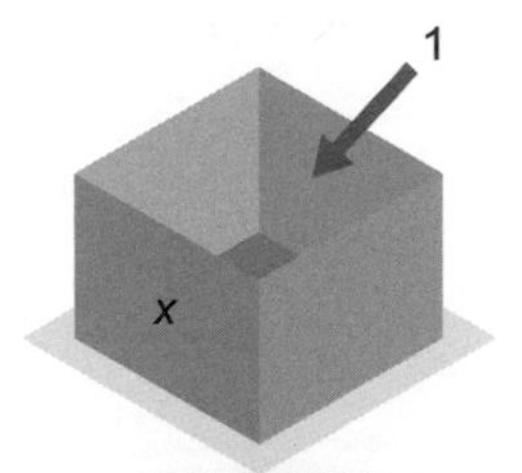

圖 5-1　指定敘述

若想檢查變數的資料型態，可以使用 Python 內建的 `type` 函式。例如：

```
>>> x = 1
>>> type(x)
<class 'int'>
```

若指定的數值爲浮點數，Python 是使用 `float` 資料型態。例如：

```
>>> x = 1.1
>>> type(x)
<class 'float'>
```

若指定的數值爲複數，Python 是使用 `complex` 資料型態。例如：

```
>>> x = 1 + 2j
>>> type(x)
<class 'complex'>
>>> x = complex(1, 2)
>>> type(x)
<class 'complex'>
```

若指定的數值爲布林值，Python 是使用 `bool` 資料型態。例如：

```
>>> x = True
>>> type(x)
<class 'bool'>
>>> x = False
>>> type(x)
<class 'bool'>
```

若指定字串，Python 是使用 str 資料型態。例如：

```
>>> x = "Hello"
>>> type(x)
<class 'str'>
>>> x = " 你好 "
>>> type(x)
<class 'str'>
```

若想知道變數在記憶體中的**位址**（Address），可以使用 Python 內建的 id 函式。例如：

```
>>> x = 1
>>> y = 2
>>> id(x)
140719929794960
>>> id(y)
140719929794992
```

Python id 函式的範例，如表 5-1。很明顯的，變數 x 與 y 使用的記憶體 id 不相同，因此可以用來儲存不同的資料（整數 1 或 2）。由於您的電腦記憶體資源會有所差異，實際得到的 id 也會不一樣。

表 5-1 Python id 函式範例

記憶體的位址（id）	變數名稱	資料
140719929794960	x	1
140719929794992	y	2

【註】您實際得到的 id 值可能會不一樣。

Python 具有**垃圾回收**（Garbage Collection）的機制，當變數不再使用時，直譯器會自動回收，釋放記憶體空間。例如：

```
>>> x = 1   # 指定為整數
>>> id(x)
140724740071824
>>> x = 1.0   # 指定為浮點數
>>> id(x)
2197166491312
```

換句話說，當變數的資料型態經過重新指定，Python 直譯器會自動配置適合浮點數的記憶體空間，並釋放整數的記憶體空間[3]。

3 若想手動釋放記憶體空間，可以使用指令 del x。

5.4 識別字

識別字（Identifiers）的目的是用來定義**變數**（Variables）或**函式**（Functions）的名稱。

識別字的命名規則如下：

- 識別字是由字母、數字或底線所組成。
- 識別字是以字母或底線爲開頭，不可以是數字。
- 識別字不可以是 Python 程式語言的**關鍵字**（Keywords）。
- 識別字的長度不限。

以 Python 3.x 而言，Python 容許中文的識別字。然而，考慮 Python 程式設計經常牽涉第三方開發的軟體套件，因此應該以英文的識別字爲主。

Python 程式語言的關鍵字，如表 5-2。Python 程式設計過程中，須避免使用關鍵字作爲變數或函式名稱。

表 5-2　Python 程式語言的關鍵字

and	as	assert	async	await
break	class	continue	def	del
else	except	False	finally	for
from	global	if	import	in
is	lambda	None	nonlocal	not
or	pass	return	True	try
while	with	yield		

【註】本表僅列舉部分常見的關鍵字。

舉例說明：

- 合法的識別字，例如：`area`、`circle`、`num1`、`_var` 等。Python 區分大小寫，因此 `Name`、`name` 是視爲不同的識別字。
- 不合法的識別字，例如：`2A`、`a+b`、`?1`、`and` 等。

程式設計過程中，應盡可能採用具有意義的識別字。原則上，可以採用所謂「駝峰式」的命名法[4]：

- **小駝峰式命名法**：第一個英文單字是小寫，接著的英文單字的第一個字母是大寫，其餘的字母爲小寫。例如：`firstName`、`lastName` 等。
- **大駝峰式命名法**：每個英文單字的第一個字母都採用大寫，其餘的字母爲小寫。例如：`FirstName`、`LastName` 等。

4　電腦程式設計中，**匈牙利命名法**（Hungarian Notation）是另一種常見的命名規則。

5.5 運算子

本節介紹 Python 的運算子，可以依據功能分成下列幾種類型[5]：

- **算術運算子**（Arithmetic Operators）
- **指定運算子**（Assignment Operators）
- **比較運算子**（Comparison Operators）
- **邏輯運算子**（Logic Operators）
- **位移運算子**（Shifting Operators）
- **位元運算子**（Bitwise Operators）

5.5.1 算術運算子

Python 提供的**算術運算子**（Arithmetic Operators），如表 5-3。

表 5-3 算術運算子

運算子	說明
+、-、*、/	加、減、乘、除
//	整數除法取商
%	整數除法取餘數
**	指數

Python 提供基礎的數學運算，因此可以當成簡易的計算機。例如：

```
>>> 2 + 3
5
>>> 10 - 3
7
>>> 3 * 4
12
>>> 1 / 10
0.1
>>> 123 / 999
0.12312312312312312
>>> 100 // 3
33
>>> 100 % 3
1
>>> 2 ** 5
32
```

請注意，Python 在處理除法時，例如：`1 / 10`、`123 / 999` 等，會動態將資料型態調整為浮點數。

5 基本上，Python 程式語言定義的運算子，與 C、C++ 程式語言相似。

5.5.2 指定運算子

Python 提供的**指定運算子**（Assignment Operators），如表 5-4。

表 5-4　指定運算子

運算子	說明	範例	相當於
+=	加法指定	x += 2	x = x + 2
-=	減法指定	x -= 2	x = x - 2
*=	乘法指定	x *= 2	x = x * 2
/=	除法指定	x /= 2	x = x / 2
//=	整數除法取商指定	x //= 2	x = x // 2
%=	整數除法取餘數指定	x %= 2	x = x % 2
**=	指數指定	x **= 2	x = x ** 2

例如：

```
>>> x = 1
>>> x += 1
>>> x
2
>>> x *= 2
>>> x
4
>>> y = 7
>>> y /= 2
>>> y
3.5
>>> z = 100
>>> z %= 3
>>> z
1
```

若想將兩個變數的數值進行交換，可以使用一個暫存的變數。例如：

```
>>> x, y = 1, 2
>>> temp = x
>>> x = y
>>> y = temp
>>> x
2
>>> y
1
```

Python 容許**同時指定**（Simultaneous Assignment）敘述，只要一行指令，就可以進行交換[6]。範例如下：

```
>>> x, y = 1, 2
>>> x, y = y, x  # 交換
>>> x
2
>>> y
1
```

5.5.3 比較運算子

Python 提供的**比較運算子**（Comparison Operators），如表 5-5。比較運算子可以用來比較兩個運算元的大小，或是否相等。

表 5-5 比較運算子

運算子	說明
>	大於
<	小於
>=	大於等於
<=	小於等於
==	等於
!=	不等於

比較運算子可以用來比較數值的大小，或是否相等。例如：

```
>>> 5 > 3
True
>>> 5 < 3
False
>>> 5 >= 3
True
>>> 5 <= 3
False
>>> 5 == 3
False
>>> 5 != 3
True
```

6 基本上，其他高階程式語言，例如：C、C++ 等，須使用暫存變數進行交換。筆者認為，「同時指定」的功能，是 Python 程式語言的特色。

Python 的比較運算子也可以用來比較字串的大小（根據 ASCII 碼），或是否相等。例如：

```
>>> "A" > "a"   # 根據 ASCII 碼比較
False
>>> "A" < "a"   # 根據 ASCII 碼比較
True
>>> "A" == "a"
False
>>> "A" != "a"
True
>>> "Apple" == "Orange"
False
>>> "Apple" != "Orange"
True
```

5.5.4 邏輯運算子

Python 提供的**邏輯運算子**（Logical Operators），包含：not、and 與 or 運算[7]。not 運算，如表 5-6。and 與 or 運算，如表 5-7。

表 5-6　NOT 運算

輸入	輸出
x	not x
True	False
False	True

表 5-7　and 與 or 運算

輸入		輸出	
x	y	x and y	x or y
False	False	False	False
False	True	False	True
True	False	False	True
True	True	True	True

7　基本上，C、C++ 定義的邏輯運算子與 Python 並不相同，例如：「!」代表 not 運算、「&&」代表 and 運算、「||」代表 or 運算。

例如：

```
>>> x = True
>>> y = False
>>> not x
False
>>> x and y
False
>>> x or y
True
```

請參照表 5-7，測試其他 x、y 的輸入，並檢視輸出結果是否與預期的結果相符。

定理	德摩根定律

德摩根定律（De Morgan's Laws），或稱為**笛摩根定律**、**對偶率**等，是關於命題邏輯規律的一對法則：

$$\neg(p \wedge q) \equiv (\neg p) \vee (\neg q)$$

$$\neg(p \vee q) \equiv (\neg p) \wedge (\neg q)$$

其中，$\neg$ 代表 not 運算、$\wedge$ 代表 and 運算、$\vee$ 代表 or 運算。

德摩根定律也可以描述如下：

not (p and q) 等價於 (not p) or (not q)

not (p or q) 等價於 (not p) and (not q)

例如：

```
>>> x = True
>>> y = True
>>> not (x and y)
False
>>> (not x) or (not y)
False
```

```
>>> x = False
>>> y = False
>>> not (x or y)
True
>>> (not x) and (not y)
True
```

5.5.5 位移運算子

Python 提供的**位移運算子**（Shifting Operators），如表 5-8。由於位移運算子牽涉二進位制的位元運算，因此須先理解數值的二進位表示法。

表 5-8 位移運算子

運算子	說明	範例
<<	左移	x << 2
>>	右移	x >> 2

舉例說明，數值 8 可以表示成：

0	0	0	0	1	0	0	0

若向左移 2 位元，則結果為：

0	0	1	0	0	0	0	0

相當於數值 32。

若向右移 2 位元，則結果為：

0	0	0	0	0	0	1	0

相當於數值 2。

```
>>> x = 8
>>> x << 2   # 左移 2 位元
32
>>> x >> 2   # 右移 2 位元
2
```

換句話說，若向左移 n 位元，相當於將數值乘以 2^n；若向右移 n 位元，相當於將數值除以 2^n。若右移超過範圍，則數值為 0。

5.5.6 位元運算子

Python 提供的**位元運算子**（Bitwise Operators），如表 5-9。位元運算子牽涉二進位制的位元運算。

表 5-9 位元運算子

運算子	說明	範例
~	位元 not 運算	~x
&	位元 and 運算	x & y
|	位元 or 運算	x | y
^	位元 xor 運算	x ^ y

舉例說明，數值 6 可以表示成：

0	0	0	0	0	1	1	0

則 **2 的補數**（2's Complement）結果為：

1	1	1	1	1	0	1	0

代表數值 –7。

數值 6 可以表示成：

0	0	0	0	0	1	1	0

數值 10 可以表示成：

0	0	0	0	1	0	1	0

位元 and 運算的結果為：

0	0	0	0	0	0	1	0

代表數值 2。

位元 or 運算的結果為：

0	0	0	0	1	1	1	0

代表數值 14。

位元 xor 運算的結果為：

0	0	0	0	1	1	0	0

代表數值 12。

```
>>> x = 6
>>> y = 10
>>> ~x  # 位元 NOT 運算
-7
>>> x & y  # 位元 AND 運算
2
>>> x | y  # 位元 OR 運算
14
>>> x ^ y  # 位元 XOR 運算
12
```

5.5.7 運算子的優先順序

Python 提供的運算子，運算時的優先順序如表 5-10。原則上，數學運算式是根據括號、指數、乘除、加減、比較、邏輯運算的優先順序進行。

表 5-10 Python 運算子的優先順序

運算子	說明
( )	括號
**	指數
+、-	正、負號
*、/、//、%	乘、除、整數除法取商、整數除法取餘數
+、-	加、減
<<、>>	位移
&、|、^	and、or、xor 運算
>、<、>=、<=、==、!=	比較運算
not、and、or	邏輯運算

【註】本表由上而下，運算子的優先順序由高而低排列。

例如：

```
>>> 8 - 2 * 3
2
>>> (1 + 2) * 3 - 4
5
>>> (1 + 2) ** 2 - 5
4
>>> 1 + 2 ** 3 // 2
5
>>> 5 > 5 % 2
True
>>> 2 > 1 and 3 < 4
True
```

5.6 程式設計風格

程式設計風格（Programming Style），或稱爲**程式碼風格**（Coding Style），通常是指程式設計時遵循的規則。一般來說，良好的程式設計風格，可以強化程式的可讀性，同時使得軟體專案的維護或除錯工作變得比較容易。因此，程式設計師應該遵循特定的程式設計風格進行程式設計工作。事實上，以大規模的軟體專案而言，參與軟體專案的技術團隊，都會制定共同遵循的程式設計風格。

相對於 C、C++、Java 等高階程式語言，Python 程式語言不是採用大括號等表示程式區塊，因此語法結構相對更爲簡潔。以 Python 程式語法設計的程式，其實已具備相當不錯的程式設計風格。

除此之外，適當的程式**註解**（Comments），有助於軟體專案的維護或除錯工作。例如：

```
#  This is my first Python program.
#  Author: Xiao-Ming Chang
```

事實上，由於 Python 程式語言是以英文爲主，若在 Python 程式中加入中文註解，以國內的程式設計師而言，其實是值得採用的程式設計風格。例如：

```
#  這是我的第一個 Python 程式
#  作者：張小明
```

```
'''
這是我的第一個 Python 程式
作者：張小明
'''
```

除此之外，Python 程式的識別字，例如：變數、函式等，應盡量採用具有意義的識別字。通常，可以使用「小駝峰式命名法」或「大駝峰式命名法」。

若以數學運算式而言，**運算元**（Operands）與**運算子**（Operators）之間，建議採用適當的空格，可以強化程式的可讀性。

不好的程式設計風格：

```
(1+2)*3/4
x=((a+b)*(c+d))/2
```

良好的程式設計風格：

```
(1 + 2) * 3 / 4
x = ((a + b) * (c + d)) / 2
```

顯然的，在數學運算式中加入適當的空格，有助於強化程式的可讀性，軟體專案的維護或除錯工作相對比較容易。

5.7 程式設計錯誤

程式設計過程中，**除錯**（Debug）是程式設計師或軟體工程師必經的過程 [8]。無論是小規模的程式，以至於大規模的軟體專案，都須避免程式設計錯誤。

程式設計錯誤，包含下列幾種類型：

- **語法錯誤**（Syntax Error）：語法錯誤是程式設計時最容易發生的錯誤。任何高階程式語言，都有必須遵循的程式語法。一旦有誤用語法的情形，就會產生錯誤。一般來說，編譯器（或直譯器）能夠顯示程式哪裡有語法錯誤，程式設計師可以根據錯誤訊息，進行修改 [9]。以下是典型的語法錯誤：

```
>>>   print("Hello! World")
  File "<stdin>", line 1
    print("Hello! World")
    ^
IndentationError: unexpected indent
```

在此，語法錯誤是由於非必要的**縮排**（Indentation）。

- **執行期間錯誤**（Runtime Error）：執行期間錯誤是指在程式執行時發生的錯誤。通常執行期間錯誤不是程式語法問題，但會導致程式無法執行。以下是典型的執行期間錯誤：

```
>>> print(1 / 0)
Traceback (most recent call last):
 File "<stdin>", line 1, in <module>
ZeroDivisionError: division by zero
```

在此，執行期間錯誤是由於數學運算發生除以 0 的錯誤。

- **邏輯錯誤**（Logic Error）：邏輯錯誤是指程式設計時，處理過程中產生邏輯上的錯誤。通常程式還是可以正常執行，但可能會產生錯誤的輸出結果。由於邏輯錯誤比較不容易發現，因此是屬於最難修正的錯誤，程式設計師須經過測試的過程，根據不符合預期的輸出結果進行修正。

---

8 Debug 的名詞，源自美國將軍 Grace Hopper 於 1940 年在哈佛大學 Mark II 電腦中發現一隻死掉的飛蛾，導致電腦操作錯誤。

9 事實上，程式設計的初學者最容易犯的毛病，就是不會閱讀「語法錯誤」的訊息。

舉例說明，已知球的體積公式為 $\frac{4}{3}\pi r^3$ ，其中 r 是半徑。若是想計算球的體積，以下是典型的邏輯錯誤：

```
>>> r = 10
>>> volume = 4 * 3.1416 * r * r
>>> print(volume)
```

在此，誤用球的表面積公式 $4\pi r^2$ ，產生所謂的邏輯錯誤。

本章習題

選擇題

( ) 1. 下列資料型態中，何者可以用來表示整數？

(A) int (B) float (C) complex (D) bool (E) 以上皆非

( ) 2. 下列資料型態中，何者可以用來表示浮點數？

(A) int (B) float (C) complex (D) bool (E) 以上皆非

( ) 3. 下列資料型態中，何者可以用來表示複數？

(A) int (B) float (C) complex (D) bool (E) 以上皆非

( ) 4. 下列資料型態中，何者可以用來表示 True 或 False ？

(A) int (B) float (C) complex (D) bool (E) 以上皆非

( ) 5. 下列哪個運算子可以用來指定變數的值？

(A) = (B) == (C) != (D) & (E) 以上皆非

( ) 6. 下列何者是 Python 合法的識別字？

(A) 3abc (B) _var123 (C) how? (D) and (E) 以上皆非

( ) 7. 下列何者不是 Python 的關鍵字？

(A) and (B) break (C) case (D) def (E) else

( ) 8. 以下 Python 程式的輸出結果爲何？

```
>>> a, b, c, d = 2, 3, 4, 5
>>> b // a + c // b + d // c
```

(A) 3 (B) 4 (C) 5 (D) 6 (E) 以上皆非

( ) 9. 若下列邏輯判斷式的結果爲 True，則：

```
not (x or y)
```

(A) x 爲 False、y 爲 False (B) x 爲 True、y 爲 False

(C) x 爲 False、y 爲 True (D) x 爲 True、y 爲 True

( ) 10. 若下列邏輯判斷式的結果爲 False，則：

```
not (x and y)
```

(A) x 爲 False、y 爲 False (B) x 爲 True、y 爲 False

(C) x 爲 False、y 爲 True (D) x 爲 True、y 爲 True

( ) 11. 若 a, b, c, d 均爲整數變數，則下列何者的計算結果與 a + b * c – d 相同？

(A) ((a + b) * c) – d

(B) (a + b) * (c – d)

(C) (a + (b * c)) – d

(D) a + b * (c – d)

( ) 12. 下列有關程式設計風格的敘述，何者不正確？
(A) 程式設計風格是指程式設計時遵循的規則
(B) 良好的程式設計風格，可以強化程式的可讀性
(C) 良好的程式設計風格，可以使得軟體專案的維護工作更容易
(D) 爲了使得程式更有創意，程式設計師不需遵循程式設計風格

( ) 13. 以下的 Python 程式碼會發生何種程式設計錯誤？

```
>>> print(Hello! World)
```

(A) 語法錯誤 (B) 執行期間錯誤 (C) 邏輯錯誤 (D) 以上皆非

( ) 14. 以下的 Python 程式碼會發生何種程式設計錯誤？

```
>>> print(1 / 0)
```

(A) 語法錯誤 (B) 執行期間錯誤 (C) 邏輯錯誤 (D) 以上皆非

( ) 15. 下列何者程式設計錯誤是最難修正的？
(A) 語法錯誤 (B) 執行期間錯誤 (C) 邏輯錯誤 (D) 以上皆非

觀念複習

1. 試列舉 Python 程式語言的資料型態。
2. 試根據下列個人資料，判斷適合的資料型態：
   (a) 年齡
   (b) 身高或體重
   (c) 是否已婚
   (d) 戶籍地址
3. 試列舉 Python 程式語言的運算子。
4. 試列舉程式設計錯誤的種類。

程式設計練習

1. 試設計 Python 程式，產生下列的運算結果。原則上，請先自行試算，再使用 Python 程式驗證：
   (a) 10 / 3
   (b) 10 // 3
   (c) 10 % 3
   (d) 3 ** 4
   (e) 20 > 30
   (f) 7 << 2
   (g) 7 >> 2
   (h) (1 + 3) ** 3 / 5
   (i) 5 + 3 ** 2 < 20
   (j) (5 > 1) and (3 < 10)

2. 假設人類的平均心跳次數爲每分鐘 72 次，且一年共有 365 天，試設計 Python 程式，計算人類心跳一年的總次數。
3. 已知 1 英吋等於 2.54 公分，試設計 Python 程式，計算 100 英吋等於多少公分。
4. 台灣房屋的面積，通常是使用坪的單位衡量。已知 1 坪約等於 3.305785 平方公尺。試設計 Python 程式，計算 50 坪約等於多少平方公尺。
5. 一元二次方程式 $ax^2 + bx + c = 0$ 的解（或稱爲根）爲：

$$\frac{-b \pm \sqrt{b^2 - 4ac}}{2a}$$

假設 $a = 1$、$b = -3$、$c = 2$，試設計 Python 程式，計算一元二次方程式的兩個解。

Chapter 6

數學運算與字串處理

本章綱要

- 6.1 基本概念
- 6.2 數學運算
- 6.3 科學運算
- 6.4 字串處理

本章介紹 Python 的數學運算、科學運算與字串處理等課題。

6.1 基本概念

Python 提供基本的數學運算。然而，爲了解決科學或實際問題，通常牽涉科學運算，此時就需要使用 Python 提供的**模組**（Modules）或**套件**（Packages）。以字串處理而言，Python 使用 str 資料型態，同時提供一系列的處理方法，能夠因應許多不同的需求。

6.2 數學運算

Python 提供內建的數學函式，如表 6-1。換句話說，進入 Python 開發環境後，就可以使用這些函式。

表 6-1　Python 內建的數學函式

函式	說明	函式	說明
abs	絕對值	max	最大值
complex	複數	min	最小值
float	浮點數	pow	指數
int	整數	round	四捨五入

Python 提供內建的數學函式，使用範例如下：

```
>>> abs(-3.5)   # 絕對值
3.5
>>> int(2.5)   # 取整數
2
>>> float(3)   # 取浮點數
3.0
>>> max(2, 5)   # 取最大值
5
>>> min(2, 5)   # 取最小值
2
>>> pow(2, 5)   # 取指數
32
>>> round(3.1416)   # 四捨五入取整數
3
>>> round(3.1416, 2)   # 取小數點下兩位
3.14
```

6.3 科學運算

Python 程式可以用來解決許多科學運算問題，但內建的數學函式通常不敷使用。Python 提供許多**模組**，可以支援科學運算的功能。

在此，讓我們**載入**（Import）數學模組，稱爲 math。載入的方式，分成下列三種：

```
>>> import math            # 載入數學模組
>>> import math as m       # 載入數學模組，命名空間改爲 m
>>> from math import *     # 載入數學模組的所有函式
```

Python 提供的 math 模組，可以用來定義圓周率 π，使用的方式如下：

```
>>> import math   # 載入數學模組
>>> math.pi
3.141592653589793
```

```
>>> import math as m   # 載入數學模組，命名空間改爲 m
>>> m.pi
3.141592653589793
```

```
>>> from math import *   # 載入數學模組的所有函式
>>> pi
3.141592653589793
```

Python 的 math 模組提供的數學函式，如表 6-2。本表僅列舉具有代表性的數學函式。您也可以使用下列指令，列出所有數學函式：

```
>>> import math
>>> dir(math)
```

表 6-2　Python math 模組的數學函式

函式	數學表示法	說明
fabs(x)	$\lvert x \rvert$	回傳浮點數的絕對值
ceil(x)	$\lceil x \rceil$	回傳大於 x 的最小整數
floor(x)	$\lfloor x \rfloor$	回傳小於 x 的最大整數
exp(x)	e^x	回傳指數
log(x)	$\log_e x = \ln x$	回傳自然對數（以 e 為基底）
log2(x)	$\log_2 x = \lg x$	回傳二元對數（以 2 為基底）
log10(x)	$\log_{10} x$	回傳常用對數（以 10 為基底）
sqrt(x)	$\sqrt{x}$	回傳平方根
sin(x)	$\sin(x)$	回傳正弦函數
asin(x)	$\sin^{-1}(x)$	回傳反正弦函數
cos(x)	$\cos(x)$	回傳餘弦函數
acos(x)	$\cos^{-1}(x)$	回傳反餘弦函數
tan(x)	$\tan(x)$	回傳正切函數
atan(x)	$\tan^{-1}(x)$	回傳反正切函數
factorial(x)	$x!$	回傳階乘
degrees(x)		回傳角度（輸入為弧度）
radians(x)		回傳弧度（輸入為角度）

【註】本表僅列舉具有代表性的數學函式。

Python 提供的 math 模組，可以用來定義常數 π 或 e：

```
>>> import math
>>> math.pi
3.141592653589793
>>> math.e
2.718281828459045
```

Python math 模組提供的數學函式，範例如下：

```
>>> math.ceil(4.5)
5
>>> math.floor(4.5)
4
>>> math.exp(1.0)
2.718281828459045
>>> math.log(math.e ** 2)
2.0
>>> math.log2(1024)
10.0
>>> math.log10(100000)
5.0
>>> math.sqrt(2)
1.4142135623730951
>>> math.sin(math.pi / 2)
1.0
>>> math.asin(1.0)
1.5707963267948966
>>> math.cos(math.pi / 2)
6.123233995736766e-17
>>> math.acos(1.0)
0.0
>>> math.tan(math.pi / 4)
0.9999999999999999
>>> math.atan(1.0) * 4
3.141592653589793
>>> math.factorial(5)
120
>>> math.degrees(math.pi)
180.0
>>> math.radians(30)
0.5235987755982988
```

上述 Python 程式範例中，計算的數學函數值分別為：

- $\lceil 4.5 \rceil = 5$
- $\lfloor 4.5 \rfloor = 4$
- $e^1 = e = 2.71828\cdots$
- $\log_e e^2 = 2$ 或 $\ln e^2 = 2$
- $\log_2(1024) = \log_2 2^{10} = 10$

- $\log_{10}(10000) = \log_{10} 10^5 = 5$
- $\sqrt{2} = 1.41421\cdots$
- $\sin\left(\frac{\pi}{2}\right) = 1$
- $\sin^{-1}(1) = \frac{\pi}{2}$
- $\cos\left(\frac{\pi}{2}\right) = 0$ 【註】Python 回傳很小的值
- $\cos^{-1}(1) = 0$
- $\tan\left(\frac{\pi}{4}\right) = 1$ 【註】Python 回傳接近 1 的值
- $\tan^{-1}(1) \times 4 = \frac{\pi}{4} \times 4 = \pi$
- $5! = 5 \cdot 4 \cdot 3 \cdot 2 \cdot 1 = 120$
- π 的角度爲 $180°$
- $30°$ 的弧度爲 $\pi / 6$

6.4 字串處理

字串（String）是由字元（Character）所組成。Python 程式語言使用 str 資料型態表示字串，例如："A"、"Hello"、" 你好 " 等。Python 程式語言並未提供字元的資料型態，而是使用單一字元的字串表示。

Python 容許以單引號、或是雙引號的方式表示字串。例如：

```
>>> s1 = 'A'
>>> s2 = 'Hello'
>>> s3 = '你好'
```

或

```
>>> s1 = "A"
>>> s2 = "Hello"
>>> s3 = "你好"
```

6.4.1 字串函式

電腦內部是採用 ASCII 或 Unicode 編碼系統儲存與處理字串。基本上，Python 會根據中英文字串選取對應的電腦編碼系統。

Python 內建的字串函式 `ord` 可以用來檢視英文字元的 ASCII 碼。例如：

```
>>> ord('A')
65
>>> ord('a')
97
```

代表字元的 ASCII 碼（請參閱 ASCII 表）。

Python 內建的字串函式 `ord` 可以用來檢視中文字元的 Unicode 碼。例如：

```
>>> ord('你')
20320
>>> ord('愛')
24859
```

相對而言，Python 內建的字串函式 `chr` 則是用來檢視 ASCII 或 Unicode 碼對應的英文（或中文）字元。例如：

```
>>> chr(65)
'A'
>>> chr(97)
'a'
```

```
>>> chr(20320)
'你'
>>> chr(24859)
'愛'
```

Python 內建的函式 `len`，可以用來回傳字串的長度。例如：

```
>>> s1 = "A"
>>> s2 = "Hello"
>>> len(s1)
1
>>> len(s2)
5
```

6.4.2 字串運算子

Python 定義的算術運算子，可以用來對字串進行處理。例如：

```
>>> s1 = 'What'
>>> s2 = 'time'
>>> s1 + s2
'Whattime'
```

可以發現字串的加法會連接兩個字串。

```
>>> s1 = 'What'
>>> s1 * 3
'WhatWhatWhat'
```

可以發現字串的乘法是根據乘數連接多個字串。

Python 程式語言的比較運算子，也可以用來比較字串的大小。Python 預設的比較方式，是根據 Unicode 的順序而定。例如：

```
>>> 'A' < 'a'
True
>>> 'A' < '你'
True
```

Python 的比較運算子，也可以用來比較字串是否相同。例如：

```
>>> "Yes" == "No"
False
>>> "Yes" != "No"
True
```

Python 提供的 `in` 與 `not in` 運算子，可以用來檢查某字串是否存在於另一個字串。例如：

```
>>> "over" in "Discover"
True
>>> "order" in "Discover"
False
>>> "over" not in "Discover"
False
>>> "order" not in "Discover"
True
```

Python 提供索引運算子，以中括號 [ ] 表示，可以在字串中取出字元或是部分字串。假設字串為 "Welcome"，則字串的索引如表 6-3。換句話說，字串的索引從 0 開始。除此之外，Python 同時容許負的索引，-1 表示字串倒數第 1 個（即最後一個）字元；-2 表示字串倒數第 2 個字元；依此類推 。

表 6-3　字串的索引

索引	0	1	2	3	4	5	6
字元	W	e	l	c	o	m	e
索引	-7	-6	-5	-4	-3	-2	-1

索引運算子的範例如下：

```
>>> s = "Welcome"
>>> s[0]   # 索引為 0 的字元
'W'
>>> s[1]   # 索引為 1 的字元
'e'
>>> s[-1]   # 索引為 -1 的字元
'e'
>>> s[-2]   # 索引為 -2 的字元
'm'
>>> s[1:4]   # 索引為 1 ~ 3 的子字串
'elc'
>>> s[:3]   # 索引為開頭至 2 的子字串
'Wel'
>>> s[3:]   # 索引為 3 至結尾的子字串
'come'
```

6.4.3　字串方法

Python 是一種**物件導向**（Object-Oriented）程式語言，因此是採用「物件」的方式處理資料。Python 的字串其實是一種物件，物件的資料型態是根據**類別**（Class）的定義。

類別通常包含兩個部分，分別稱為**屬性**（Attributes）與**方法**（Methods）。為了方便字串的處理，Python 定義許多字串的方法，如表 6-4。

表 6-4　Python 字串的方法

方法	說明
capitalize()	將字串的第一個字母轉換為大寫
casefold()	將字串轉換為小寫
count()	回傳指定字串的出現次數
endswith()	若子串的結尾是指定的字串，回傳 True
find()	搜尋指定字串，並回傳搜尋到的索引
format()	格式化字串中的特定數值
index()	搜尋指定字串，並回傳搜尋到的索引
isalnum()	若字串的所有字元都是阿拉伯數字，回傳 True
isalpha()	若字串的所有字元都是英文字母，回傳 True
isdecimal()	若字串的所有字元都是十進位數字，回傳 True
isdigit()	若字串的所有字元都是位數，回傳 True
isidentifier()	若字串是識別字，回傳 True
islower()	若字串的所有字元都是小寫字母，回傳 True
isnumeric()	若字串的所有字元都是數值，回傳 True
isprintable()	若字串的所有字元是可列印，回傳 True
isspace()	若字串的所有字元是空格，回傳 True
istitle()	若字串是標題（每個英文字的字首為大寫），回傳 True
isupper()	若字串的所有字元都是大寫字母，回傳 True
lower()	將字串轉換為小寫
lstrip()	從字串左側刪除指定的字元
replace()	將字串中的某字串用另一個字串取代
rstrip()	從字串右側刪除指定的字元
split()	將字串根據指定的分割子分開，並使用串列（List）儲存
startswith()	若子串的開頭是指定的字串，回傳 True
strip()	從字串兩側刪除指定的字元
swapcase()	將字串的大小寫互換
title()	將字串轉換為標題（每個英文字的字首為大寫）
upper()	將字串轉換為大寫
zfill()	在字串前面填 0，直至指定的長度為止

【註】本表僅列出部分常用的方法。

字串的方法，可以用來轉換字串的大小寫。例如：

```
>>> s = "This is a book"
>>> s.capitalize()
'This is a book'
>>> s.lower()
'this is a book'
>>> s.upper()
'THIS IS A BOOK'
>>> s.swapcase()
'tHIS IS A BOOK'
>>> s.title()
'This Is A Book'
```

字串的方法，可以用來搜尋指定的字串，或檢查是否爲指定的字串。例如：

```
>>> s = "This is a book"
>>> s.count('a')
1
>>> s.count('is')
2
>>> s.find('book')
10
>>> s.index('book')
10
>>> s.startswith('This')
True
>>> s.endswith('apple')
False
```

字串的方法，可以用來檢查字串的所有字元是否都是英文字母，或都是阿拉伯數字。例如：

```
>>> s1 = "123"
>>> s2 = "ABC"
>>> s1.isalnum()
True
>>> s1.isalpha()
False
>>> s2.isalnum()
False
>>> s2.isalpha()
True
```

字串的方法，可以用來檢查字串的所有字元是否都是大寫或小寫。例如：

```
>>> s1 = "abc"
>>> s2 = "ABC"
>>> s1.islower()
True
>>> s1.isupper()
False
>>> s2.islower()
False
>>> s2.isupper()
True
```

字串的方法，可以用來檢查是否是識別字。例如：

```
>>> s1 = "var123"
>>> s2 = "123var"
>>> s3 = "var?"
>>> s1.isidentifier()
True
>>> s2.isidentifier()
False
>>> s3.isidentifier()
False
```

字串的方法，可以用來刪除指定的字元（空格）。例如：

```
>>> s = "   This is a book   "
>>> s.lstrip()
'This is a book   '
>>> s.rstrip()
'   This is a book'
>>> s.strip()
'This is a book'
```

字串的方法，可以取代指定的字元。例如：

```
>>> s = "This is a book"
>>> s.replace("book", "pencil")
'This is a pencil'
```

字串的方法，可以將字串根據指定的**分割子**（Separator）分開，並使用**串列**（List）儲存。例如：

```
>>> s = "This is a book"
>>> s.split()
['This', 'is', 'a', 'book']
```

在此，指定的分割子為「空白」字元，可以將字串分開成獨立的字串。指定的分割子，也可以是逗號。例如：

```
>>> s = "1,2,3,4"
>>> s.split(',')
['1', '2', '3', '4']
```

串列是 Python 提供的資料結構，將在之後的章節介紹。

本章習題

選擇題

( ) 1. Python 程式設計中，下列指令的輸出爲何？

```
>>> pow(2, 5)
```

(A) 10 (B) 25 (C) 32 (D) 40 (E) 以上皆非

( ) 2. Python 程式設計中，下列指令的輸出爲何？

```
>>> round(2.6)
```

(A) 1 (B) 2 (C) 3 (D) 4 (E) 以上皆非

( ) 3. Python 程式設計中，下列指令的輸出爲何？

```
>>> import math
>>> math.e
```

(A) 1.0 (B) 2.718281828459045 (C) 3.141592653589793 (D) 4.0 (E) 以上皆非

( ) 4. Python 程式設計中，下列指令的輸出爲何？

```
>>> import math
>>> math.sin(math.pi / 2)
```

(A) 0.5 (B) 1.0 (C) –0.5 (D) –1.0 (E) 以上皆非

( ) 5. Python 程式設計中，下列指令的輸出爲何？

```
>>> import math
>>> math.factorial(5)
```

(A) 25 (B) 50 (C) 120 (D) 600 (E) 以上皆非

( ) 6. Python 程式設計中，下列指令的輸出爲何？

```
>>> s1 = 'abcd'
>>> s1[1]
```

(A) 'a' (B) 'b' (C) 'c' (D) 'd' (E) 以上皆非

( ) 7. Python 程式設計中，下列指令的輸出爲何？

```
>>> s1 = 'abcd'
>>> s1[-2]
```

(A) 'a' (B) 'b' (C) 'c' (D) 'd' (E) 以上皆非

( ) 8. Python 程式設計中，下列指令的輸出爲何？

```
>>> s1 = 'abcde'
>>> s1[1:4]
```

(A) 'abc' (B) 'bcd' (C)'cde' (D) 'ace' (E) 以上皆非

( ) 9. Python 程式設計中，若想將字串 'abcde' 全部轉換成大寫，可以使用下列哪種方法？
(A) capitalize (B) upper (C) lower (D) strip (E) 以上皆非

( ) 10. Python 程式設計中，下列指令的輸出為何？

```
>>> s = 'This is a book'
>>> s.title()
```

(A) `this is a book` (B) `THIS IS A BOOK` (C) `This is a book`
(D) `This Is A Book` (E) 以上皆非

( ) 11. Python 程式設計中，下列指令的輸出結果，將會使用何種資料結構儲存？

```
>>> s = 'This is a book'
>>> s.split()
```

(A) 串列 (B) 元組 (C) 集合 (D) 字典 (E) 以上皆非

觀念複習

1. 試列舉 Python 內建的數學函式。
2. 試列舉 Python `math` 模組的數學函式。
3. 試列舉 Python 的字串函式。

程式設計練習

1. 試設計 Python 程式，產生下列的運算結果：
(a) 2^{30} (b) $\lfloor 5.3 \rfloor$ (c) $\lceil 5.3 \rceil$ (d) e^2 (e) $\ln e^{10}$ (f) $\log_2(4096)$ (g) $\sin\left(\frac{\pi}{6}\right)$
(h) $\sin^{-1}(0.5)$ (i) $\cos\left(\frac{3\pi}{4}\right)$ (j) $\cos^{-1}(0.5)$ (k) $\tan\left(\frac{\pi}{2}\right)$ (l) $\tan^{-1}(0.5)$
2. 已知指數函數 e^x 可以表示如下：
$$e^x = 1 + x + \frac{x^2}{2!} + \frac{x^3}{3!} + \cdots$$
稱為**泰勒級數**（Taylor Series）。試設計 Python 程式，計算 $x = 1$ 的函數值（取前 5 項）。
3. 一副撲克牌共有 52 張牌，若任選 5 張牌，試設計 Python 程式，計算共有幾種可能的組合。
4. 台灣大樂透的玩法，是從 1 ~ 49 中，任選 6 個號碼，試設計 Python 程式，計算共有幾種可能的組合。
5. 現有一個計算問題，總共需要計算 20! 次，才能得到解答。若已知電腦每秒能處理 1,000,000 次（一百萬次），試設計 Python 程式，計算約需要花多久的時間才能得到解答。請以年為單位估算，1 年 = 365 天。

NOTE

Chapter 7

基本輸入與輸出

本章綱要

本章介紹 Python 的基本輸入（Input）與輸出（Output）。

7.1 基本概念

Python 的基本**輸入**與**輸出**，分成下列兩種方式：

- 標準輸入與輸出
- 讀取與寫入檔案

7.2 標準輸入

標準輸入（Standard Input）是指使用**控制台**（Console）讀取使用者的輸入。Python 提供的 `input` 函式，可以用來讀取使用者的輸入。

程式範例 7-1

```
1   # 請使用者輸入姓名
2   name = input("請輸入姓名：")
3
4   # 顯示問候語
5   print("Hello!", name)
```

執行範例如下：

```
請輸入姓名：張小明
Hello! 張小明
```

在此，讓我們先介紹 Python 內建的 `eval` 函式。`eval` 取自**評估**（evaluate）的英文單字，主要的功能是將字串轉換爲數值。例如：

```
>>> x = eval("3")
>>> x
3
>>> x = eval("3.14")
>>> x
3.14
```

若輸入的字串爲數學運算式，eval 函式可以用來進行數學運算工作。例如：

```
>>> x = eval("1 + 2")
>>> x
3
>>> x = eval("(1 + 2) * 3")
>>> x
9
>>> x = eval("2 ** 5")
>>> x
32
```

Python 的 input 函式，讀取後是使用字串的資料型態儲存，因此可以使用 eval 函式轉換成數值。

程式範例 7-2

```
1    import math
2
3    # 請使用者輸入半徑
4    radius = eval(input("請輸入半徑： "))
5
6    # 計算圓面積
7    area = math.pi * radius * radius
8
9    # 顯示結果
10   print("圓面積 =", area)
```

執行範例如下：

```
請輸入半徑： 5
圓面積 = 78.53981633974483
```

輸入的數值也可以是浮點數。執行範例如下：

```
請輸入半徑： 5.5
圓面積 = 95.03317777109123
```

若輸入的數值不只一個，可以用呼叫多次 input 的方式進行。

程式範例 7-3

```
1   # 請使用者輸入 a & b
2   a = eval(input("請輸入 a: "))
3   b = eval(input("請輸入 b: "))
4
5   # 顯示輸入的數值
6   print("a =", a)
7   print("b =", b)
```

執行範例如下：

```
請輸入 a: 1
請輸入 b: 2
a = 1
b = 2
```

由於 Python 容許**同時指定**（Simultaneous Assignment），因此也可以採用以下的方式。

程式範例 7-4

```
1   # 請使用者輸入 a & b
2   a, b = eval(input("請輸入 a, b: "))
3
4   # 顯示輸入的數值
5   print("a =", a)
6   print("b =", b)
```

執行範例如下：

```
請輸入 a, b: 1, 2
a = 1
b = 2
```

請注意，使用者在輸入數值時，須使用「逗號」隔開，而且必須剛好是 2 個數值，否則執行時會產生錯誤。

以下的程式範例可以用來輸入 3 個數值，並計算平均值與顯示結果。

程式範例 7-5

```
1   # 請使用者輸入 3 個數值
2   a, b, c = eval(input("請輸入 3 個數值： "))
3
4   # 計算平均
5   average = (a + b + c) / 3
6
7   # 顯示結果
8   print("平均 =", average)
```

執行範例如下：

```
請輸入 3 個數值： 1, 2, 3
平均 = 2.0
```

```
請輸入 3 個數值： 1, 2.5, 3
平均 = 2.1666666666666665
```

7.3 標準輸出

程式設計的目的是用來解決科學或實際問題，通常會產生至少一個輸出。**標準輸出**（Standard Output）是指在電腦螢幕顯示輸出結果。Python 的 `print` 函式，可以用來顯示輸出結果。為了方便使用者檢視輸出結果，通常會對輸出結果進行**格式化**（Format）的處理工作。

程式範例 7-6

```
1   print("Hello!")   # Python 會自動換行
2   print("World")    # Python 會自動換行
3   print("Hello!" + "World")   # 若使用加號，Python 會連接兩個字串
4   print("Hello!", "World")    # 若使用逗號，Python 會自動加入空格
```

執行範例如下：

```
Hello!
World
Hello!World
Hello! World
```

若不想自動換行，可以使用以下的方法。

程式範例 7-7

```
1   print("Hello!", end = "")   # 結束為空字串
2   print("World")
3   print("Hello!", end = " ")   # 結束為空格
4   print("World")
5   print("Hello!", end = "--")   # 結束為兩個減號
6   print("World")
```

執行範例如下：

```
Hello!World
Hello! World
Hello!--World
```

7.3.1 特殊字元

若輸出結果包含特殊字元，例如：單引號、雙引號等，須使用反斜線表示，否則會產生錯誤。Python 特殊字元，如表 7-1。

表 7-1 Python 特殊字元

特殊字元	說明	特殊字元	說明
\a	鈴聲	\t	Tab
\b	倒退一格	\\	反斜線
\n	換行	\'	單引號
\r	歸位	\"	雙引號

程式範例 7-8

```
1   print("Hello!\nWorld")   # 換行
2   print("Hello!\tWorld")   # Tab
3   print("George Bush said: \"Read my lips!\"")   # 雙引號
```

執行範例如下：

```
Hello!
World
Hello!   World
George Bush said: "Read my lips!"
```

7.3.2 格式化輸出

假設在輸出浮點數值時，希望指定小數點下的位數，可以採用四捨五入 round 函式，進而顯示輸出結果。

程式範例 7-9

```
1   import math
2   print(round(math.pi, 4))
3   print(round(math.e, 4))
```

執行範例如下：

```
3.1416
2.7183
```

整數數值的格式化，可以使用 format 函式。

程式範例 7-10

```
1   x = 5
2   y = 135
3   z = 12345
4   print(format(x, "5d"))   # 取 5 位整數
5   print(format(y, "5d"))   # 取 5 位整數
6   print(format(z, "5d"))   # 取 5 位整數
```

執行範例如下（□代表空格）：

```
□□□□5
□□135
12345
```

由於每個整數都是取 5 位整數顯示，因此個位數會對齊。

浮點數值的格式化，可以使用 format 函式。

程式範例 7-11

```
1   import math
2   print(format(math.pi, "5.4f"))   # 取 5 位小數，小數點下取 4 位
3   print(format(math.e, "5.4f"))    # 取 5 位小數，小數點下取 4 位
```

執行範例如下：

```
3.1416
2.7183
```

科學記號的格式化，可以使用 format 函式。

程式範例 7-12

```
1   import math
2   print(format(math.pi, "6.4e"))    # 取 6 位科學記號，小數點下取 4 位
3   print(format(53.4872, "6.4e"))    # 取 6 位科學記號，小數點下取 4 位
4   print(format(1234567, "6.4e"))    # 取 6 位科學記號，小數點下取 4 位
```

執行範例如下：

```
3.1416e+00
5.3487e+01
1.2346e+06
```

我們也可以使用以下的方法，產生格式化的輸出，如表 7-2。

表 7-2　Python 格式化輸出

格式	說明
%d	10 進位整數
%f	浮點數
%e、%E	科學符號
%o	8 進位
%x、%X	16 進位
%c	字元
%s	字串

程式範例 7-13

```
1   import math
2   x = 100
3   print("x = %d" % x)     # 整數
4   print("x = %5d" % x)    # 取 5 位整數
5   print("x = %e" % x)     # 科學記號
6   print("pi = %.2f" % math.pi)    # 小數點下取 2 位
7   print("pi = %5.4f" % math.pi)   # 取 5 位小數，小數點下取 4 位
8   print("x = %o (Oct)" % x)   # 8 進位
9   print("x = %x (Hex)" % x)   # 16 進位
10  print("pi = %s" % str(3.1416))   # 字串
```

執行範例如下（□ 代表空格）：

```
x = 100
x = □□100
x = 1.000000e+02
pi = 3.14
pi = 3.1416
x = 144 (Oct)
x = 64 (Hex)
pi = 3.1416
```

7.4 讀取檔案

本節介紹如何讀取一個檔案。基本上，檔案可以分成兩大類：文字檔與二進位檔。一般來說，可以根據副檔名判斷，例如：txt 為文字檔、exe 為可執行檔等。由於檔案是置於硬碟，因此檔案路徑與名稱分成下列兩種：

- **絕對檔案路徑**：代表完整的檔案目錄與名稱，通常包含硬碟的代號與完整的目錄，例如：Microsoft Windows 作業系統的 D:\Python\Scores.txt 等，或是 Linux 作業系統的 /home/usr/username/python/Scores.txt 等。
- **相對檔案路徑**：代表目前的檔案目錄與名稱，例如：Scores.txt 等。

無論是讀取或寫入檔案，都須先開啓檔案。開啓檔案的語法如下：

```
檔案物件 = open( 檔案名稱 , 檔案模式 )
```

在此，檔案名稱採用字串的資料型態，可以是絕對檔案路徑或相對檔案路徑。讀取或寫入檔案時，程式設計師必須告知 Python 直譯器，準備採用何種檔案**模式**（Mode）。Python 提供的檔案模式，如表 7-3。

表 7-3　Python 檔案模式

格式	說明
"r"	開啓與讀取文字檔案
"w"	開啓與寫入文字檔案
"a"	開啓文字檔案，將資料附加在檔案後面
"rb"	開啓與讀取二進位檔案
"wb"	開啓與寫入二進位檔案

舉例說明，我們可以使用下列指令，開啓與讀取文字檔案：

```
infile = open("Scores.txt", "r")
```

或使用絕對路徑：

```
infile = open("D:\Python\Scores.txt", "r")
```

Python 提供檔案的方法，如表 7-4。

表 7-4　Python 檔案的方法

方法	說明
open()	開啓檔案
read()	讀取檔案的所有內容，以字串儲存
readline()	讀取檔案的一行內容，以字串儲存
readlines()	讀取檔案的多行內容，以串列儲存
write()	寫入檔案
close()	關閉檔案

首先，我們以 Scores.txt 爲例，其中包含 10 個分數。

程式範例 7-14

```
1    infile = open("Scores.txt", "r")
2    print(infile.read())
3    infile.close()
```

執行範例如下：

```
90
85
95
70
80
60
50
65
40
76
```

在此，讀取檔案的所有內容，是以「字串」儲存。原則上，程式設計師在開啓與使用檔案之後，都應該正常關閉該檔案。Python 的 `readline` 可以讀取檔案的一行內容，以字串儲存。

程式範例 7-15

```
1   infile = open("Scores.txt", "r")
2   print(infile.readline())
3   infile.close()
```

執行範例如下：

```
90
```

Python 的 `readlines` 可以讀取檔案的多行內容，以字串儲存。

程式範例 7-16

```
1   infile = open("Scores.txt", "r")
2   print(infile.readlines())
3   infile.close()
```

執行範例如下：

```
['90\n','85\n','95\n','70\n','80\n','60\n','50\n','65\n','40\n','76\n']
```

在此，讀取檔案的內容，是以「串列」儲存之。根據輸出結果，每個字串後面都有一個「換行」的特殊字元。Python 提供「串列」資料結構，將在之後的章節詳細介紹。

此外，Python 程式也可以用來讀取「繁體中文」的檔案。

程式範例 7-17

```
1   infile = open("Poem.txt", "r")
2   print(infile.read())
3   infile.close()
```

執行範例如下：

```
白日依山盡 黃河入海流
欲窮千里路 更上一層樓
```

7.5 寫入檔案

寫入檔案的過程，其實與讀取檔案相似，須注意修正檔案模式。

程式範例 7-18

```
1   outfile = open("Output.txt", "w")
2   outfile.write("Hello World!\n")
3   outfile.write("Welcome to Python\n")
4   outfile.write("Python Programming is fun.")
5   outfile.close()
```

在此，您可以使用一般的文字編輯器（或程式編輯器），藉以檢視輸出檔案 Output.txt：

```
Hello World!
Welcome to Python
Python Programming is fun.
```

本章習題

選擇題

( ) 1. Python 程式設計中，下列何者可以用來讀取使用者的輸入？
(A) `eval` (B) `input` (C) `print` (D) `output` (E) 以上皆非

( ) 2. Python 程式設計中，下列指令的輸出為何？

```
>>> print(round(3.1416, 2))
```

(A) 3 (B) 3.14 (C) 3.1416 (D) 3.15 (E) 以上皆非

( ) 3. Python 程式設計中，下列指令的輸出為何？（□代表空格）

```
>>> print("A", "B")
```

(A) AB (B) A□B (C) A,B (D) A+B (E) 以上皆非

( ) 4. Python 程式設計中，下列指令的輸出為何？（□代表空格）

```
>>> print("A" + "B")
```

(A) AB (B) A□B (C) A,B (D) A+B (E) 以上皆非

( ) 5. Python 程式設計中，下列指令的輸出為何？（□代表空格）

```
>>> x = 10
>>> print(format(x, "5d"))
```

(A) □□□10 (B) 10□□□ (C) 1□□□0 (D) □10□□ (E) 以上皆非

( ) 6. Python 程式設計中，下列何者可以用來開啟檔案？
(A) `open` (B) `read` (C) `write` (D) `close` (E) 以上皆非

( ) 7. Python 程式設計中，下列何者可以用來在檔案中讀取一行？
(A) `open` (B) `read` (C) `readline` (D) `close` (E) 以上皆非

( ) 8. Python 程式設計中，下列何者可以用來關閉檔案？
(A) `open` (B) `read` (C) `write` (D) `close` (E) 以上皆非

( ) 9. Python 程式在讀取二進位檔案時，須使用下列何種檔案模式？
(A) `"r"` (B) `"rb"` (C) `"w"` (D) `"wb"` (E) 以上皆非

( ) 10. Python 程式在寫入文字檔案時，須使用下列何種檔案模式？
(A) `"r"` (B) `"rb"` (C) `"w"` (D) `"wb"` (E) 以上皆非

觀念複習

1. 試說明基本輸入與輸出的方式。
2. 試列舉 Python 基本輸出的特殊字元。
3. 試說明絕對檔案路徑與相對檔案路徑的差異。

程式設計練習

1. 已知球的體積公式爲 $\frac{4}{3}\pi r^3$，其中半徑爲 r。試設計 Python 程式，根據使用者的輸入半徑，計算球的體積，並輸出結果（四捨五入，並取小數點下兩位）。執行範例如下：

```
請輸入半徑： 10
球的體積 = 4188.79
```

2. 台灣房屋的面積，通常是使用坪的單位衡量。已知 1 坪約等於 3.305785 平方公尺。試設計 Python 程式，根據使用者輸入的坪數，計算換算後的平方公尺（四捨五入，取小數點下兩位）。執行範例如下：

```
請輸入坪數： 30
面積 = 99.17 平方公尺
```

3. 已知橢圓形的面積爲 πab，其中 a、b 分別爲長軸與短軸的半徑，如下圖。

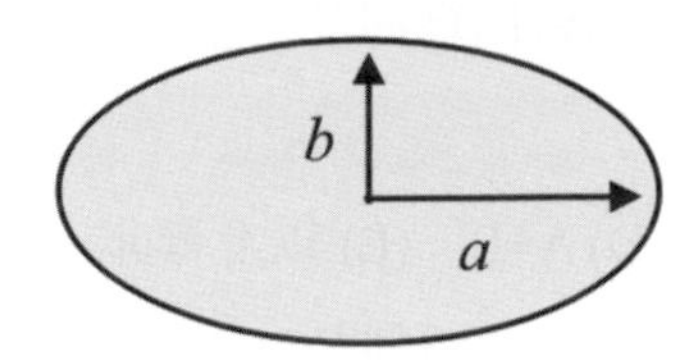

試設計 Python 程式，根據使用者輸入的兩個半徑 a、b，計算橢圓形的面積，並輸出結果（四捨五入，取小數點下兩位）。執行範例如下：

```
請輸入 a, b: 2, 5
橢圓形面積 = 31.42
```

4. 直角座標系中，若兩個點的座標分別爲 (x_1, y_1)、(x_2, y_2)，則兩點的距離公式爲：

$$\sqrt{(x_1 - x_2)^2 + (y_1 - y_2)^2}$$

試設計 Python 程式，根據使用者輸入的兩個點座標，計算兩點的距離（四捨五入，取小數點下四位）。執行範例如下：

```
請輸入第 1 個點座標： 1, 2
請輸入第 2 個點座標： 2, 4
兩點距離 = 2.2361
```

5. 設計 Python 程式，根據使用者輸入的十進位數值，轉換爲「八進位」與「十六進位」數值。執行範例如下：

```
請輸入十進位數值： 1000
八進位： 1750
十六進位： 3e8
```

Chapter 8

選擇—決策性的運算思維

本章綱要

本章介紹 Python 程式的「選擇」敘述，是一種決策性的運算思維。「選擇」敘述包含 `if`、`if-else`、`if-elif-else` 等。

8.1 基本概念

科學或實際問題中，經常需要根據不同的客觀條件，選擇適當的決策與處理方式。同理，程式設計時，我們也經常根據不同的客觀條件，選擇適當的計算過程，是一種「決策性」的運算思維。通常，判斷某個客觀條件是否成立，主要是根據**布林運算式**（Boolean Expression）的結果是否爲**真**（True）而定。

Python 程式語言提供幾種「選擇」敘述，包含：`if`、`if-else`、`if-elif-else` 等，可以用來實現流程控制；其中，`elif` 相當於 `else if`。

8.2 if 敘述

Python 程式語言中，`if` 敘述的語法如下：

```
if 布林運算式：
    敘述
```

在此，布林運算式後面必須加上冒號，敘述的前面須使用**縮排**（Indentation），例如：固定的空格數或 Tab 鍵，可以包含 1 或多個敘述，用來表示 `if` 敘述的程式區塊。`if` 敘述可以描述成「若 P 則 Q」的邏輯敘述。

`if` 敘述的流程圖，如圖 8-1。若布林運算式的運算結果爲**真**（True），則執行後面的敘述；若結果爲**假**（False），則不執行該敘述。

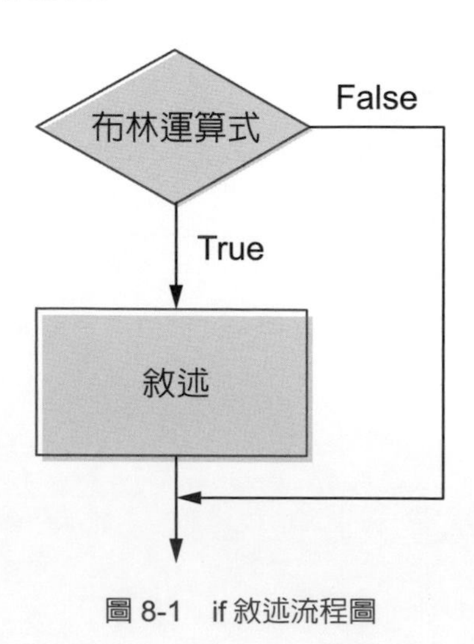

圖 8-1　if 敘述流程圖

程式範例 8-1

```
1    # 請使用者輸入兩個數值
2    a, b = eval(input("請輸入兩個數值："))
3
4    # if 敘述
5    if a < b:
6        print(a, "<", b)
```

執行範例如下：

```
請輸入兩個數值：1, 2
1 < 2
```

8.3 if-else 敘述

Python 程式語言中，if-else 敘述的語法如下：

```
if 布林運算式：
    敘述 1
else:
    敘述 2
```

if-else 敘述的流程圖，如圖 8-2。若布林運算式的運算結果爲**真**（True），則執行敘述 1；若結果爲**假**（False），則執行敘述 2。

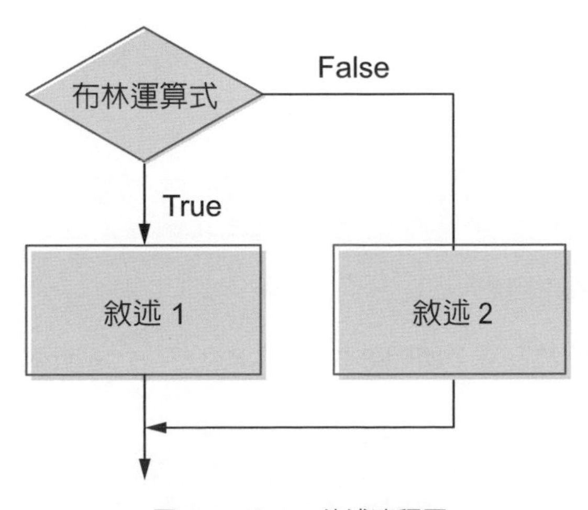

圖 8-2　if-else 敘述流程圖

程式範例 8-2

```
1   # 請使用者輸入兩個數值
2   a, b = eval(input("請輸入兩個數值："))
3
4   # if-else 敘述
5   if a >= b:
6       print(a, ">=", b)
7   else:
8       print(a, "<", b)
```

執行範例如下：

```
請輸入兩個數值：2, 1
2 >= 1
```

```
請輸入兩個數值：1, 2
1 < 2
```

8.4 if-elif-else 敘述

Python 程式語言中，`if-elif-else` 敘述的語法如下：

```
if 布林運算式 1:
    敘述 1
elif 布林運算式 2:
    敘述 2
elif 布林運算式 3:
    敘述 3
...
else:
    敘述 n
```

`if-elif-else` 敘述的流程圖，如圖 8-3。`if-elif-else` 敘述容許多個布林運算式，因此可以有許多不同的選擇。

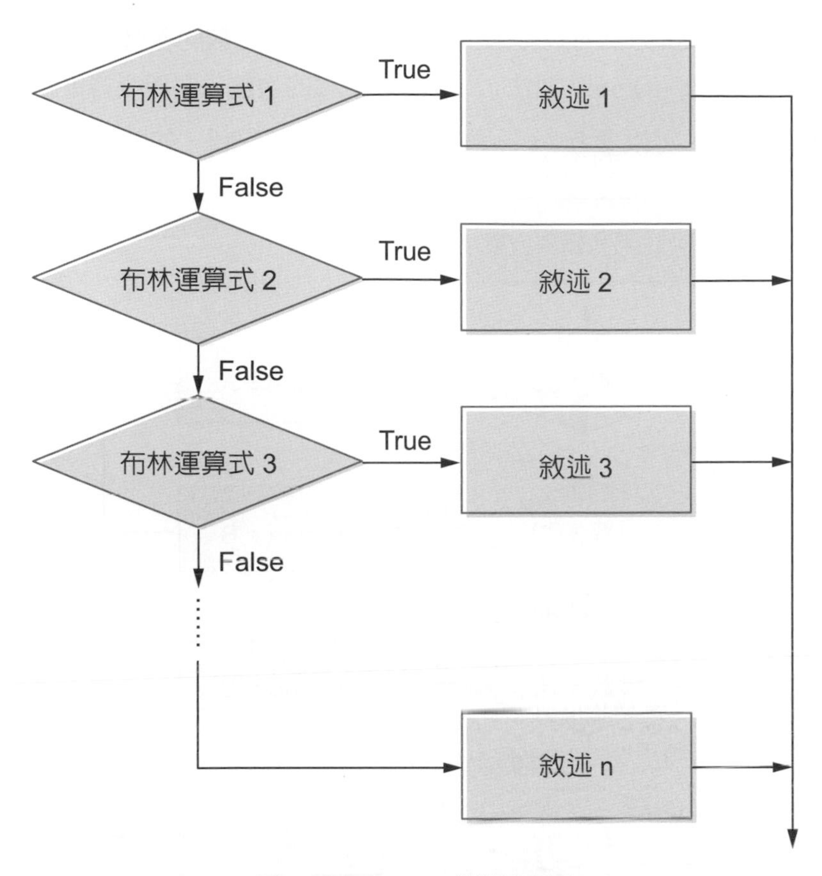

圖 8-3　if-elif-else 敘述流程圖

假設我們想設計 Python 程式，根據使用者輸入的分數（介於 0~100 分）進行**等級**（Grade）的評比：

- 當分數介於 90~100 之間，輸出 Grade = A
- 當分數介於 80~89 之間，輸出 Grade = B
- 當分數介於 70~79 之間，輸出 Grade = C
- 當分數介於 60~69 之間，輸出 Grade = D
- 當分數介於 0~59 之間，輸出 Grade = F

根據這些條件，Python 程式可以使用 `if` 敘述設計如下：

```
if score >= 90:
    print("Grade = A")
if score >= 80 and score <= 89:
    print("Grade = B")
if score >= 70 and score <= 79:
    print("Grade = C")
if score >= 60 and score <= 69:
    print("Grade = D")
if score < 60:
    print("Grade = F")
```

基本上，雖然這樣的設計方法可以得到正確的結果，但是比較的次數比較多，電腦的執行時間效率較差。若改用 if-elif-else 的語法，可以減少比較的次數，進而改善電腦的執行時間效率。

根據程式設計的要求，可以參考 if-elif-else 建立流程圖，如圖 8-4。

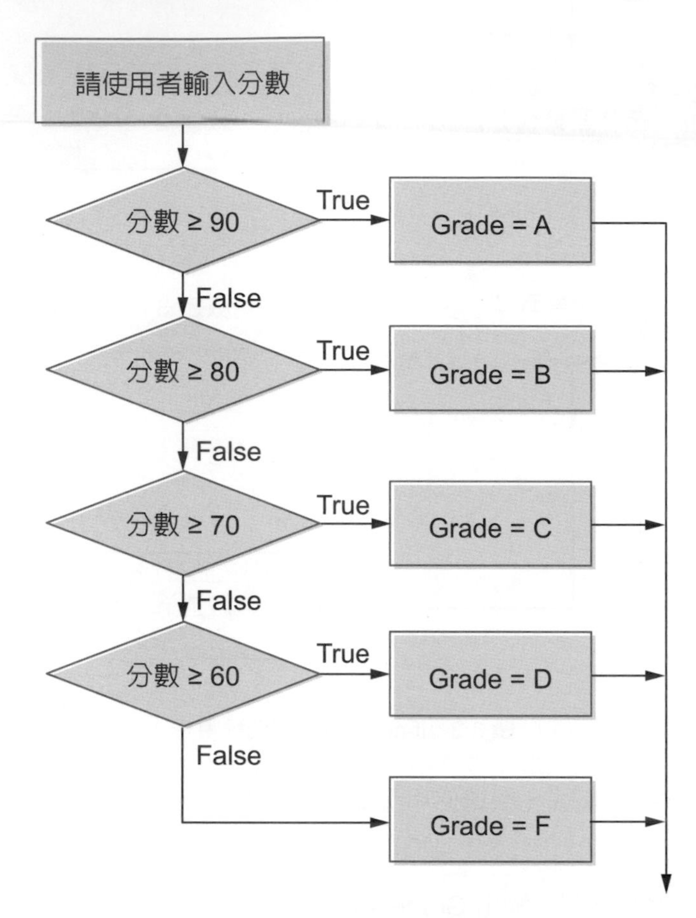

圖 8-4　輸入分數與等級評比流程圖

接著，我們就可以根據流程圖設計 Python 程式。

程式範例 8-3

```
1    # 請使用者輸入分數
2    score = eval(input(" 請輸入分數 : "))
3
4    # if-elif-else 敘述
5    if score >= 90:
6        print("Grade = A")
7    elif score >= 80:
8        print("Grade = B")
9    elif score >= 70:
10       print("Grade = C")
11   elif score >= 60:
12       print("Grade = D")
13   else:
14       print("Grade = F")
```

執行範例如下：

```
請輸入分數： 95
Grade = A
```

```
請輸入分數： 84
Grade = B
```

```
請輸入分數： 75
Grade = C
```

```
請輸入分數： 50
Grade = F
```

8.5 判斷生肖

讓我們設計一個 Python 程式，請使用者輸入西元年份，並判斷西元年份對應的**生肖**（Zodiac）。由於十二生肖是以 12 為一個週期，西元 0 年為猴年、西元 1 年為雞年、依此類推。因此，可以使用整數除法取餘數的方法，求西元年份對應的生肖。

根據模式識別的概念，判斷生肖的問題，可以表示成圖 8-5。基本上，判斷生肖的流程圖與圖 8-4 相似，在此邀請您參考圖 8-4 並繪製對應的流程圖。接著，就可以根據流程圖設計 Python 程式。

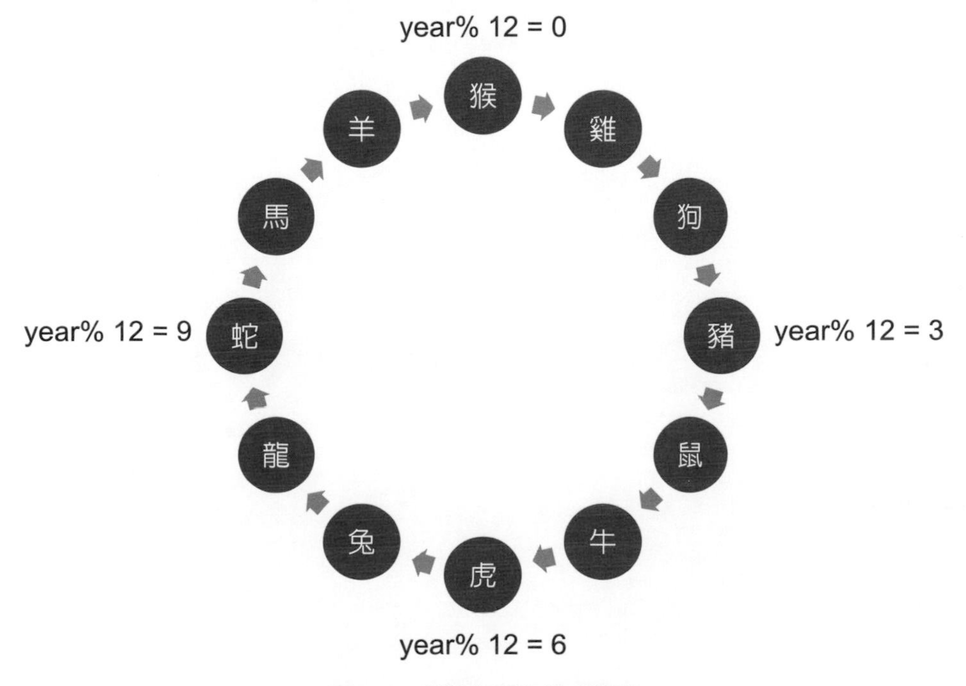

圖 8-5 判斷生肖的模式識別

程式範例 8-4

```
1   # 請使用者輸入西元年份
2   year = eval(input("請輸入西元年份："))
3
4   # 判斷十二生肖
5   zodiacYear = year % 12
6   if zodiacYear == 0:
7       print("猴年")
8   elif zodiacYear == 1:
9       print("雞年")
10  elif zodiacYear == 2:
11      print("狗年")
12  elif zodiacYear == 3:
13      print("豬年")
14  elif zodiacYear == 4:
15      print("鼠年")
16  elif zodiacYear == 5:
17      print("牛年")
18  elif zodiacYear == 6:
19      print("虎年")
20  elif zodiacYear == 7:
21      print("兔年")
22  elif zodiacYear == 8:
23      print("龍年")
24  elif zodiacYear == 9:
25      print("蛇年")
26  elif zodiacYear == 10:
27      print("馬年")
28  else:
29      print("羊年")
```

執行範例如下：

```
請輸入西元年份：2000
龍年
```

```
請輸入西元年份：2020
鼠年
```

8.6 判斷閏年

以西元年份而言，若年份可以被 4 整除，但不被 100 整除，或是可以被 400 整除，稱為**閏年**（Leap Year）。

程式範例 8-5

```
1    # 請使用者輸入西元年份
2    year = eval(input("請輸入西元年份："))
3
4    # 判斷閏年
5    if (year % 4 == 0 and year % 100 != 0) or year % 400 == 0:
6        isLeapYear = True
7    else:
8        isLeapYear = False
9
10   # 顯示結果
11   if isLeapYear:
12       print(str(year) + "年是閏年")
13   else:
14       print(str(year) + "年不是閏年")
```

執行範例如下：

```
請輸入西元年份：2010
2010年不是閏年
```

```
請輸入西元年份：2020
2020年是閏年
```

8.7 計算 BMI

身高體重指標（Body Mass Index, BMI）是衡量人類健康狀態的一種指標，計算公式如下：

$$BMI = \frac{體重(公斤)}{身高^2(公尺^2)}$$

一般來說，BMI 對應的健康狀態，如表 8-1。

表 8-1　BMI 健康狀態

BMI	說明
低於 18.5	體重過輕
18.5~24.9	正常
25.0~29.9	體重過重
高於 30.0	肥胖

程式範例 8-6

```
1   # 請使用者輸入身高體重
2   height = eval(input("請輸入身高 (cm): "))
3   weight = eval(input("請輸入體重 (kg): "))
4
5   # 計算 BMI
6   height_in_meters = height / 100
7   BMI = weight / (height_in_meters * height_in_meters)
8
9   # 根據 BMI 顯示結果
10  if BMI < 18.5:
11      print("體重過輕")
12  elif BMI < 25:
13      print("正常")
14  elif BMI < 30:
15      print("體重過重")
16  else:
17      print("肥胖")
```

執行範例如下：

```
請輸入身高 (cm): 170
請輸入體重 (kg): 60
正常
```

```
請輸入身高 (cm): 160
請輸入體重 (kg): 45
體重過輕
```

```
請輸入身高 (cm): 160
請輸入體重 (kg): 80
肥胖
```

本章習題

選擇題

( ) 1. Python 程式設計中，下列何者是「選擇」敘述？
(A) def (B) for (C) if-else (D) while (E) 以上皆非

( ) 2. Python 的選擇敘述中，若需分成兩種情況，且執行兩個不同的敘述，可以使用下列何種「選擇」敘述？
(A) if (B) if-else (C) if-elif-else (D) 以上皆非

( ) 3. Python 的選擇敘述中，若有多個布林運算式，且執行多個不同的敘述，可以使用下列何種「選擇」敘述？
(A) if (B) if-else (C) if-elif-else (D) 以上皆非

( ) 4. 假設我們想設計 Python 程式，根據分數進行等級（Grade）的評比：
當分數介於 90~100 之間，輸出 Grade = A
當分數介於 80~89 之間，輸出 Grade = B
當分數介於 70~79 之間，輸出 Grade = C
當分數介於 60~69 之間，輸出 Grade = D
當分數介於 0~59 之間，輸出 Grade = F
下列的 Python 程式，在處理 0~100 的分數時，有幾個分數的評比發生錯誤？

```
if score >= 90:
    print( "Grade = A" )
elif score >= 80:
    print( "Grade = B" )
elif score >= 60:
    print( "Grade = C" )
elif score >= 70:
    print( "Grade = D" )
else:
    print( "Grade = F" )
```

(A)10 (B) 11 (C) 12 (D) 20 (E) 以上皆非

( ) 5. 下列的 Python 程式，可以用來判斷是否是「閏年」：

```
if (year % 4 == 0 and year % 100 != 0) or year % 400 == 0:
    isLeapYear = True
else:
    isLeapYear = False
```

請問西元 2000 年是否是「閏年」？
(A) 是 (B) 否 (C) 不一定

( ) 6. 承上題，請問西元 2020 年是否是「閏年」？

(A) 是 (B) 否 (C) 不一定

( ) 7. 已知身高體重指標（Body Mass Index, BMI）的定義為：

$$\text{BMI} = \frac{\text{體重 (公斤)}}{\text{身高}^2\text{(公尺}^2\text{)}}$$

以下為 BMI 的選擇敘述：

```
if BMI < 18.5:
    print( "體重過輕" )
elif BMI < 25:
    print( "正常" )
elif BMI < 30:
    print( "體重過重" )
else:
    print( "肥胖" )
```

若使用者輸入的身高為 170 公分，體重為 60 公斤，則輸出結果為何？

(A) 體重過輕 (B) 正常 (C) 體重過重 (D) 肥胖 (E) 以上皆非

( ) 8. 承上題，若使用者輸入的身高為 160 公分，體重為 45 公斤，則輸出結果為何？

(A) 體重過輕 (B) 正常 (C) 體重過重 (D) 肥胖 (E) 以上皆非

( ) 9. 下列 Python 程式的輸出結果為何？

```
count = 10
if count > 5:
  count = 11
else:
  count = 12
if count % 2 == 0:
  count = 13
else:
  count = 14
print(count)
```

(A) 11 (B) 12 (C) 13 (D) 14 (E) 以上皆非

觀念複習

1. 試列舉 Python 的「選擇」敘述。

■ 程式設計練習

1. 台灣政府規定未滿 18 歲者不得吸菸或購買菸品。試設計 Python 程式，根據使用者輸入的年齡，檢查是否可以吸菸或購買菸品。執行範例如下：

```
請輸入年齡： 16
您不可以吸菸或購買菸品
```

```
請輸入年齡： 35
您可以吸菸或購買菸品
```

2. 已知三角形的三個邊長必須滿足「任意兩個邊長和 > 第三邊」的條件。試設計 Python 程式，根據使用者所輸入的邊長 a、b、c，檢查是否可以構成三角形。執行範例如下：

```
請輸入三角形的邊長： 3, 4, 5
構成三角形
```

```
請輸入三角形的邊長： 2, 5, 2
無法構成三角形
```

3. 三角形是基本的幾何圖形。試設計 Python 程式，根據使用者所輸入的邊長 a、b、c，判斷是直角三角形、銳角三角形或鈍角三角形。判斷方式如下：

   若 $a^2+b^2>c^2$，則三線段構成銳角三角形

   若 $a^2+b^2=c^2$，則三線段構成直角三角形

   若 $a^2+b^2<c^2$，則三線段構成鈍角三角形

   執行範例如下：

```
請輸入三角形的邊長： 3, 4, 5
直角三角形
```

```
請輸入三角形的邊長： 5, 6, 7
銳角三角形
```

Chapter 9

迴圈—重複性的運算思維

本章綱要

本章介紹 Python 程式的「迴圈」敘述，是一種重複性的運算思維。「迴圈」敘述包含 `while`、`for` 等。

9.1 基本概念

科學或實際問題中，經常會重複執行相同的工作或處理過程。舉例說明，工廠的生產過程中，每項產品的備料、製造、檢驗、包裝等過程，必須根據**標準作業程序**（Standard Operating Procedures, SOP），藉以確保生產品質與效率。通常，工廠會根據預計生產的數量，進行重複的生產過程，藉以達到生產目標，如圖 9-1。

圖 9-1　重複的生產過程

程式設計中，我們也經常重複執行相同的計算過程，藉以達到預定的目標。Python 提供所謂的**迴圈**（Iteration），就是一種「重複性」的運算思維。程式設計中，「迴圈」也經常稱為「迭代」。

9.2 while 迴圈

Python 程式語言中，`while` 迴圈的語法如下：

```
while 迴圈條件：
    敘述
```

在此，迴圈條件後面必須加上冒號，敘述的前面須使用**縮排**（Indentation），例如：固定的空格數或 Tab 鍵，可以包含 1 或多個敘述，用來表示 `while` 迴圈的程式區塊。

`while` 迴圈的流程圖，如圖 9-2。若迴圈條件的運算結果為**真**（True），則重複執行後面的敘述；直至迴圈條件的運算結果為**假**（False）為止。

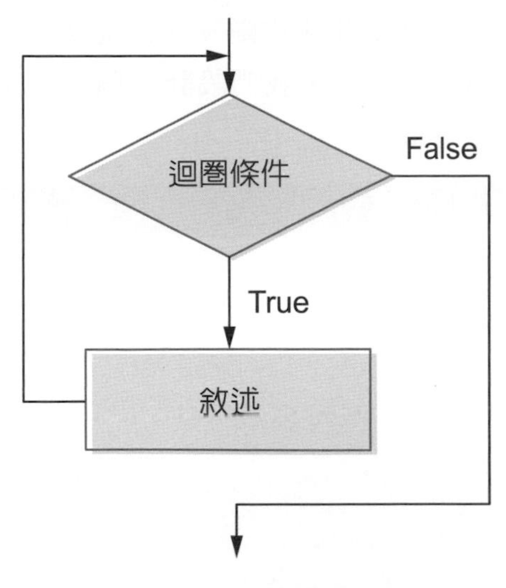

圖 9-2　while 迴圈流程圖

以下的 Python 程式範例，可以用來計算$1+2+3+\cdots+100=?$在此，我們使用 while 迴圈。

程式範例 9-1

```
1   # while 迴圈
2   i = 1
3   sum = 0
4   while i <= 100:
5       sum = sum + i
6       i = i + 1
7
8   # 顯示結果
9   print(sum)
```

執行範例如下：

```
5050
```

因此，若 while 迴圈的條件成立（i<=100），則重複執行迴圈內的敘述，將 sum 的數值加上 i，並將 i 的值加上 1。由於 i 是從 1 開始，直到 100 為止，因此共執行 100 次。

補充說明，以 while i <= 100 的指令而言，事實上，i 是加到 101 時，使得迴圈條件不成立，因而跳出 while 迴圈。

若迴圈條件成立，while 迴圈會重複執行迴圈內的敘述。然而，有時我們會希望在迴圈內加入其他的條件，藉以控制 while 迴圈的流程。Python 提供 break 與 continue 敘述，可以用來實現 while 迴圈的流程控制。

Python 提供的 break 敘述，目的是用來中斷 while 迴圈。以下是使用 break 敘述的程式範例，目的是計算1+2+3+…+100 = ? 在此，我們設計一個 while 的無窮迴圈，當 i 加到 100 時，使用 break 敘述中斷 while 迴圈。

程式範例 9-2

```
1   # while 迴圈
2   i = 1
3   sum = 0
4   while True:
5       sum = sum + i
6       if i == 100:
7           break
8       i = i + 1
9
10  # 顯示結果
11  print(sum)
```

執行範例如下：

```
5050
```

Python 提供的 continue 敘述，目的是跳過後面的敘述，直接返回迴圈的開頭繼續執行 [1]。以下是使用 continue 敘述的範例，目的是列出介於 1~9 的奇數。

程式範例 9-3

```
1   # while 迴圈
2   i = 0
3   while i < 10:
4       i = i + 1
5       if i % 2 == 0:
6           continue
7       print(i)
```

執行範例如下：

```
1
3
5
7
9
```

1 原則上，continue 敘述會使得程式不易維護與除錯，因此不建議使用。

9.3 for 迴圈

Python 程式語言中，for 迴圈的語法如下：

```
for 迴圈條件：
    敘述
```

在此，迴圈條件後面須加上冒號，敘述的前面須使用**縮排**，例如：固定的空格數或 Tab 鍵。

for 迴圈的流程圖，如圖 9-3，與 while 迴圈相同。

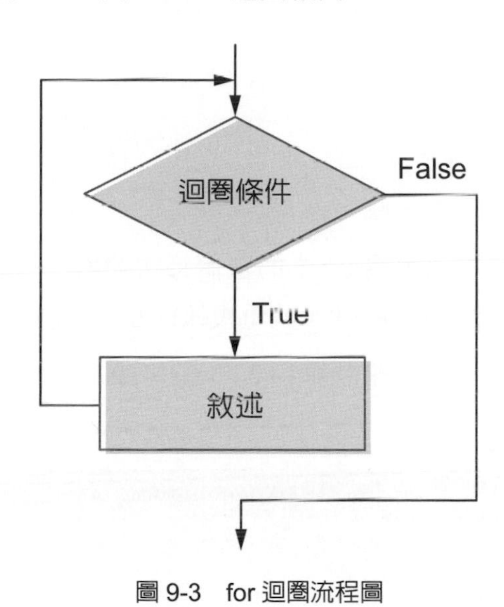

圖 9-3 for 迴圈流程圖

典型的 for 迴圈語法為：

```
for i in range(執行次數):
    敘述
```

例如：

```
for i in range(10):
    print("Hello!")
```

Python 的預設初始值為 0，當 i 加到 10 時，則終止 for 迴圈，因此共重複執行 10 次，將會印出 10 個「Hello!」。

for 迴圈可以使用以下的語法：

```
for i in range(初始值, 結束值):
    敘述
```

例如：

```
for i in range(0, 10):
   print("Hello!")
```

事實上，這個結果與前述的結果相同，也是印出 10 個「Hello!」。

for 迴圈也可以使用以下的語法：

```
for i in range( 初始值 , 結束值 , 步階 ):
   敘述
```

例如：

```
for i in range(0, 10, 2):
   print("Hello!")
```

本範例中，Python 的預設初始值為 0，i 的數值每次遞增 2，當 i 加到 10 時，則終止 for 迴圈。因此，i 的值分別為 0、2、4、6、8，共重複執行 5 次，將會印出 5 個「Hello!」。

以下的 Python 程式範例，可以用來計算$1+2+3+\cdots+100=?$在此使用的方法其實是一種「笨方法」。

程式範例 9-4

```
1   # for 迴圈
2   sum = 0
3   for i in range(1, 101):
4       sum = sum + i
5
6   # 顯示結果
7   print(sum)
```

執行範例如下：

```
5050
```

9.4 巢狀 for 迴圈

巢狀 for 迴圈的語法如下：

```
for 迴圈條件 1:
    for 迴圈條件 2:
        敘述
```

程式範例 9-5

```
1   # 巢狀 for 迴圈
2   for i in range(10):
3       for j in range(10):
4           print("Hello!")
```

執行範例如下：

```
Hello!
Hello!
...
```

本程式範例為巢狀 for 迴圈，將印出 100 個「Hello!」。進一步說明，巢狀 for 迴圈執行的順序如下：

i = 0 ⇒ j = 0、j = 1、…、j = 9、j = 10（內迴圈結束）

i = 1 ⇒ j = 0、j = 1、…、j = 9、j = 10（內迴圈結束）

…

i = 9 ⇒ j = 0、j = 1、…、j = 9、j = 10（內迴圈結束）

i = 10（外迴圈結束）

9.5 猜數字遊戲

讓我們設計一個小遊戲，稱為「猜數字遊戲」。首先，使用電腦產生一個任意的數字，介於 1~100 之間。接著，請使用者猜這個數字，直到猜對為止。

Python 提供的 random 模組，可以用來產生亂數。在此，我們使用 randint 函式，可以用來產生整數的亂數。

猜數字遊戲，可以使用 while 迴圈進行程式設計。

程式範例 9-6

```
1    import random
2
3    # 產生一個任意的數字（介於 1 ~ 100 之間）
4    number = random.randint(1, 100)
5
6    # 猜數字
7    while True:
8        guess = eval(input("請猜一個數字（介於 1 ~ 100): "))
9        if guess == number:
10           print("您猜中了")
11           break
12       if guess < number:
13           print("請猜大一些")
14       if guess > number:
15           print("請猜小一些")
```

執行範例如下：

```
請猜一個數字（介於 1 ~ 100): 50
請猜小一些
請猜一個數字（介於 1 ~ 100): 25
請猜小一些
請猜一個數字（介於 1 ~ 100): 12
請猜大一些
請猜一個數字（介於 1 ~ 100): 18
請猜大一些
請猜一個數字（介於 1 ~ 100): 21
請猜大一些
請猜一個數字（介於 1 ~ 100): 23
您猜中了
```

猜數字的遊戲過程中，若我們依據 1、2、3、…的順序，雖然也可以猜到這個數字，但卻是比較笨的方法。根據電腦的提示，其實可以採用比較聰明的猜法。換句話說，我們可以先猜一半；接著根據提示猜一半的一半；依此類推。如此一來，就有機會在很少的次數內，猜到這個數字。

9.6 阿基里斯與烏龜

回顧「阿基里斯與烏龜」的故事，讓我們設計 Python 程式，計算下列的級數：

$$\sum_{k=0}^{n} r^k = 1 + r + r^2 + \cdots + r^n$$

其中，$r = \frac{1}{2}$；並請使用者輸入 n 的數值。

程式範例 9-7

```
1    # 請使用者輸入 n
2    n = eval(input("Enter n: "))
3
4    # 計算等比級數
5    sum = 0
6    r = 0.5
7    for k in range(n):
8        sum = sum + r ** k
9
10   # 顯示結果
11   print("Sum =", sum)
```

在此，我們使用 for 迴圈實現等比級數的計算[2]。

執行範例如下：

```
Enter n: 5
Sum = 1.9375
```

```
Enter n: 10
Sum = 1.998046875
```

```
Enter n: 20
Sum = 1.9999980926513672
```

由上述結果可以觀察到，當 n 愈來愈大時，結果會趨近於 2。若以數學基礎概念而言，當 n 趨近於無窮大時，結果為：

$$\sum_{k=0}^{\infty}\left(\frac{1}{2}\right)^k = 1 + \frac{1}{2} + \left(\frac{1}{2}\right)^2 + \cdots = \frac{1}{1-1/2} = 2$$

2　事實上，您當然也可以直接用等比級數的數學公式計算，在此只是為了說明「迴圈」的概念。

9.7 指數與階乘

讓我們使用 for 迴圈，顯示指數 2^n 的結果。

程式範例 9-8

```
1   # 請使用者輸入 2**n 的總數
2   number = eval(input("Enter number of 2**n: "))
3
4   # 顯示 2**n 的結果
5   for n in range(1, number + 1):
6       print("2**" + str(n) + " = " + str(2 ** n))
```

執行範例如下：

```
Enter number of 2**n: 20
2**1 = 2
2**2 = 4
2**3 = 8
2**4 = 16
2**5 = 32
2**6 = 64
2**7 = 128
2**8 = 256
2**9 = 512
2**10 = 1024
2**11 = 2048
2**12 = 4096
2**13 = 8192
2**14 = 16384
2**15 = 32768
2**16 = 65536
2**17 = 131072
2**18 = 262144
2**19 = 524288
2**20 = 1048576
```

由上述結果可以發現，指數數值是以相當快的速度增加。若以演算法的時間複雜度而言，當問題牽涉指數的計算次數，則 n 很大時（或是資料量很大時），電腦無法在有限的時間內解決這樣的問題。

接著，讓我們使用 for 迴圈，顯示階乘 $n!$ 的結果。

程式範例 9-9

```
1   import math
2
3   # 請使用者輸入 n! 的總數
4   number = eval(input("Enter number of n!: "))
5
6   # 顯示 n! 的結果
7   for n in range(1, number + 1):
8       print(str(n) + "! = " + str(math.factorial(n)))
```

執行範例如下：

```
Enter number of n!: 20
1! = 1
2! = 2
3! = 6
4! = 24
5! = 120
6! = 720
7! = 5040
8! = 40320
9! = 362880
10! = 3628800
11! = 39916800
12! = 479001600
13! = 6227020800
14! = 87178291200
15! = 1307674368000
16! = 20922789888000
17! = 355687428096000
18! = 6402373705728000
19! = 121645100408832000
20! = 2432902008176640000
```

由上述結果可以發現，階乘數值是以非常快的速度增加，而且遠比指數增加的速度快。若以演算法的時間複雜度而言，階乘的計算問題遠比指數的計算問題更爲困難。

9.8 金字塔

讓我們來探討一個有趣的應用，使用「迴圈」的方式實現。假設我們想印出一個**金字塔**（Pyramid），如圖 9-4。金字塔的高度由使用者輸入決定。乍看之下，若金字塔的高度固定，這個問題相當容易。然而，現在您的任務是可以根據使用者輸入的高度，自動調整印出星星的個數，感覺就沒那麼容易了。

```
    *
   ***
  *****
 *******
*********
```

圖 9-4　金字塔

在此，讓我們套用「運算思維」的思考方式。首先，根據「分解問題」的概念；顯然的，我們在印金字塔的過程中，可以將這個問題分解成兩部分，即「空格」與「星星」的個數。接著，根據「模式識別」的概念，先考慮高度為 5 的金字塔，並觀察每一層的規律性，因此可以歸納如表 9-1。

表 9-1　金字塔的規律性

金字塔	層數	空格數	星星數
*	1	4	1
***	2	3	3
*****	3	2	5
*******	4	1	7
*********	5	0	9

接著，讓我們根據「抽象化」的概念，再思考一下。假設金字塔的高度為 n，迴圈的索引為 i，用來決定第幾層。可以進一步發現，空格數可以依照 $n - i$ 計算而得，星星的個數則可以依照 $2i - 1$ 計算而得。

根據上述的分析，我們就可以設計「演算法」，解決金字塔的問題。

程式範例 9-10

```
1   # 請使用者輸入金字塔的高度
2   n = eval(input("請輸入金字塔的高度： "))
3
4   # 使用迴圈印出金字塔
5   for i in range(1, n + 1):
6       print(" " * (n - i), end = "")   # 不換行
7       print("*" * (2 * i - 1))         # 自動換行
```

執行範例如下：

```
請輸入金字塔的高度： 5
    *
   ***
  *****
 *******
*********
```

```
請輸入金字塔的高度： 7
      *
     ***
    *****
   *******
  *********
 ***********
*************
```

9.9 最大公因數

數學領域中，兩個（或多個）整數的**最大公因數**（Greatest Common Divisor, GCD）是指最大的正整數，可以同時整除給定的整數。例如：

$$gcd(36, 24) = 12$$

最大公因數可以使用「迴圈」的方式求得，演算法的步驟如下：

(1) 設變數 k，範圍介於 $2\sim min(a, b)$ 之間

(2) k 由小到大，若同時整除 a、b，則是公因數

(3) 取 k 中最大者，即是最大公因數

程式範例 9-11

```
1   # 請使用者輸入 a, b
2   a, b = eval(input(" 請輸入正整數 a, b: "))
3
4   # 求最大公因數
5   gcd = 0
6   for k in range(2, min(a, b) + 1):
7       if a % k == 0 and b % k == 0:
8           if k > gcd:
```

```
9               gcd = k
10
11  # 顯示結果
12  if gcd != 0:
13      print(" 最大公因數 =", gcd)
14  else:
15      print(" 兩整數互質 ")
```

執行範例如下：

```
請輸入正整數 a, b: 36, 24
最大公因數 = 12
```

```
請輸入正整數 a, b: 13, 17
兩整數互質
```

9.10 九九乘法表

本節使用巢狀迴圈，顯示「九九乘法表」。

程式範例 9-12

```
1   # 九九乘法表
2   print("   |", end = '')
3   for j in range(2, 10):
4       print("  ", j, end = '')
5   print()
6   print("------------------------------------")
7   for i in range(2, 10):
8       print(i, "|", end = '')
9       for j in range(2, 10):
10          print(format(i * j, '4d'), end = '')
11      print()
```

Python 程式範例中，爲了對齊九九乘法表的結果，我們使用格式化的輸出方式，並一律採用四位整數。巢狀迴圈分別根據乘數與被乘數的順序列印結果。

執行範例如下：

```
  |  2   3   4   5   6   7   8   9
------------------------------------
2 |  4   6   8  10  12  14  16  18
3 |  6   9  12  15  18  21  24  27
4 |  8  12  16  20  24  28  32  36
5 | 10  15  20  25  30  35  40  45
6 | 12  18  24  30  36  42  48  54
7 | 14  21  28  35  42  49  56  63
8 | 16  24  32  40  48  56  64  72
9 | 18  27  36  45  54  63  72  81
```

本章習題

選擇題

( ) 1. 下列 Python 程式的輸出結果為何？

```
i = 1
sum = 0
while i <= 10:
    sum = sum + i
    i = i + 1
print(sum)
```

(A) 45 (B) 50 (C) 55 (D) 60 (E) 以上皆非

( ) 2. 下列 Python 程式的輸出結果為何？

```
i = 1
sum = 0
while i <= 10:
    sum = sum + 1
    i = i + 1
print(i)
```

(A) 0 (B) 10 (C) 11 (D) 12 (E) 以上皆非

( ) 3. 下列 Python 程式的輸出結果為何？

```
i = 0
sum = 0
while True:
    i = i + 1
    sum = sum + i
    if i == 10:
        break
print(sum)
```

(A) 45 (B) 50 (C) 55 (D) 60 (E) 以上皆非

( ) 4. 下列 Python 程式會印出幾個 "Hello!" ？

```
for i in range(10):
    print("Hello!")
```

(A) 9 (B) 10 (C) 11 (D) 12 (E) 以上皆非

( ) 5. 下列 Python 程式的輸出結果爲何？

```
sum = 0
for i in range(1, 11):
    sum = sum + 1
print(sum)
```

(A) 9 (B) 10 (C) 11 (D) 12 (E) 以上皆非

( ) 6. 下列 Python 程式的輸出結果爲何？

```
sum = 0
for i in range(n):
    sum = sum + i
print(sum)
```

(A) n(n – 1) / 2 (B) n(n + 1) / 2 (C) n2 (D) n2(n + 1) / 2 (E) 以上皆非

( ) 7. 下列 Python 程式的輸出結果爲何？

```
sum = 1
for i in range(10):
    sum = sum ^ 2
print(sum)
```

(A) 256 (B) 512 (C) 1024 (D) 2048 (E) 以上皆非

( ) 8. 下列 Python 程式的輸出結果爲何？

```
x = 0
n = 5
for i in range(1, n + 1):
    for j in range(1, n + 1):
        if i + j == 2:
            x = x + 2
        if i + j == 3:
            x = x + 3
        if i + j == 4:
            x = x + 4
print(x)
```

(A) 12 (B) 16 (C) 20 (D) 24 (E) 以上皆非

( ) 9. 下列 Python 程式會印出幾個 "Hello!" ？

```
for i in range(0, 10, 2):
   print("Hello!")
```

(A) 2 (B) 5 (C) 10 (D) 20 (E) 以上皆非

(　) 10. 下列 Python 程式的輸出結果為何？

```
sum = 0
for i in range(n):
    for j in range(n):
        sum = sum + 1
print(sum)
```

(A) n　(B) n2　(C) 2n　(D) n!　(E) 以上皆非

觀念複習

1. 試列舉 Python 的「迴圈」敘述。

程式設計練習

1. 已知 1 公斤相當於 2.2 英鎊，試設計 Python，顯示以下的表格：

```
公斤　英鎊
1      2.2
2      4.4
3      6.6
⋮       ⋮
10     22.0
```

【註】輸出表格須對齊，英鎊的數值取至小數點以下 1 位。

2. 試設計 Python 程式，計算下列級數，或稱為**調和級數**（Harmonic Series）：

$$\sum_{k=0}^{n}\frac{1}{k}=1+\frac{1}{2}+\frac{1}{3}+\cdots+\frac{1}{n}$$

執行範例如下：

```
請輸入 n: 10
2.9289682539682538
```

3. 已知指數函數 e^x 可以表示如下：

$$e^x=1+x+\frac{x^2}{2!}+\frac{x^3}{3!}+\cdots+\frac{x^n}{n!}+\cdots$$

稱為**泰勒級數**（Taylor Series）。若 $x = 1$，試設計 Python 程式，根據使用者的輸入，計算至第 n 項的結果。執行範例如下：

```
請輸入 n: 20
2.7182818284590455
```

4. 試設計 Python 程式，請使用者輸入金字塔的高度，印出一個「倒金字塔」。執行範例如下：

```
請輸入金字塔的高度： 5
*********
 *******
  *****
   ***
    *
```

5. 試設計 Python 程式，可以連續輸入 0~9 的數字，並將其組合成一個數字；輸入為 –1 時表示結束。執行範例如下：

```
請輸入一個數字 (0 ~ 9): 1
1
請輸入一個數字 (0 ~ 9): 5
15
請輸入一個數字 (0 ~ 9): 3
153
請輸入一個數字 (0 ~ 9): 9
1539
請輸入一個數字 (0 ~ 9): -1
Thank you.
```

NOTE

Chapter 10

函式—模組化的運算思維

本章綱要

本章介紹 Python 程式的「函式」敘述，是一種模組化的運算思維。

10.1 基本概念

函式（Function）的目的是將某個特定功能設計成獨立、而且可以重複使用的程式區塊，如圖 10-1。高階程式語言定義的**函式**（Function），其實與數學領域定義的**函數**（Function），包含：輸入與輸出，概念上是相似的 [1]。

圖 10-1　函式

以高階程式語言而言，**函式**也經常稱爲**副程式**（Subroutine）、**程序**（Procedure）或**方法**（Method）。函式可以提高程式的可讀性，同時使得除錯工作變得更容易。函式的目的是完成某個子項目，通常只提供特定的功能，而且可以重複使用。

函式其實是一種模組化的運算思維。以大型的軟體專案而言，通常會將預計完成的工作項目，分成許多子項目，並根據子項目設定**檢查點**（Check Points），可以用來考核軟體專案的開發進度。

事實上，我們已經在使用 Python 內建的函式，例如：`input`、`print` 等。通常函式都會被賦予一個具有意義的名稱，且須根據識別字的命名規則而定。本章將討論如何自行設計函式。

10.2 函式

Python 程式語言中，函式的語法如下：

```
def 函式名稱 ( [ 輸入參數 ] ):
    敘述
    return [ 輸出值 ]
```

函式的語法說明如下：

- 首先，`def` 是取自英文的 define（定義），因此是用來定義函式。
- 函式名稱須符合識別字的規則，應盡量採用具有意義的名稱。Python 允許中文名稱，但考慮第三方程式的相容性，建議還是以英文名稱爲主。

1 數學領域的「函數」與高階程式語言的「函式」，英文都是 Function，但兩者的本質略有不同。因此，本書使用不同的翻譯加以區隔。若相對於數學函數「一對一」或「多對一」的對應關係，高階程式語言的函式，同時容許「一對多」或「多對多」的對應關係。

- 輸入參數可以是 0 個、1 個或多個。若無任何輸入，仍須保留小括號；若是多個輸入參數，則使用逗號隔開。
- 敘述是函式的主體，可以包含 1 或多個指令，且須以「縮排」 的方式對齊，表示在同一個程式區塊內。
- 最後，回傳輸出值。若無輸出值，則 return 可以省略（若僅有 return，但無輸出值，Python 會回傳 None）。若有多個輸出，則使用逗號隔開。

舉例說明，若我們想設計一個「函式」，目的是用來實現數學「函數」，定義如下：

$$y = f(x) = x^2$$

則 Python 函式可以定義如下：

```
def f(x):
  y = x * x
  return y
```

若我們想設計一個「函式」，目的是根據輸入半徑計算圓面積，公式如下：

$$A = \pi r^2$$

則 Python 函式可以定義如下：

```
def CircleArea(radius):
  area = math.pi * radius * radius
  return area
```

若我們想設計一個溫度轉換的「函式」，目的是將使用者輸入的**攝氏溫度**（Celsius, °C），轉換成**華氏溫度**（Fahrenheit, °F）。轉換公式為：

$$F = \frac{9}{5}C + 32$$

則 Python 函式可以定義如下：

```
def Celsius_to_Fahrenheit(C):
   F = (9 / 5) * C + 32
   return F
```

10.3 呼叫函式

函式必須經過**呼叫**（Call）的過程才會執行。程式設計時，通常是先定義函式（或副程式），接著在主程式中呼叫函式。

程式範例 10-1

```
1   # 數學函數
2   def f(x):
3       y = x * x
4       return y
5
6   # 主程式
7   print("f(1) =", f(1))
8   print("f(0) =", f(0))
9   print("f(-1) =", f(-1))
```

執行範例如下：

```
f(1) = 1
f(0) = 0
f(-1) = 1
```

程式範例 10-2

```
1   # 攝氏與華氏的轉換函式
2   def Celsius_to_Fahrenheit(C):
3      F = (9 / 5) * C + 32
4      return F
5
6   # 主程式
7   C = eval(input("請輸入攝氏溫度： "))
8   F = Celsius_to_Fahrenheit(C)
9   print("華氏溫度 =", F)
```

執行範例如下：

```
請輸入攝氏溫度： 27
華氏溫度 = 80.6
```

10.4 參數的傳遞

若函式同時牽涉多個輸入參數，則呼叫函式時，就須注意參數的位置。呼叫函式時，輸入參數的傳遞方式可以分成兩種：

- 根據參數位置，則輸入參數的前後順序必須一致。
- 根據參數名稱，則參數名稱必須一致，此時前後順序不拘。

舉例說明，假設我們想計算**二項式係數**（Binomial Coefficients）：

$$C_k^n = \frac{n!}{k!(n-k)!}$$

其中 n 與 k 爲整數。

程式範例 10-3

```
1   import math
2
3   # 二項式係數
4   def Cnk(n, k):
5       coeff = math.factorial(n) / \
6               (math.factorial(k) * math.factorial(n - k))
7       return int(coeff)
8
9   # 主程式
10  print("C(5, 3) =", Cnk(5, 3))
11  print("C(5, 3) =", Cnk(n = 5, k = 3))
12  print("C(5, 3) =", Cnk(k = 3, n = 5))
```

執行範例如下：

```
C(5, 3) = 10
C(5, 3) = 10
C(5, 3) = 10
```

本程式範例的目的是計算下列二項式係數的結果：

$$C_3^5 = \frac{5!}{3!(5-3)!} = 10$$

分別採用不同的參數傳遞方式，但是計算結果是相同的。

10.5 參數的預設值

Python 的函式，可以事先給定一個預設值。當呼叫函式時，若沒有傳遞任何輸入參數，則函式會直接根據預設值進行計算。

程式範例 10-4

```
1   import math
2
3   # 二項式係數
4   def Cnk(n = 5, k = 3):
5       coeff = math.factorial(n) / \
6               (math.factorial(k) * math.factorial(n - k))
7       return int(coeff)
8
9   # 主程式
10  print("C(5, 3) =", Cnk())   # 使用預設值
11  print("C(6, 4) =", Cnk(6, 4))
```

執行範例如下：

```
C(5, 3) = 10
C(6, 4) = 15
```

10.6 主程式與函式

Python 程式設計時，**主程式**（Main）與**函式**是不同的程式區塊，因此可以使用 `def` 加以區隔。

舉例說明，我們可以修改程式範例 10-1 如下，執行結果相同。

程式範例 10-5

```
1   # 數學函數
2   def f(x):
3       y = x * x
4       return y
5
6   # 主程式
7   def main():
8       print("f(1) =", f(1))
9       print("f(0) =", f(0))
```

```
10      print("f(-1) =", f(-1))
11
12  main()
```

執行範例如下：

```
f(1) = 1
f(0) = 0
f(-1) = 1
```

主程式呼叫函數時，輸入變數（或參數）在呼叫函式時，即使在函式內被變更，也不會影響主程式的變數內容。

程式範例 10-6

```
1   # 數學函數
2   def f(x):
3       x = x + 1
4       print("函式中的 x =", x)
5
6   # 主程式
7   def main():
8       x = 1
9       print("呼叫函式前，主程式的 x =", x)
10      f(x)
11      print("呼叫函式後，主程式的 x =", x)
12
13  main()
```

執行範例如下：

```
呼叫函式前，主程式的 x = 1
函式中的 x = 2
呼叫函式後，主程式的 x = 1
```

10.7 質數

數學領域中，**質數**（Prime）是指整數的因數只有 1 與本身。在此，我們使用「函式」實現質數的判斷。

演算法的步驟如下：

(1) 根據輸入的整數 n，計算 n // 2。

(2) 從 2 開始至 n // 2 爲止，判斷是否可以整除 n。若能整除，則不是質數；若都不能整除，則是質數。

程式範例 10-7

```
1    # 判斷質數
2    def isPrime(n):
3        for i in range(2, n // 2 + 1):
4            if n % i == 0:  # 是否可以整除
5                return False
6        return True
7
8    # 請使用者輸入整數
9    number = eval(input("請輸入正整數："))
10
11   # 判斷是否是質數，並顯示結果
12   if isPrime(number):
13       print("%d 是質數" % number)
14   else:
15       print("%d 不是質數" % number)
```

執行範例如下：

```
請輸入正整數：13
13 是質數
```

```
請輸入正整數：25
25 不是質數
```

函式的優點是提供獨立的功能，而且可以重複使用。以下的程式範例，便是使用上述的質數判斷函式，印出前 50 個質數。

程式範例 10-8

```
1    # 判斷質數
2    def isPrime(n):
3        for i in range(2, n // 2 + 1):
4            if n % i == 0:  # 是否可以整除
5                return False
6        return True
7
8    num_primes = 0  # 質數個數
9    n = 2
10   while num_primes < 50:
11       if isPrime(n):  # 判斷質數
12           print(format(n, "4d"), end = "")
13           num_primes += 1
14           if num_primes % 10 == 0:
15               print()  # 換行
16       n = n + 1
```

執行範例如下：

```
   2   3   5   7  11  13  17  19  23  29
  31  37  41  43  47  53  59  61  67  71
  73  79  83  89  97 101 103 107 109 113
 127 131 137 139 149 151 157 163 167 173
 179 181 191 193 197 199 211 223 227 229
```

本章習題

選擇題

(　) 1.　下列 Python 程式的輸出結果爲何？

```
def f(a, b):
    return a + b
print(f(1, 2))
```

(A)1　(B) 2　(C) 3　(D) 4　(E) 以上皆非

(　) 2.　下列 Python 程式的輸出結果爲何？

```
def f(x):
    x = x + 1
x = 1
f(x)
print(x)
```

(A) 1　(B) 2　(C) 3　(D) 4　(E) 以上皆非

(　) 3.　下列 Python 程式的輸出結果爲何？

```
def f(x):
    x = x + 1
    print(x)
x = 1
f(x)
```

(A) 1　(B) 2　(C) 3　(D) 4　(E) 以上皆非

(　) 4.　下列 Python 程式的輸出結果爲何？

```
def f(x):
    x = x + 1
    return x
x = f(1)
print(x)
```

(A) 1　(B) 2　(C) 3　(D) 4　(E) 以上皆非

(　) 5.　下列 Python 程式的輸出結果爲何？

```
def f(n = 4):
    return 2 ** n
print(f(3))
```

(A) 2　(B) 4　(C) 8　(D) 16　(E) 以上皆非

(　) 6. 下列 Python 程式的輸出結果爲何？

```
def f(n = 4):
    return 2 ** n
print(f())
```

(A) 2　(B) 4　(C) 8　(D) 16　(E) 以上皆非

(　) 7. 若想要設計「判斷質數」的函式，則下列填空處爲何？

```
def isPrime(n):
    for i in range(2, n // 2 + 1):
        if __________ :
            return False
    return True
```

(A)n // i == 0　(B) n % i == 0　(C) i // n == 0　(D) i % n == 0　(E) 以上皆非

觀念複習

1. 試說明 Python 函式的語法。

程式設計練習

1. 試設計 Python 程式，將使用者輸入的**華氏溫度**（Fahrenheit, °F）轉換成**攝氏溫度**（Celsius, °C）。轉換公式爲：

$$C = \frac{5}{9}(F - 32)$$

在此，須使用「函式」設計 Python 程式，輸出結果四捨五入，並取至小數點下一位。執行範例如下：

```
請輸入華氏溫度： 80
攝氏溫度 = 26.7
```

2. 試設計 Python 程式，根據使用者的輸入，計算三角形的面積。三角形的面積公式爲：

$$\text{面積 (Area)} = \frac{\text{底 (Base)} \times \text{高 (Height)}}{2}$$

在此，須使用「函式」設計 Python 程式。執行範例如下：

```
請輸入三角形的底與高： 3, 5
三角形面積 = 7.5
```

3. 試設計 Python 程式，計算下列級數，或稱爲**調和級數**（Harmonic Series）：

$$\sum_{k=0}^{n} \frac{1}{k} = 1 + \frac{1}{2} + \frac{1}{3} + \cdots + \frac{1}{n}$$

在此，須使用「函式」設計 Python 程式。執行範例如下：

```
請輸入n: 10
2.9289682539682538
```

4. 已知指數函數 e^x 可以表示如下：

$$e^x = 1 + x + \frac{x^2}{2!} + \frac{x^3}{3!} + \cdots + \frac{x^n}{n!} + \cdots$$

稱爲**泰勒級數**（Taylor Series）。若 $x = 1$，試使用「函式」設計 Python 程式，根據使用者的輸入，計算至第 n 項的結果。執行範例如下：

```
請輸入n: 20
2.7182818284590455
```

Chapter 11

遞迴—呼叫本身的運算思維

本章綱要

- ◆11.1 基本概念
- ◆11.2 等差級數
- ◆11.3 費氏數列
- ◆11.4 卡塔蘭數列
- ◆11.5 二項式係數
- ◆11.6 最大公因數

本章介紹「遞迴」，是一種呼叫本身的運算思維。程式設計中，「遞迴」是一項重要的概念。

11.1 基本概念

遞迴（Recursion）是一種「呼叫本身」的運算邏輯。程式設計中，「遞迴」是一項重要的概念。若以運算思維而言，「遞迴」是透過「分解問題」的概念，將原始的大問題分解成比較小的子問題。由於子問題的性質與大問題相似，只是牽涉的資料量較少，因此可以呼叫本身求子問題的解，再透過「遞迴」呼叫的過程，得到原始大問題的解。

遞迴演算法（Recursive Algorithm），顧名思義，就是使用**遞迴**的方式設計演算法，牽涉呼叫本身的計算過程。通常，遞迴演算法是根據**遞迴函式**（Recursive Function）的定義設計而得。遞迴函式，或稱爲**遞迴式**（Recurrence），同時可以用來評估遞迴演算法的時間複雜度。

11.2 等差級數

等差級數的公式爲：

$$\sum_{k=1}^{n} k = 1+2+3+\cdots+n$$

假設我們想設計「遞迴」函式，計算等差級數，輸入的參數爲 n，則等差級數可以表示成：

$$f(n) = 1+2+3+\cdots+n$$

根據「分解問題」的概念，我們可以將它分解成比較小的子問題，即：

$$f(n) = \underbrace{1+2+3+\cdots+(n-1)}_{f(n-1)} + n$$

或

$$f(n) = f(n-1) + n$$

稱爲等差級數的**遞迴函式**，其中最小的子問題爲 $f(0) = 0$ 或 $f(1) = 1$。

如此一來，若原始的問題是求 $1+2+3+\cdots+100 = ?$ $(n = 100)$，我們就可以將其分解成 $n = 99$ 的子問題；當然，$n = 99$ 的子問題還是太難，就再將其分解成更小的子問題，即 $n = 98$ 的子問題，依此類推。理論上，可以透過「呼叫本身」的方式，或稱爲「遞迴」的方式，來解決複雜的問題。

根據遞迴函式，我們就可以設計 Python 程式，計算等差級數。

程式範例 11-1

```
1    # 等差級數的遞迴函式
2    def f(n):
3        if n == 0:
4            return 0
5        else:
6            return f(n - 1) + n
7
8    # 計算等差級數
9    print(f(100))
```

執行範例如下：

```
5050
```

11.3 費氏數列

費氏數列（Fibonacci Numbers）的「遞迴」函式可以定義為：

$$F_n = F_{n-1} + F_{n-2}$$

其中，$F_0 = 0$、$F_1 = 1$。費氏數列，如表 11-1。

表 11-1 費氏數列

n	0	1	2	3	4	5	6	7	8	9	10	…
F_n	0	1	1	2	3	5	8	13	21	34	55	…

根據遞迴函式，我們就可以設計 Python 程式，計算費氏數列。

程式範例 11-2

```
1    # 費氏數列的遞迴函式
2    def Fib(n):
3        if n == 0:
4            return 0
5        elif n == 1:
6            return 1
7        else:
8            return Fib(n - 1) + Fib(n - 2)
9
10   # 計算費氏數列
11   for n in range(10):
12       print("Fib(%d) = %d" % (n, Fib(n)))
```

執行範例如下：

```
Fib(0) = 0
Fib(1) = 1
Fib(2) = 1
Fib(3) = 2
Fib(4) = 3
Fib(5) = 5
Fib(6) = 8
Fib(7) = 13
Fib(8) = 21
Fib(9) = 34
```

請您自行修改費氏數列的個數，例如：將 $n = 10$ 修改為 $n = 40$。通常，當 n 的數值愈大，計算速度會明顯變慢。

11.4 卡塔蘭數列

卡塔蘭數列（Catalan Numbers）的「遞迴」函式可以定義為：

$$C_n = \sum_{k=0}^{n-1} C_k \cdot C_{n-1-k}$$

其中，$C_0 = 1$。

卡塔蘭數列如表 11-2。

表 11-2　卡塔蘭數列

n	0	1	2	3	4	5	6	7	8	9	10	…
C_n	1	1	2	5	14	42	132	429	1,430	4,862	16,796	…

根據遞迴函式，我們就可以設計 Python 程式，計算卡塔蘭數列。

程式範例 11-3

```
1   # 卡塔蘭數列的遞迴函式
2   def Catalan(n):
3       if n == 0:
4           return 1
5       else:
6           sum = 0
7           for k in range(0, n):
8               sum += (Catalan(k) * Catalan(n - 1 - k))
9           return sum
```

```
10
11  # 計算卡塔蘭數列
12  for n in range(10):
13      print("Catalan(%d) = %d" % (n, Catalan(n)))
```

執行範例如下：

```
Catalan(0) = 1
Catalan(1) = 1
Catalan(2) = 2
Catalan(3) = 5
Catalan(4) = 14
Catalan(5) = 42
Catalan(6) = 132
Catalan(7) = 429
Catalan(8) = 1430
Catalan(9) = 4862
```

請您自行修改卡塔蘭數列的個數，例如：將 $n = 10$ 修改為 $n = 20$。通常，當 n 的數值愈大，計算速度會明顯變慢。

11.5 二項式係數

二項式係數（Binomial Coefficients）的定義為：

$$C_k^n = \binom{n}{k} = \frac{n!}{k!(n-k)!}$$

其中，n 與 k 均為整數，且 $0 \le k \le n$。在設計遞迴演算法之前，必須先將其表示成遞迴函式。

根據「運算思維」的概念，首先將原始的大問題分解成比較小的子問題。顯然的，當 n 與 k 的值很大，問題的複雜度比較高。因此，我們思考如何將原始的大問題，即原本的資料量為 n，分解成比較小的子問題，例如：考慮資料量為 $n-1$ 時的子問題。在此，最小的子問題是 $k = 0$ 或 $n = k$。

$C_k^n = \binom{n}{k}$ 牽涉的問題，其實是一種組合問題。以圖 11-1 為例說明，假設箱子內有 5 顆球 ($n = 5$)，目的是從箱子內取出 3 顆球 ($k = 3$) 進行組合。因此，我們現在討論的是「5 取 3」的問題（或「n 取 k」的問題）。接著，讓我們思考如何將這個問題進行分解。

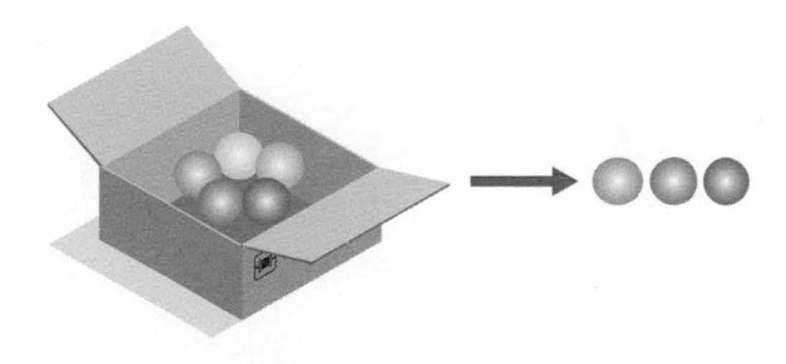

圖 11-1　組合問題

考慮第 5 顆球，可以分成下列兩種情形，如圖 11-2：

- **取**：若取第 5 顆球，則「5 取 3」的問題，可以簡化成「4 取 2」的問題（或「$n-1$ 取 $k-1$」的問題）
- **不取**：若不取第 5 顆球，則「5 取 3」的問題，可以簡化成「4 取 3」的問題（或「$n-1$ 取 k」的問題）

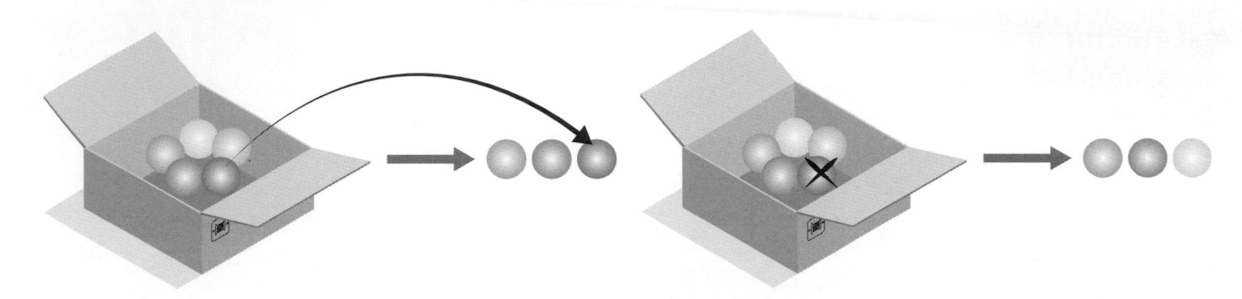

圖 11-2　組合問題的分解

「n 取 k」問題的可能組合，是上述兩種情形的總和。因此，可以將二項式係數表示成下列的遞迴函式：

$$\binom{n}{k}=\binom{n-1}{k-1}+\binom{n-1}{k}$$

根據這個遞迴函式，就可以設計 Python 程式，計算二項式係數。

程式範例 11-4

```
1    # 二項式係數的遞迴函式
2    def Cnk(n, k):
3        if k == 0 or n == k:
4            return 1
5        else:
6            return Cnk(n - 1, k - 1) + Cnk(n - 1, k)
7
8    # 計算二項式係數
9    print("C(5, 3) =", Cnk(5, 3))   # 5 取 3
10   print("C(4, 2) =", Cnk(4, 2))   # 取第 5 顆球
11   print("C(4, 3) =", Cnk(4, 3))   # 不取第 5 顆球
```

執行範例如下：

```
C(5, 3) = 10
C(4, 2) = 6
C(4, 3) = 4
```

接著，讓我們使用二項式係數的遞迴函式，實現「巴斯卡三角形」。

程式範例 11-5

```
1    # 二項式係數的遞迴函式
2    def Cnk(n, k):
3        if k == 0 or n == k:
4            return 1
5        else:
6            return Cnk(n - 1, k - 1) + Cnk(n - 1, k)
7
8    # 巴斯卡三角形
9    for n in range(6):
10       for k in range(n + 1):
11           print(Cnk(n, k), end = " ")
12       print()
```

執行範例如下：

```
1
1 1
1 2 1
1 3 3 1
1 4 6 4 1
1 5 10 10 5 1
```

11.6 最大公因數

數學領域中，兩個（或多個）數的**最大公因數**（Greatest Common Divisor, GCD）指最大的正整數，可以同時整除給定的整數。例如：

$$\gcd(36, 24) = 12$$

最大公因數可以根據**最大公因數遞迴定理**（GCD Recursion Theorem），使用遞迴的方式求得。

定理	最大公因數遞迴定理
給定任意的非負整數 a 與正整數 b，則： $\gcd(a, b) = \gcd(b, a \bmod b)$ 其中，mod 是指「整數除法取餘數」。	

在此，mod 相當於 Python 的「%」運算。舉例說明，$\gcd(36, 24) = 12$。可以使用遞迴的方式求得，即：

$$\begin{aligned} \gcd(36, 24) &= \gcd(24, 36 \bmod 24) = \gcd(24, 12) \\ &= \gcd(12, 24 \bmod 12) = \gcd(12, 0) = 12 \end{aligned}$$

最大公因數的演算法最早是由數學家**歐幾里得**（Euclid）提出，稱爲**歐幾里得演算法**（Euclid's Algorithm）。由於計算過程牽涉多個除法，因此也經常稱爲「**輾轉相除法**」。

程式範例 11-6

```
1   # 最大公因數
2   def gcd(a, b):
3       if b == 0:
4           return a
5       else:
6           return gcd(b, a % b)
7
8   # 請使用者輸入兩整數，求最大公因數
9   a, b = eval(input("Enter two integers: "))
10  ans = gcd(a, b)
11  print("最大公因數 =", ans)
```

執行範例如下：

```
Enter two integers: 36, 24
最大公因數 = 12
```

本章習題

選擇題

( ) 1. 程式設計中，若函式「呼叫本身」，則稱為 ______ ？

(A) 選擇 (B) 迴圈 (C) 遞迴 (D) 以上皆非

( ) 2. 下列 Python 程式的輸出結果為何？

```
def f(n):
    if n == 0:
        return 0
    else:
        return 2 + f(n - 1)
```

(A) n (B) 2n (C) n^2 (D) 2^n (E) 以上皆非

( ) 3. 下列 Python 程式的輸出結果為何？

```
def f(n):
    if n == 1:
        return 1
    else:
        return 2 * f(n - 1)
```

(A) n (B) n^2 (C) 2^n (D) n! (E) 以上皆非

( ) 4. 下列 Python 程式的輸出結果為何？

```
def f(n):
    if n == 1:
        return 1
    else:
        return n * f(n - 1)
```

(A) n (B) n^2 (C) 2^n (D) n! (E) 以上皆非

( ) 5. 若以 `Fib(6)` 呼叫下列 Python 程式，執行後的回傳值為何？

```
def Fib(n):
    if n == 0:
        return 0
    elif n == 1:
        return 1
    else:
        return Fib(n - 1) + Fib(n - 2)
```

(A) 5 (B) 8 (C) 10 (D) 13 (E) 以上皆非

(　) 6. 若以 `Cnk(5, 3)` 呼叫下列 Python 程式，執行後的回傳值爲何？

```
def Cnk(n, k):
    if k == 0 or n == k:
        return 1
    else:
        return Cnk(n - 1, k - 1) + Cnk(n - 1, k)
```

(A) 10　(B) 12　(C) 14　(D) 16　(E) 以上皆非

(　) 7. 若以 `Cnk(5, 3)` 呼叫下列 Python 程式，會印出幾個 "Hello!" ？

```
def Cnk(n, k):
    if k == 0 or n == k:
        print("Hello!")
        return 1
    else:
        return Cnk(n - 1, k - 1) + Cnk(n - 1, k)
```

(A) 1　(B) 5　(C) 10　(D) 19　(E) 以上皆非

(　) 8. 若以 `Catalan(4)` 呼叫下列 Python 程式，執行後的回傳值爲何？

```
def Catalan(n):
    if n == 0:
        return 1
    else:
        sum = 0
        for k in range(0, n):
            sum += (Catalan(k) * Catalan(n - 1 - k))
        return sum
```

(A)5　(B) 14　(C) 32　(D) 42　(E) 以上皆非

(　) 9. **歐幾里得演算法**（Euclid's Algorithm）的目的是求：
(A) 等差級數　(B) 等比級數　(C) 質數　(D) 最大公因數　(E) 以上皆非

(　) 10. 下列 Python 程式是用來計算 a, b 的最大公因數，則填空處爲何？

```
def gcd(a, b):
    if b == 0:
        return a
    else:
        return gcd( ________ )
```

(A) a, gcd(a % b)　(B) b, gcd(a % b)　(C) a, gcd(b % a)　(D) b, gcd(b % a)　(E) 以上皆非

( ) 11. 下列 Python 程式的填空處為何，才能使得 `f(14)` 的回傳值為 40？

```
def f(n):
    if n < 4:
        return n
    else:
        return ________
```

(A) n * f(n – 1)　(B) n + f(n – 3)　(C) n – f(n – 2)　(D) f(3 * n + 1)　(E) 以上皆非

( ) 12. 下列 Python 程式的填空處為何，才能使得 `Mystery(8)` 的回傳值為 21？

```
def Mystery(x):
    if x <= 1:
        return x
    else:
        return ________
```

(A) x + Mystery(x – 1)　(B) x * Mystery(x – 1)
(C) Mystery(x – 2) + Mystery(x + 2)　(D) Mystery(x – 1) + Mystery(x – 2)

( ) 13. 下列 Python 程式的填空處為何，才能使得 `f(7)` 的回傳值為 12？

```
def f(x):
    if  ________ :
        return 1
    else:
        return f(x - 2) + f(x - 3)
```

(A) x < 3　(B) x < 2　(C) x < 1　(D) x < 0

( ) 14. 若以 `f(5, 2)` 呼叫下列 Python 程式，執行後的回傳值為何？

```
def f(x, y):
    if x < 1:
        return 1
    else:
        return f(x - y, y) + f(x - 2 * y, y)
```

(A) 1　(B) 3　(C) 5　(D) 8　(E) 以上皆非

( ) 15. 若以 `f(7, 5)` 呼叫下列 Python 程式，執行後的回傳值為何？

```
def f(m, n):
    if m < 5:
        if n < 5:
            return m + n
        else:
            return f(m, n - 1)
    else:
        return f(m - 1, n)
```

(A) 2　(B) 4　(C) 8　(D) 12　(E) 以上皆非

觀念複習

1. 試解釋何謂「遞迴」。
2. 二項式係數可以定義為：

$$C_k^n = \binom{n}{k} = \frac{n!}{k!(n-k)!}$$

試列出二項式係數的遞迴函式。

程式設計練習

1. 試設計 Python 程式，使用「遞迴」的方式計算等差級數：

$$\sum_{k=0}^{n} k = 1 + 2 + 3 + \cdots + n$$

請使用者輸入 n 值，計算等差級數的總和。執行範例如下：

```
請輸入n: 100
總和 = 5050
```

2. 試設計 Python 程式，使用「遞迴」的方式計算等比級數：

$$\sum_{k=0}^{n} r^k = 1 + r + r^2 + \cdots + r^n$$

請使用者輸入 n 與 r 值，計算等比級數的總和。執行範例如下：

```
請輸入n, r: 9, 2
總和 = 1023
```

3. 試設計 Python 程式，使用「遞迴」的方式計算費氏數列：

$$F_n = F_{n-1} + F_{n-2},\ F_0 = 0, F_1 = 1$$

請使用者輸入 n 值，計算費氏數列。執行範例如下：

```
請輸入n: 10
Fib(10) = 55
```

4. 試設計 Python 程式，使用「遞迴」的方式計算卡塔蘭數列：

$$C_n = \sum_{k=0}^{n-1} C_k \cdot C_{n-1-k},\ C_0 = 1$$

請使用者輸入 n 值，計算卡塔蘭數列。執行範例如下：

```
請輸入n: 5
Catalan(5) = 42
```

5. 試設計 Python 程式，使用「遞迴」的方式計算二項式係數：

$$\binom{n}{k} = \binom{n-1}{k-1} + \binom{n-1}{k}$$

請使用者輸入 n 與 k 值，計算二項式係數。執行範例如下：

```
請輸入 n, k: 5, 3
C(5, 3) = 10
```

6. 試設計 Python 程式，請使用者輸入兩個數值，使用「遞迴」的方式計算最大公因數：

$$\gcd(a, b) = \gcd(b, a \bmod b)$$

請使用者輸入兩個數值，計算最大公因數。執行範例如下：

```
請輸入兩個數值： 18, 24
gcd(18, 24) = 6
```

NOTE

Chapter 12

資料結構

本章綱要

◆12.1 基本概念

◆12.2 串列

◆12.3 元組

◆12.4 集合

◆12.5 字典

◆12.6 堆疊

◆12.7 佇列

◆12.8 陣列

本章介紹「資料結構」，主要是指「資料的組織、管理與儲存方法」。將討論 Python 提供的資料結構，例如：串列、元組、集合、字典等，與基本的資料結構，例如：堆疊、佇列、陣列等。

12.1 基本概念

定義	資料結構
資料結構（Data Structure）可以定義為：「資料的組織、管理與儲存方法，以便有效的存取與修改。」	

電腦科學領域中，資料結構是一種**抽象資料型態**（Abstract Data Type, ADT），主要是定義資料的組織、管理與儲存方法。

Niklaus Wirth（Pascal 程式語言的發明人）曾於 1976 年提出：

```
資料結構 + 演算法 = 程式
Data Structures + Algorithms = Programs
```

由此可知，資料結構在「程式設計」中是不可或缺的元素。Python 提供許多基本的資料結構，主要是使用「物件」的方式設計。

12.2 串列

Python 提供的**串列**（List），是最常用的資料結構，可以容納不同型態、不同長度的資料，是具有順序性的資料序列。建立時使用中括號 [ ]，建立後可以變動，例如：新增、刪除、排序等。

12.2.1 串列的定義

串列的定義方式如下：

```
串列名稱 = [元素 1, 元素 2, … , 元素 n]
```

串列名稱須符合識別字的命名規則，串列是由**元素**（Elements）構成，中間以逗號隔開。

建立串列的範例如下：

```
>>> list1 = []  # 空串列
>>> list2 = [1, 2, 3, 4, 5]  # 整數串列
>>> list3 = [1.1, 2.2, 3.3, 4.4, 5.5]  # 浮點數串列
>>> list4 = ['Alice', 'Bob', 'John', 'Mary', 'Nancy']  # 字串串列
>>> list5 = ['蘋果', '柳丁', '櫻桃', '葡萄']  # 中文字串串列
```

換句話說，串列可以用來容納不同型態、不同長度的資料。若與典型的高階程式語言，例如：C、C++ 等相比較，串列相當於**陣列**（Array）資料結構，而且容許動態的資料儲存方式，建立後可以任意變動。

串列的示意圖，如圖 12-1。在此以上述的 `list5` 串列爲例，Python 會自動配置記憶體空間，並儲存中文字串，即「蘋果」、「柳丁」、「櫻桃」、「葡萄」等。

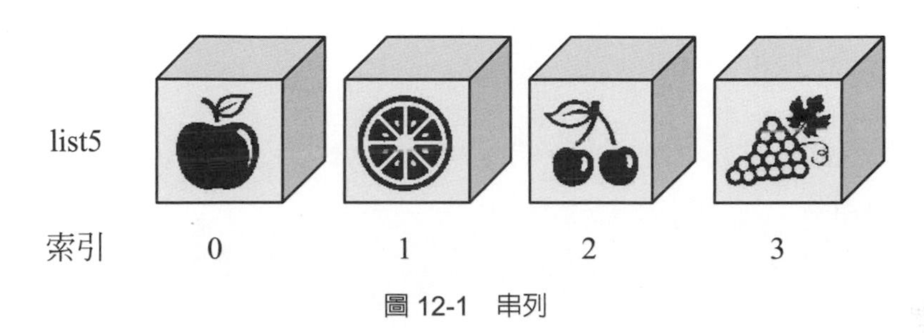

圖 12-1　串列

Python 提供的串列，也可以同時容納不同的資料型態 [1]。例如：

```
>>> list1 = ['John', 172, 70, 'Married']
```

12.2.2　串列的基本操作

串列中的**元素**，可以用索引的方式讀取。例如：

```
>>> list1 = [1, 2, 3, 4, 5]
>>> list1[0]
1
>>> list1[1]
2
>>> list1[-1]
5
>>> list1[-3]
3
```

我們可以使用冒號擷取部分的串列。例如：

```
>>> list1 = [1, 2, 3, 4, 5]
>>> list1[1:3]   # 擷取索引 1 ~ 3 的串列
[2, 3]
>>> list1[:3]   # 擷取索引 0 ~ 2 的串列
[1, 2, 3]
>>> list1[2:]   # 擷取索引 2 ~ 4 的串列
[3, 4, 5]
```

1　以典型的高階程式語言，例如：C、C++ 等，通常陣列是以相同的資料型態為主。

Python 的運算子，可以用來對串列進行運算。例如：

```
>>> list1 = [1, 2, 3]
>>> list2 = [4, 5]
>>> list3 = list1 + list2
>>> list3
[1, 2, 3, 4, 5]
>>> list4 = list1 * 3
>>> list4
[1, 2, 3, 1, 2, 3, 1, 2, 3]
>>> list1 != list2
True
>>> list1 == list2
False
```

Python 內建的函式，可以回傳串列的相關資訊。例如：

```
>>> list1 = [1, 2, 3, 4, 5]
>>> len(list1)   # 回傳串列的長度
5
>>> max(list1)   # 回傳串列的最大值
5
>>> min(list1)   # 回傳串列的最小值
1
>>> sum(list1)   # 回傳總和
15
```

12.2.3 串列的方法

Python 提供串列的方法，如表 12-1。

表 12-1 串列的方法

方法	說明
append	在串列後面附加一個元素
clear	清除串列所有的元素
copy	回傳串列的複製
count	回傳特定值的元素個數
extend	在目前的串列後面，加上一個元素
index	回傳特定值的索引
insert	在特定的索引中插入元素
pop	從特定的索引移除元素

方法	說明
remove	移除某特定值的第一個元素
reverse	將串列反轉
sort	對串列排序

例如：

```
>>> list1 = [1, 2, 3, 4, 5]
>>> list1.append(6)   # 在串列後面附加 6
>>> list1
[1, 2, 3, 4, 5, 6]
>>> list1.clear()  # 清除串列所有的元素
>>> list1
[]
>>> list1 = [1, 2, 3, 4, 5]
>>> list1.count(2)   # 回傳 2 的元素個數
1
>>> list1.index(3)   # 回傳 3 的索引
2
>>> list1 = [1, 2, 3, 4, 5]
>>> list1.insert(1, 6)   # 在第 1 個索引插入 6
>>> list1
[1, 6, 2, 3, 4, 5]
>>> list1 = [1, 2, 3, 4, 5]
>>> list1.pop(4)   # 從第 4 個索引移除元素
5
>>> list1
[1, 2, 3, 4]
>>> list1 = [1, 2, 3, 4, 5]
>>> list1.remove(3)   # 從串列中移除 3
>>> list1
[1, 2, 4, 5]
>>> list1 = [1, 2, 3, 4, 5]
>>> list1.reverse()   # 將串列反轉
>>> list1
[5, 4, 3, 2, 1]
>>> list1 = [5, 2, 3, 1, 4]
>>> list1.sort()   # 對串列排序
>>> list1
[1, 2, 3, 4, 5]
```

在此，我們以整數串列爲例說明。這些方法同樣可以套用於其他資料型態，例如：浮點數、字串等串列。

除此之外，我們可以使用「迴圈」產生串列。例如：

```
>>> list1 = [i for i in range(1, 51)]
>>> list1
[1, 2, 3, 4, 5, 6, 7, 8, 9, 10, 11, 12, 13, 14, 15, 16, 17, 18, 19, 20,
21, 22, 23, 24, 25, 26, 27, 28, 29, 30, 31, 32, 33, 34, 35, 36, 37, 38,
39, 40, 41, 42, 43, 44, 45, 46, 47, 48, 49, 50]
```

最後，我們可以將某一字串**分割**（Split）成獨立的元素，並使用串列儲存之。例如：

```
>>> s1 = "This is a book"
>>> list1 = s1.split()
>>> list1
['This', 'is', 'a', 'book']
```

12.2.4 二維串列

二維串列的定義方式如下：

```
>>> list2d = [[1, 2, 3], [4, 5, 6], [7, 8, 9]]
>>> list2d
[[1, 2, 3], [4, 5, 6], [7, 8, 9]]
```

二維串列的示意圖，如圖 12-2。在此以上述的 `list2d` 串列爲例，Python 會自動配置記憶體空間，並儲存整數；其中，二維串列的索引分成**列索引**（Row Index）與**行索引**（Column Index）。

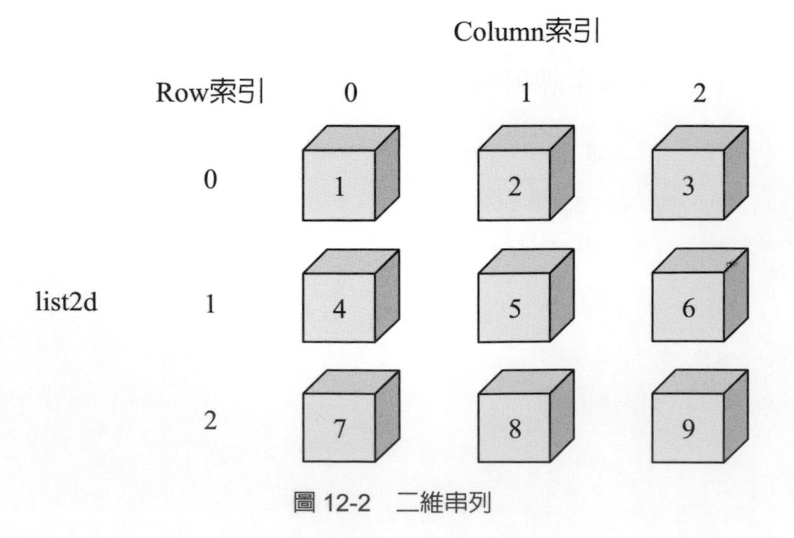

圖 12-2　二維串列

12.2.5 二維串列的基本操作

二維串列中的元素，可以用索引的方式讀取。例如：

```
>>> list2d = [[1, 2, 3], [4, 5, 6], [7, 8, 9]]
>>> list2d[0][0]
1
>>> list2d[0][1]
2
>>> list2d[1][0]
4
```

12.2.6 使用迴圈建立串列

除了前述建立串列的範例之外，若資料量較大時，可以使用迴圈的方式建立串列。假設我們想建立一個串列，其中包含 50 筆資料，初始值都是 0，則可以使用下列程式：

```
>>> list1 = []
>>> for i in range(50):
...     list1.append(0)
...
>>> list1
[0, 0, 0, 0, 0, 0, 0, 0, 0, 0, 0, 0, 0, 0, 0, 0, 0, 0, 0, 0, 0, 0, 0, 0, 0,
0, 0, 0, 0, 0, 0, 0, 0, 0, 0, 0, 0, 0, 0, 0, 0, 0, 0, 0, 0, 0, 0, 0, 0, 0]
```

Python 程式語法，容許另一種簡潔的建立方式：

```
>>> list1 = [0 for i in range(50)]
>>> list1
[0, 0, 0, 0, 0, 0, 0, 0, 0, 0, 0, 0, 0, 0, 0, 0, 0, 0, 0, 0, 0, 0, 0, 0, 0,
0, 0, 0, 0, 0, 0, 0, 0, 0, 0, 0, 0, 0, 0, 0, 0, 0, 0, 0, 0, 0, 0, 0, 0, 0]
```

若想建立一個串列，其中包含 50 筆亂數整數的資料，每一筆資料的整數介於 1~100 之間，則：

```
>>> list1 = [random.randint(1, 100) for i in range(50)]
>>> list1
[39, 23, 63, 51, 33, 20, 29, 39, 89, 75, 73, 44, 33, 86, 75, 42, 11, 14,
13, 82, 34, 33, 63, 39, 69, 50, 47, 70, 73, 62, 99, 60, 15, 78, 96, 30,
29, 86, 17, 54, 47, 40, 93, 2, 8, 6, 38, 41, 63, 77]
```

在此，您產生的結果會有所差異。

除了一維串列之外，我們也可以使用巢狀迴圈建立二維串列。假設我們想建立一個 5×5 的二維串列，則：

```
>>> list2d = [[0 for j in range(5)] for i in range(5)]
>>> list2d
[[0, 0, 0, 0, 0], [0, 0, 0, 0, 0], [0, 0, 0, 0, 0], [0, 0, 0, 0, 0], [0, 0,
0, 0, 0]]
```

12.3 元組

Python 提供的**元組**（Tuple），是另一種常用的資料結構，其中許多特性與串列相似。建立時使用小括號 ( )，但建立後不可變動。

12.3.1 元組的定義

元組的定義方式如下：

```
元組名稱 = (元素 1, 元素 2, … , 元素 n)
```

元組名稱須符合識別字的命名規則，元組是由**元素**構成，中間以逗號隔開。

建立元組的範例如下：

```
>>> tuple1 = ()  # 空元組
>>> tuple2 = (1, 2, 3, 4, 5)  # 整數元組
>>> tuple3 = (1.1, 2.2, 3.3, 4.4, 5.5)  # 浮點數元組
>>> tuple4 = ('Alice', 'Bob', 'John', 'Mary', 'Nancy')  # 字串元組
>>> tuple5 = ('蘋果', '香蕉', '櫻桃', '橘子')  # 中文字串元組
```

12.3.2 元組的基本操作

元組中的元素，可以用索引的方式讀取。例如：

```
>>> tuple1 = (1, 2, 3, 4, 5)
>>> tuple1[0]
1
>>> tuple1[1]
2
>>> tuple1[-1]
5
>>> tuple1[-3]
3
```

我們可以使用冒號擷取部分的元組。例如：

```
>>> tuple1 = (1, 2, 3, 4, 5)
>>> tuple1[1:3]   # 擷取索引 1~3 的元組
(2, 3)
>>> tuple1[:3]   # 擷取索引 0~2 的元組
(1, 2, 3)
>>> tuple1[2:]   # 擷取索引 2~4 的元組
(3, 4, 5)
```

Python 的運算子，可以用來對串列進行運算。例如：

```
>>> tuple1 = (1, 2, 3)
>>> tuple2 = (4, 5)
>>> tuple3 = tuple1 + tuple2
>>> tuple3
(1, 2, 3, 4, 5)
>>> tuple4 = tuple1 * 3
>>> tuple4
(1, 2, 3, 1, 2, 3, 1, 2, 3)
>>> tuple1 != tuple2
True
>>> tuple1 == tuple2
False
```

12.3.3 元組的方法

元組的方法，如表 12-2。

表 12-2　元組的方法

方法	說明
count	回傳特定值的元素個數
index	回傳特定值的索引

例如：

```
>>> tuple1 = (1, 2, 3, 4, 5)
>>> tuple1.count(2)   # 回傳 2 的元素個數
1
>>> tuple1.index(3)   # 回傳 3 的索引
2
>>> tuple2 = ('Alice', 'Bob', 'John', 'Mary', 'Nancy')
>>> tuple2.count('Bob')   # 回傳 Bob 的元素個數
1
>>> tuple2.index('Mary')   # 回傳 Mary 的索引
3
```

12.4 集合

Python 提供的**集合**（Set），是較少用的資料結構，每筆獨立的資料只能記錄一筆，可以用來表示集合。建立時使用大括號 { }，建立後可以變動，例如：新增、刪除、交集、聯集等。

12.4.1 集合的定義

集合的定義方式如下：

```
集合名稱 = { 元素1, 元素2, … , 元素n }
```

集合名稱須符合識別字的命名規則，元組是由元素構成，中間以逗號隔開。與前述的串列與字組不同，元素不能重複。

建立集合的範例如下：

```
>>> s1 = { }  # 空集合
>>> s2 = {1, 2, 3, 4, 5}  # 整數集合
>>> s3 = {1.1, 2.2, 3.3, 4.4, 5.5}  # 浮點數集合
>>> s4 = {'A', 'B', 'C', 'D'}  # 字串集合
>>> s5 = {'早安', '午安', '晚安'}  # 中文字串集合
```

與**串列**或**元組**不同，集合不具「順序性」。例如：

```
>>> s1 = {1, 2, 3}
>>> s2 = {3, 2, 1}
>>> s1
{1, 2, 3}
>>> s2
{1, 2, 3}
```

這兩個集合其實是相同的集合。

12.4.2 集合的基本操作

Python 提供集合的基本操作，例如：**交集**（Intersection）、**聯集**（Union）與**差集**（Difference）等，如圖 12-3 與圖 12-4。運算子為：「&」、「|」與「–」，分別代表交集、聯集與差集。

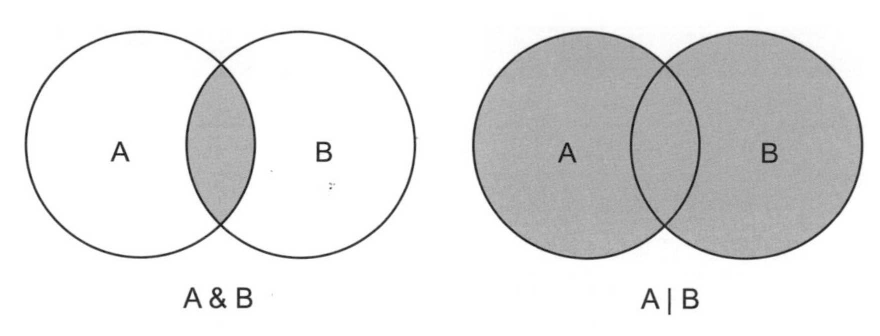

圖 12-3　交集與聯集（灰色區域）

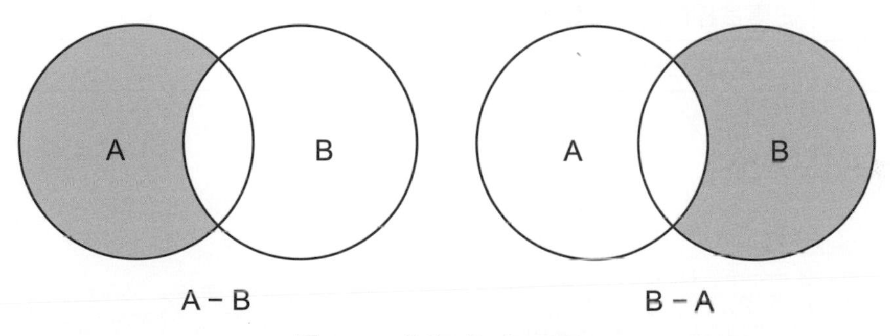

圖 12-4　差集（灰色區域）

例如：

```
>>> A = {1, 2, 3}
>>> B = {3, 4, 5}
>>> A & B  # 交集
{3}
>>> A | B  # 聯集
{1, 2, 3, 4, 5}
>>> A - B  # 差集
{1, 2}
>>> B - A  # 差集
{4, 5}
```

12.4.3 集合的方法

集合的方法，如表 12-3。

表 12-3　集合的方法

方法	說明
add	在集合中加入一個元素
clear	清除集合所有的元素
copy	回傳集合的複製
difference	回傳集合的差異

方法	說明
discard	移除特定的元素
intersection	回傳兩集合的交集
isdisjoint	回傳兩集合是否有交集
issubset	回傳另一個集合是否包含這個集合
issuperset	回傳這個集合是否包含另一個集合
pop	從集合移除一個元素
remove	從集合移除某特定值的元素
union	回傳兩集合的聯集

例如：

```
>>> s1 = {'A', 'B'}
>>> s1
{'A', 'B'}
>>> s1.add('C')   # 在集合加入 'C'
>>> s1
{'A', 'B', 'C'}
>>> s1.pop()   # 從集合移除一個元素
'A'
>>> s1
{'B', 'C'}
>>> s1 = {'B', 'C'}
>>> s1.remove('C')   # 從集合移除 'C'
>>> s1
{'B'}
```

```
>>> s1 = {'A', 'B'}
>>> s2 = {'A', 'B', 'C'}
>>> s1.issubset(s2)   # 是否是子集合
True
>>> s1.issuperset(s2)   # 是否是超集合
False
>>> s3 = s1.intersection(s2)   # 回傳兩集合的交集
>>> s3
{'A', 'B'}
>>> s4 = s1.union(s2)   # 回傳兩集合的聯集
>>> s4
{'A', 'B', 'C'}
```

12.5 字典

Python 提供的**字典**（Dictionary），是另一種截然不同的資料結構，每筆資料同時包含兩種資料：**鍵**（Keys）與**值**（Values）。建立時使用大括號 { } 與冒號，建立後可以變動，例如：修改、刪除等。

12.5.1 字典的定義

字典的定義方式如下：

```
字典名稱 = { 鍵1:值1, 鍵2:值2, … , 鍵n:值n }
```

字典名稱須符合識別字的命名規則，字典是由**鍵**與**值**構成，中間以逗號隔開。

建立字典的範例如下：

```
>>> dict1 = {'A':1, 'B':2, 'C':3}
>>> dict2 = {'One':1, 'Two':2, 'Three':3}
```

在此，我們使用字串作爲鍵值，整數作爲資料值。Python 字典容許不同的資料型態作爲鍵值或資料值。

12.5.2 字典的基本操作

字典的走訪方式如下：

```
>>> dict1['A']
1
>>> dict1['B']
2
>>> dict2['One']
1
>>> dict2['Two']
2
```

若找不到資料值，Python 會顯示錯誤訊息。字典在建立後，可以修改資料值，例如：

```
>>> dict1 = {'One':1, 'Two':2, 'Three':3}
>>> dict1
{'One': 1, 'Two': 2, 'Three': 3}
>>> dict1['Three'] = 4   # 修改資料值
>>> dict1
{'One': 1, 'Two': 2, 'Three': 4}
```

12.5.3 字典的方法

字典的方法，如表 12-4。

表 12-4 字典的方法

方法	說明
clear	清除字典所有的元素
copy	回傳字典的複製
get	回傳特定鍵值的資料值
keys	回傳包含字典鍵值的串列
pop	移除特定鍵值的元素
popitem	移除最後插入的元素
update	更新字典，在字典中加入特定的鍵值與資料值
values	回傳包含字典資料值的串列

例如：

```
>>> dict1 = {'One':1, 'Two':2, 'Three':3}
>>> dict1
{'One': 1, 'Two': 2, 'Three': 3}
>>> dict1.update({'Four':4})  # 更新字典
>>> dict1
{'One': 1, 'Two': 2, 'Three': 3, 'Four': 4}
>>> dict1.pop('One')  # 移除特定鍵值的元素
1
>>> dict1
{'Two': 2, 'Three': 3, 'Four': 4}
```

```
>>> dict1 = {'One':1, 'Two':2, 'Three':3}
>>> list1 = dict1.keys()
>>> list1
dict_keys(['One', 'Two', 'Three'])
>>> list2 = dict1.values()
>>> list2
dict_values([1, 2, 3])
```

12.6 堆疊

定義	堆疊
電腦科學領域中，**堆疊**（Stack）是一種基本的資料結構，依照**後進先出**（Last In First Out, LIFO）的操作方式。	

堆疊的示意圖，如圖 12-5。概念上，堆疊就像是由下而上堆起來的一疊書本，如圖 12-6。我們只能在最上面加入一本書，或是從最上面取出一本書。

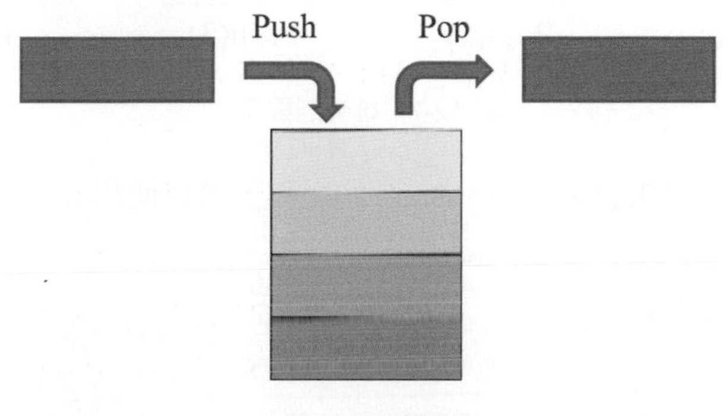

圖 12-5　堆疊

圖 12-6　堆疊的概念
【圖片來源】https://unsplash.com

12.6.1 堆疊的基本操作

堆疊的基本操作，包含 Push 與 Pop。舉例說明，若我們對堆疊進行四個操作，分別爲 Push(1)、Push(2)、Push(3)、Pop 等，則堆疊的結果，如圖 12-7。

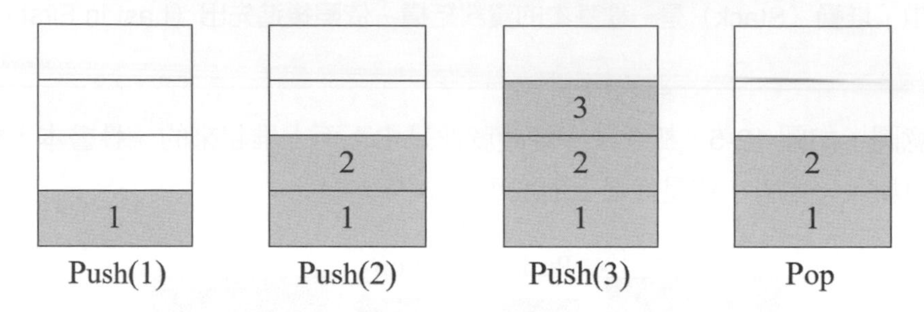

圖 12-7　堆疊的操作

Python 的串列，可以用來實現堆疊。Push 的操作，可以使用 append 實現。例如，上述的四個操作爲：

```
>>> stack = []
>>> stack.append(1)
>>> stack.append(2)
>>> stack.append(3)
>>> stack.pop()
3
>>> stack
[1, 2]
```

12.6.2 堆疊的 Python 程式實作

本小節中，讓我們使用 Python 程式，實作**堆疊**。

程式範例 12-1

```
1    print(" 本程式實現堆疊 ")
2    n = 0   # 堆疊內元素的個數
3    stack = []   # 建立空的堆疊
4    while True:
5        print("------------------------------")
6        print("Stack Operations:")
7        print("(1) Push")
8        print("(2) Pop")
9        print("(3) Display")
10       print("(4) Quit")
11       print("------------------------------")
```

```
12      choice = eval(input("Please select your choice: "))
13      if choice == 1:  # Push
14          key = eval(input("Push key: "))
15          stack.append(key)
16          n = n + 1
17      elif choice == 2:  # Pop
18          if n > 0:
19              key = stack.pop()
20              print("Pop key:", key)
21              n = n - 1
22          else:
23              print("Stack is empty.")
24      elif choice == 3:  # Display
25          print("Stack:", stack)
26      else:  # Quit
27          break
```

執行範例如下：

```
本程式實現堆疊
------------------------------
Stack Operations:
(1) Push
(2) Pop
(3) Display
(4) Quit
------------------------------
Please select your choice: 1
Push key: 1
------------------------------
Stack Operations:
(1) Push
(2) Pop
(3) Display
(4) Quit
------------------------------
Please select your choice: 1
Push key: 2
------------------------------
Stack Operations:
(1) Push
```

```
(2) Pop
(3) Display
(4) Quit
------------------------------
Please select your choice: 1
Push key: 3
------------------------------
Stack Operations:
(1) Push
(2) Pop
(3) Display
(4) Quit
------------------------------
Please select your choice: 2
Pop key: 3
------------------------------
Stack Operations:
(1) Push
(2) Pop
(3) Display
(4) Quit
------------------------------
Please select your choice: 3
Stack: [1, 2]
------------------------------
Stack Operations:
(1) Push
(2) Pop
(3) Display
(4) Quit
------------------------------
Please select your choice: 4
```

12.7 佇列

定義	佇列
電腦科學領域中，**佇列**（Queue）是一種基本的資料結構，依照**先進先出**（First In First Out, FIFO）的操作方式。	

佇列的示意圖，如圖 12-8。概念上，佇列就像是排隊買票一樣，如圖 12-9。最先排隊的人，會先買到票，同時也是最先離開。

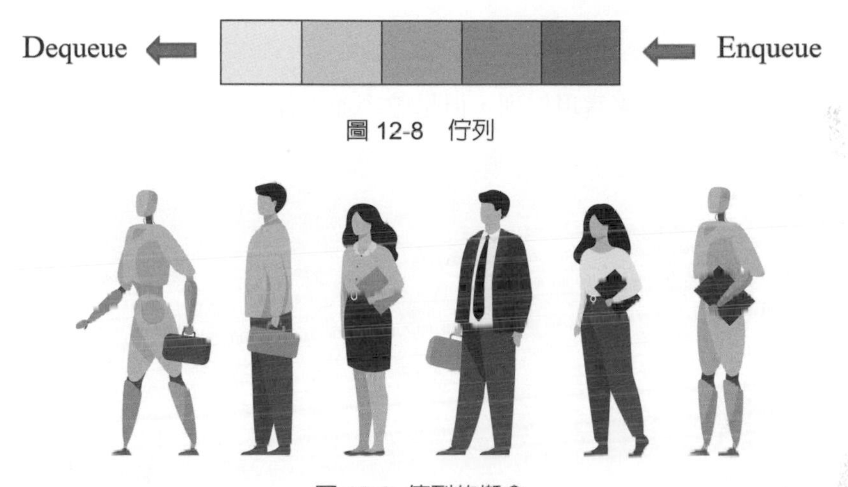

圖 12-8 佇列

圖 12-9 佇列的概念
【圖片來源】Freepik

12.7.1 佇列的基本操作

佇列的基本操作，包含 Enqueue 與 Dequeue。舉例說明，若我們對佇列進行四個操作，分別為 Enqueue(1)、Enqueue (2)、Enqueue (3)、Dequeue 等，則佇列的結果，如圖 12-10。

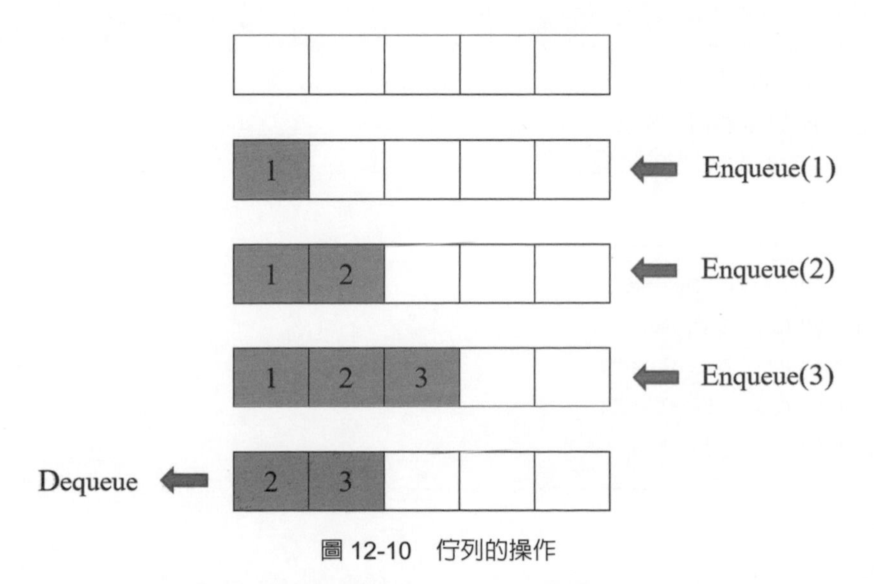

圖 12-10 佇列的操作

Python 的串列，可以用來實現佇列。Enqueue 的操作，可以使用 append 實現；Dequeue 的操作，則可使用 Pop 實現。例如，上述的四個操作為：

```
>>> queue = []
>>> queue.append(1)
>>> queue.append(2)
>>> queue.append(3)
>>> queue.pop(0)
1
>>> queue
[2, 3]
```

雖然 Python 的串列可以用來實現佇列，但是效率並不佳。因此，若要實現佇列，建議使用下列的方法：

```
>>> from collections import deque
>>> queue = deque([])
>>> queue.append(1)
>>> queue.append(2)
>>> queue.append(3)
>>> queue.popleft()
1
>>> queue
deque([2, 3])
```

12.7.2 佇列的 Python 程式實作

本小節中，讓我們使用 Python 程式，實作佇列。

程式範例 12-2

```
1    print(" 本程式實現佇列 ")
2    n = 0   # 堆疊內元素的個數
3    queue = []   # 建立空的堆疊
4    while True:
5        print("------------------------------")
6        print("Queue Operations:")
7        print("(1) Enqueue")
8        print("(2) Dequeue")
9        print("(3) Display")
10       print("(4) Quit")
11       print("------------------------------")
```

```
12      choice = eval(input("Please select your choice: "))
13      if choice == 1:  # Enqueue
14          key = eval(input("Enqueue key: "))
15          queue.append(key)
16          n = n + 1
17      elif choice == 2:  # Dequeue
18          if n > 0:
19              key = queue.pop(0)
20              print("Dequeue key:", key)
21              n = n - 1
22          else:
23              print("Queue is empty.")
24      elif choice == 3:  # Display
25          print("Queue:", queue)
26      else:  # Quit
27          break
```

執行範例如下：

```
本程式實現佇列
------------------------------
Queue Operations:
(1) Enqueue
(2) Dequeue
(3) Display
(4) Quit
------------------------------
Please select your choice: 1
Enqueue key: 1
------------------------------
Queue Operations:
(1) Enqueue
(2) Dequeue
(3) Display
(4) Quit
------------------------------
Please select your choice: 1
Enqueue key: 2
------------------------------
Queue Operations:
(1) Enqueue
(2) Dequeue
```

```
(3) Display
(4) Quit
------------------------------
Please select your choice: 1
Enqueue key: 3
------------------------------
Queue Operations:
(1) Enqueue
(2) Dequeue
(3) Display
(4) Quit
------------------------------
Please select your choice: 2
Dequeue key: 1
------------------------------
Queue Operations:
(1) Enqueue
(2) Dequeue
(3) Display
(4) Quit
------------------------------
Please select your choice: 3
Queue: [2, 3]
------------------------------
Queue Operations:
(1) Enqueue
(2) Dequeue
(3) Display
(4) Quit
------------------------------
Please select your choice: 4
```

12.8 陣列

電腦科學領域中，**陣列**（Array）是相當重要的資料結構。最基本的陣列如下：

- **一維陣列**（One-Dimensional Array），或稱爲**向量**（Vector）。
- **二維陣列**（Two-Dimensional Array），或稱爲**矩陣**（Matrix）。

向量與矩陣屬於**線性代數**（Linear Algebra）的討論範圍。在此，我們使用 Python 的串列，藉以實現陣列的資料結構 [2]。

12.8.1 向量

最簡單的陣列爲一維陣列，或稱爲**向量**（Vector）。向量的定義方式，可以採用 Python 的「串列」，其中向量的**維度**（Dimension）爲 $n \times 1$ $(n = 4)$。例如：

```
>>> a = [1, 2, 3, 4]
>>> b = [2, 4, 3, 1]
```

若以數學符號表示，則：

$$\mathbf{a} = [\,1, 2, 3, 4\,]$$
$$\mathbf{b} = [\,2, 4, 1, 3\,]$$

向量的基本操作，包含：**向量加法**（Vector Addition）、**純量乘法**（Scalar Multiplication）等。例如：

$$\mathbf{a} + \mathbf{b} = [\,1, 2, 3, 4\,] + [\,2, 4, 3, 1\,] = [\,3, 6, 6, 5\,]$$

$$3\mathbf{a} = 3 \cdot [\,1, 2, 3, 4\,] = [\,3, 6, 9, 12\,]$$

以 Python 程式語言而言，向量加法與純量乘法可以使用「迴圈」的方式實現。

程式範例 12-3

```
1   # 定義向量（一維陣列）
2   a = [1, 2, 3, 4]
3   b = [2, 4, 3, 1]
4
5   # 向量加法
6   c = [0 for i in range(4)]
7   for i in range(4):
8       c[i] = a[i] + b[i]
9   print(" 向量加法 ")
10  print(c)
11
```

2 事實上，針對陣列資料結構，Python 提供完整的套件，稱為 NumPy。本書限於篇幅，無法詳盡介紹。

```
12  # 純量乘法
13  scalar = 3
14  for i in range(4):
15      c[i] = scalar * a[i]
16  print(" 純量乘法 ")
17  print(c)
```

執行範例如下：

```
向量加法
[3, 6, 6, 5]
純量乘法
[3, 6, 9, 12]
```

12.8.2 矩陣

基本的二維陣列，或稱爲**矩陣**（Matrix）。矩陣的定義方式，可以採用 Python 的「二維串列」，其中向量的**維度**爲 $n \times n$ $(n = 2)$。例如：

```
>>> A = [[1, 2], [3, 4]]
>>> B = [[2, 4], [3, 1]]
```

若以數學符號表示，則：

$$\mathbf{A} = \begin{bmatrix} 1 & 2 \\ 3 & 4 \end{bmatrix} 、 \mathbf{B} = \begin{bmatrix} 2 & 4 \\ 3 & 1 \end{bmatrix}$$

矩陣的基本操作，包含：**矩陣加法**（Matrix Addition）、**矩陣乘法**（Matrix Multiplication）等。例如：

$$\mathbf{A} + \mathbf{B} = \begin{bmatrix} 1 & 2 \\ 3 & 4 \end{bmatrix} + \begin{bmatrix} 2 & 4 \\ 3 & 1 \end{bmatrix} = \begin{bmatrix} 3 & 6 \\ 6 & 5 \end{bmatrix}$$

$$\mathbf{A} \cdot \mathbf{B} = \begin{bmatrix} 1 & 2 \\ 3 & 4 \end{bmatrix} \cdot \begin{bmatrix} 2 & 4 \\ 3 & 1 \end{bmatrix} = \begin{bmatrix} 1 \cdot 2 + 2 \cdot 3 & 1 \cdot 4 + 2 \cdot 1 \\ 3 \cdot 2 + 4 \cdot 3 & 3 \cdot 4 + 4 \cdot 1 \end{bmatrix} = \begin{bmatrix} 8 & 6 \\ 18 & 16 \end{bmatrix}$$

以 Python 程式語言而言，矩陣加法與乘法可以使用「函式」與「迴圈」的方式實現。

程式範例 12-4

```
1   # 矩陣加法
2   def Matrix_Addition(A, B):
3       n = len(A)
4       C = [[0 for j in range(n)] for i in range(n)]
5       for i in range(n):
6           for j in range(n):
7               C[i][j] = A[i][j] + B[i][j]
8       return C
9
10  # 矩陣乘法
11  def Matrix_Multiplication(A, B):
12      n = len(A)
13      C = [[0 for j in range(n)] for i in range(n)]
14      for i in range(n):
15          for j in range(n):
16              for k in range(n):
17                  C[i][j] = C[i][j] + A[i][k] * B[k][j]
18      return C
19
20  # 定義矩陣 (二維陣列)
21  A = [[1, 2], [3, 4]]
22  B = [[2, 4], [3, 1]]
23
24  # 矩陣加法
25  C = Matrix_Addition(A, B)
26  print("矩陣加法")
27  print(C)
28
29  # 矩陣乘法
30  C = Matrix_Multiplication(A, B)
31  print("矩陣乘法")
32  print(C)
```

執行範例如下：

```
矩陣加法
[[3, 6], [6, 5]]
矩陣乘法
[[8, 6], [18, 16]]
```

本章習題

選擇題

( ) 1. 下列何者可以定義爲：「資料的組織、管理與儲存方法」？
(A) 資料結構 (B) 演算法 (C) 抽象化 (D) 資料探勘 (E) 以上皆非

( ) 2. Python 程式中，串列（List）是使用下列何者建立？
(A) 小括號 ( ) (B) 中括號 [ ] (C) 大括號 { } (D) 以上皆非

( ) 3. Python 程式中，元組（Tuple）是使用下列何者建立？
(A) 小括號 ( ) (B) 中括號 [ ] (C) 大括號 { } (D) 以上皆非

( ) 4. Python 程式中，集合 (Set) 是使用下列何者建立？
(A) 小括號 ( ) (B) 中括號 [ ] (C) 大括號 { } (D) 以上皆非

( ) 5. 下列 Python 提供的資料結構中，何者在建立後不可以變動？
(A) 串列（List） (B) 元組（Tuple） (C) 集合（Set） (D) 字典（Dictionary）

( ) 6. 下列 Python 提供的資料結構中，何者不具順序性？
(A) 串列（List） (B) 元組（Tuple） (C) 集合（Set） (D) 字典（Dictionary）

( ) 7. 下列 Python 程式的輸出結果爲何？

```
>>> list1 = [1, 2, 3, 4]
>>> list1[1]
```

(A) 1 (B) 2 (C) 3 (D) 4 (E) 以上皆非

( ) 8. 下列 Python 程式的輸出結果爲何？

```
>>> list1 = [1, 2, 3, 4]
>>> list1[-2]
```

(A) 1 (B) 2 (C) 3 (D) 4 (E) 以上皆非

( ) 9. 下列 Python 程式的輸出結果爲何？

```
>>> list1 = [1, 2, 3, 4]
>>> list1.insert(1, 5)
```

(A) [5, 1, 2, 3, 4] (B) [1, 5, 2, 3, 4] (C) [1, 2, 5, 3, 4] (D) [1, 2, 3, 5, 4] (E) 以上皆非

( ) 10. 下列 Python 程式的輸出結果爲何？

```
>>> A = {1, 2, 3}
>>> B = {3, 4, 5}
>>> A & B
```

(A) { 3 } (B) { 1, 2, 3, 4, 5 } (C) { 1, 2 } (D) { 4, 5 } (E) 以上皆非

( ) 11. 下列 Python 程式的輸出結果為何？

```
>>> A = {1, 2, 3}
>>> B = {3, 4, 5}
>>> A - B
```

(A) { 3 } (B) { 1, 2, 3, 4, 5 } (C) { 1, 2 } (D) { 4, 5 } (E) 以上皆非

( ) 12. 下列 Python 程式的輸出結果為何？

```
>>> s1 = {1, 2}
>>> s2 = {1, 2, 3}
>>> s1.issubset(s2)
```

(A) True (B) False (C) None (D) 以上皆非

( ) 13. 下列 Python 程式的輸出結果為何？

```
>>> dict1 = {'A':1, 'B':2, 'C':3}
>>> dict1['A']
```

(A) 1 (B) 2 (C) 3 (D) 以上皆非

( ) 14. 下列何者是「後進先出」的資料結構？

(A) 陣列 (B) 堆疊 (C) 佇列 (D) 堆積

( ) 15. 假設有一個空的堆疊（Stack），經過下列操作後，堆疊中的元素為何？

Push(1)、Push(2)、Pop()、Push(3)、Push(4)

(A) 1, 2, 3 (B) 1, 2, 4 (C) 1, 3, 4 (D) 2, 3, 4 (E) 以上皆非

( ) 16. 下列何者是「先進先出」的資料結構？

(A) 陣列 (B) 堆疊 (C) 佇列 (D) 堆積

( ) 17. 假設有一個空的佇列（Queue），經過下列操作後，佇列中的元素為何？

Enqueue(1)、Enqueue(2)、Dequeue()、Enqueue(3)、Enqueue(4)

(A) 1, 2, 3 (B) 1, 2, 4 (C) 1, 3, 4 (D) 2, 3, 4 (E) 以上皆非

( ) 18. 下列 Python 程式的輸出結果為何？

```
n = 5
a = [1, 2, 3, 4, 5]
for i in range(n):
    a[i], a[n-i-1] = a[n-i-1], a[i]
print(a)
```

(A) [1, 2, 3, 4, 5] (B) [1, 4, 3, 2, 5] (C) [5, 2, 3, 4, 1] (D) [5, 4, 3, 2, 1] (E) 以上皆非

( ) 19. 下列 Python 程式的輸出結果為何？

```
n = 5
a = [1, 2, 3, 4, 5]
for i in range(n // 2):
    a[i], a[n-i-1] = a[n-i-1], a[i]
print( a )
```

(A) [1, 2, 3, 4, 5]　(B) [1, 4, 3, 2, 5]　(C) [5, 2, 3, 4, 1]　(D) [5, 4, 3, 2, 1]　(E) 以上皆非

( ) 20. 下列 Python 程式的輸出結果為何？

```
n = 10
a = [1, 5, 9, 2, 4, 9, 6, 7, 3, 2]
index = 0
for i in range(n):
    if a[i] > a[index]:
        index = i
print(index)
```

(A) 2　(B) 3　(C) 5　(D) 6　(E) 以上皆非

觀念複習

1. 試解釋何謂「資料結構」。
2. 試列舉 Python 提供的資料結構。
3. 試列舉堆疊（Stack）的基本操作。
4. 試列舉佇列（Queue）的基本操作。

程式設計練習

1. 試設計 Python 程式，根據使用者輸入 n，建立一個串列，分別存 1~n 的整數。執行範例如下：

```
請輸入 n: 10
[1, 2, 3, 4, 5, 6, 7, 8, 9, 10]
```

2. 試設計 Python 程式，根據使用者輸入 n，產生 n 個亂數的串列，所有亂數均為整數，且介於 1~100 之間。執行範例如下：

```
請輸入 n: 10
[92, 14, 25, 7, 39, 58, 98, 92, 63, 36]
```

3. 試設計 Python 程式，根據使用者輸入 n ($n \leq 26$)，產生 n 個大寫英文字母的串列，串列的元素從 A 開始。執行範例如下：

```
請輸入 n: 5
['A', 'B', 'C', 'D', 'E']
```

4. 試使用堆疊的 Python 程式，體驗堆疊的基本操作與結果。
5. 試使用佇列的 Python 程式，體驗佇列的基本操作與結果。
6. 給定兩個矩陣如下：

$$\mathbf{A} = \begin{bmatrix} 1 & 4 \\ 2 & 3 \end{bmatrix} \text{、} \mathbf{B} = \begin{bmatrix} 2 & 1 \\ 1 & 3 \end{bmatrix}$$

試設計 Python 程式，求矩陣加法與乘法。執行範例如下：

```
矩陣加法
[[3, 5], [3, 6]]
矩陣乘法
[[6, 13], [7, 11]]
```

NOTE

Chapter 13

物件導向程式設計

本章綱要

本章介紹「物件導向程式設計」，目前已成為高階程式語言的主流。

13.1 基本概念

Python 程式語言是一種**物件導向**（Object-Oriented）的程式語言，因此 Python 提供的資料型態與資料結構，包含：**串列**（List）、**元組**（Tuple）、**集合**（Set）、**字典**（Dictionary）等，其實都是一種「物件」。

日常生活中，其實不乏各種實體的「物件」，例如：人、動物、汽車、家電用品等。舉例說明，「汽車」可以視為是一種「物件」，由許多汽車零件所組成，例如：引擎、車輪、方向盤、變速桿等，如圖 13-1。每項零件都具備獨特的功能，扮演不可或缺的角色。

圖 13-1　「汽車」可以視為是一種「物件」

「物件導向」程式設計的目的是針對電腦可以處理的數位資料，採用「物件」的方式進行儲存、操作與管理等工作。舉例說明，我們曾經介紹過的**堆疊**、**佇列**等資料結構，可以視為是比較單純的「物件」。日常生活中，銀行的個人帳號管理、學校的修課歷程、醫院的看診紀錄、企業的人資管理等，可以視為是比較複雜的「物件」。

物件導向程式語言具有下列三種特性[1]：

- **封裝**（Encapsulation）是指使用「類別」的方式定義物件的「屬性」與「方法」，是一種**抽象化的資料形態**（Abstraction Data Type, ADT），可以將資料進行包裝與隱藏，避免資料被外部存取。
- **繼承**（Inheritance）是指使用「父類別」與「子類別」的定義方式，允許**程式碼的重複使用性**（Code Reusability）。換句話說，基於已有的類別，我們可以定義新的類別。因此，繼承是物件導向程式語言中相當重要的特性。
- **多形**（Polymorphism）是指物件具有多種不同的形態。簡單的說，多形可以讓有繼承關係的不同類別物件，呼叫相同名稱的成員函式，進而得到不同的結果。

1　物件導向程式語言的三種特性，是屬於比較深入的課題。若您一時之間搞不懂它們的意義，請先不必太擔心。讓我們先搞懂本章介紹的內容，逐漸進入物件導向程式設計的世界。

13.2 類別的定義

Python 程式語言容許程式設計師自行創建「物件」，使用**類別**（Class）的方式定義。概念上，「類別」包含兩個基本的元素 [2]：

- **屬性**（Attributes）：定義類別的屬性或參數，使用 Python 變數進行儲存與管理。以「人」的類別爲例，則姓名、年齡、身高、體重等個人資料，都可以是所謂的「屬性」，如圖 13-2。
- **方法**（Methods）：定義類別的操作方法。以「人」的類別爲例，操作方法可以包含：設定或回傳該物件的姓名、年齡、身高、體重等，或是計算 BMI 等。

姓名：Jennifer
年齡：25
身高：160 公分
體重：50 公斤

圖 13-2　類別的屬性
【圖片來源】Freepik

Python 程式語言中，**類別**的語法如下：

```
class 類別名稱 ( 輸入參數 ):
    敘述 ( 定義屬性 )
    敘述 ( 定義方法 )
```

類別的輸入參數是用來進行「類別」的初始化。「類別」的定義中，輸入參數可有可無。基本上，若無輸入參數，可以省略括號。

定義類別之後，我們就可以建立許多獨立的物件。舉例說明，基於「人」的類別，就可以建立許多「人」的物件，例如：Alice、Bob、John、Mary 等，各自擁有該類別的屬性（姓名、年齡、身高、體重等）與方法（計算 BMI 等）。

13.2.1 圓的類別

首先，讓我們定義一個**圓**（`Circle`）的類別，包含：

- **屬性**（Attributes）：圓的**半徑**（`Radius`）。
- **方法**（Methods）：回傳圓的**面積**（`Area`）與**周長**（`Perimeter`）。

2　物件導向程式設計中，屬性與方法也經常稱為類別的「成員」。

接著，根據圓的類別，我們建立兩個圓的物件，分別稱為 `circle1` 與 `circle2`，半徑分別為 5 與 10，如圖 13-3。使用類別的方法，我們就可以計算兩個圓物件的圓面積與圓周長。

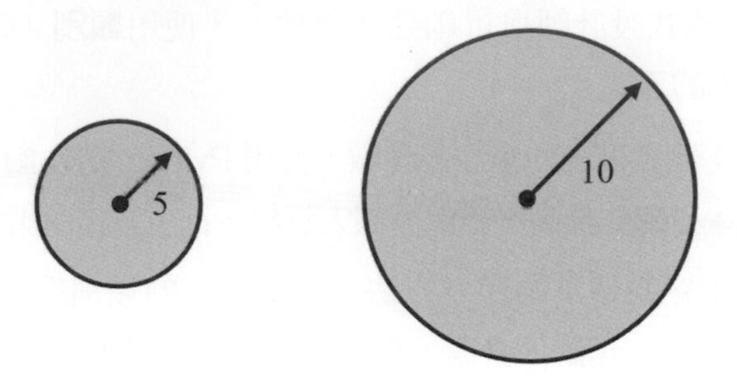

圖 13-3　圓的物件

程式範例 13-1

```
1   import math
2
3   class Circle:
4       def __init__(self, radius):   # 初始化
5           self.radius = radius
6
7       def getArea(self):   # 回傳圓面積
8           return math.pi * self.radius ** 2
9
10      def getPerimeter(self):   # 回傳圓周長
11          return 2 * math.pi * self.radius
12
13  circle1 = Circle(5)
14  print("第 1 個圓物件")
15  print("圓面積 =", circle1.getArea())
16  print("圓周長 =", circle1.getPerimeter())
17  circle2 = Circle(10)
18  print("第 2 個圓物件" )
19  print("圓面積 =", circle2.getArea())
20  print("圓周長 =", circle2.getPerimeter())
```

執行範例如下：

```
第 1 個圓物件
圓面積 = 78.53981633974483
圓周長 = 31.41592653589793
第 2 個圓物件
圓面積 = 314.1592653589793
圓周長 = 62.83185307179586
```

13.2.2 學生的類別

讓我們定義一個**學生**（Student）的類別。這個類別包含：

- **屬性**：姓名、身高與體重
- **方法**：回傳學生的姓名、身高、體重與 BMI

接著，根據學生的類別，建立兩個學生的物件，分別稱爲 student1 與 student2，代表「張小明」與「王小花」，如圖 13-4。

姓名：張小明
身高：170 公分
體重：70 公斤

姓名：王小花
身高：160 公分
體重：50 公斤

圖 13-4 學生的物件
【圖片來源】Freepik

程式範例 13-2

```
1   class Student:
2       def __init__(self, name, height, weight):  # 初始化
3           self.name = name
4           self.height = height
5           self.weight = weight
6
7       def getName(self):  # 回傳姓名
8           return self.name
9
10      def getHeight(self):  # 回傳身高
11          return self.height
12
13      def getWeight(self):  # 回傳體重
14          return self.weight
15
16      def getBMI(self):  # 回傳 BMI
17          height_in_meters = self.height / 100
18          return self.weight / (height_in_meters * height_in_meters)
19
20  student1 = Student("張小明", 170, 70)
```

```
21  print("姓名:", student1.getName())
22  print("身高:", student1.getHeight())
23  print("體重:", student1.getWeight())
24  print("BMI:", student1.getBMI())
25  student2 = Student("王小花", 160, 50)
26  print("姓名:", student2.getName())
27  print("身高:", student2.getHeight())
28  print("體重:", student2.getWeight())
29  print("BMI:", student2.getBMI())
```

執行範例如下：

```
姓名： 張小明
身高： 170
體重： 70
BMI: 24.221453287197235
姓名： 王小花
身高： 160
體重： 50
BMI: 19.531249999999996
```

13.3 堆疊

本節使用物件導向程式設計，實作**堆疊**。堆疊的示意圖，如圖 13-5。

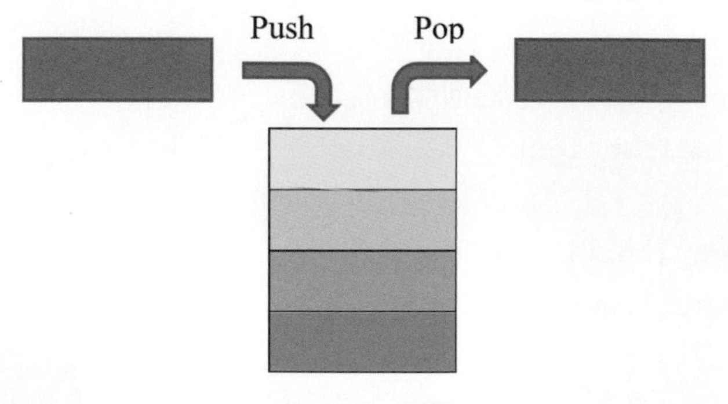

圖 13-5　堆疊

堆疊的基本操作，包含 Push 與 Pop。舉例說明，若我們對堆疊進行四個操作，分別為 Push(1)、Push(2)、Push(3)、Pop 等，則堆疊的結果，如圖 13-6 [3]。

3　本範例與第 12 章介紹的範例相同。

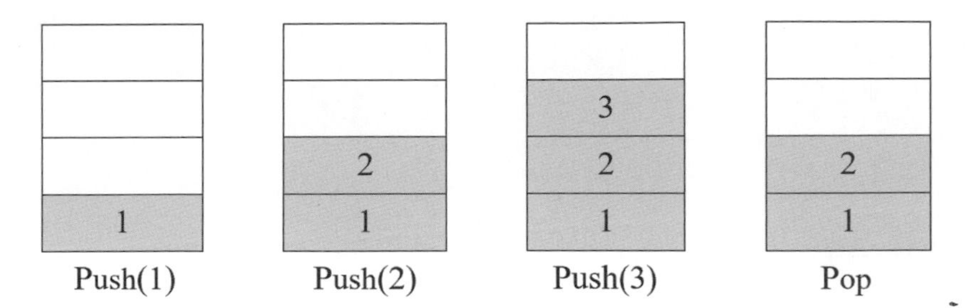

圖 13-6 堆疊的操作

程式範例 13-3

```
1   #
2   #    堆疊 (Stack)
3   #
4   #    操作方法：
5   #      isEmpty （檢查是否是空堆疊）
6   #      Push    (Push 操作）
7   #      Pop     (Pop 操作）
8   #      Display （顯示堆疊）
9   #
10  class Stack:
11      def __init__(self):
12          self.S = []
13
14      def isEmpty(self):
15          return self.S == []
16
17      def Push(self, key):
18          self.S.append(key)
19
20      def Pop(self):
21          if self.isEmpty():
22              print("Underflow")
23              return None
24          else:
25              return self.S.pop()
26
27      def Display(self):
28          print("Stack: ", end = "")
29          print(self.S)
30
31  S = Stack()
```

```
32  S.Push(1)
33  S.Push(2)
34  S.Push(3)
35  S.Pop()
36  S.Display()
```

執行範例如下：

```
Stack: [1, 2]
```

邀請您自行使用其他的堆疊操作，並顯示操作後的結果。

13.4 佇列

本節使用物件導向程式設計，實作**佇列**。佇列的示意圖，如圖 13-7。

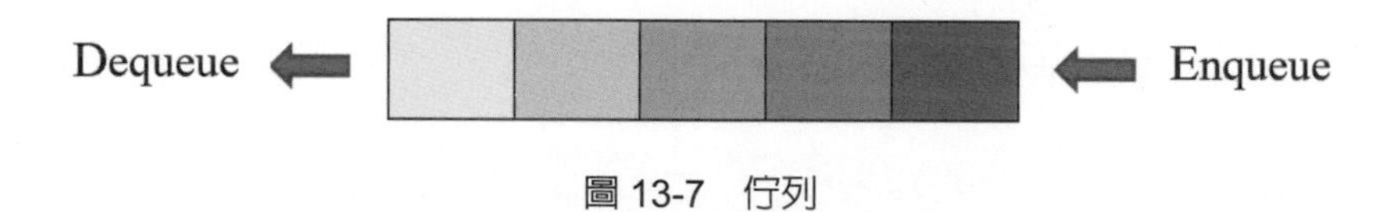

圖 13-7　佇列

佇列的基本操作，包含 Enqueue 與 Dequeue。舉例說明，若我們對佇列進行四個操作，分別為 Enqueue(1)、Enqueue (2)、Enqueue (3)、Dequeue 等，則佇列的結果，如圖 13-8 [4]。

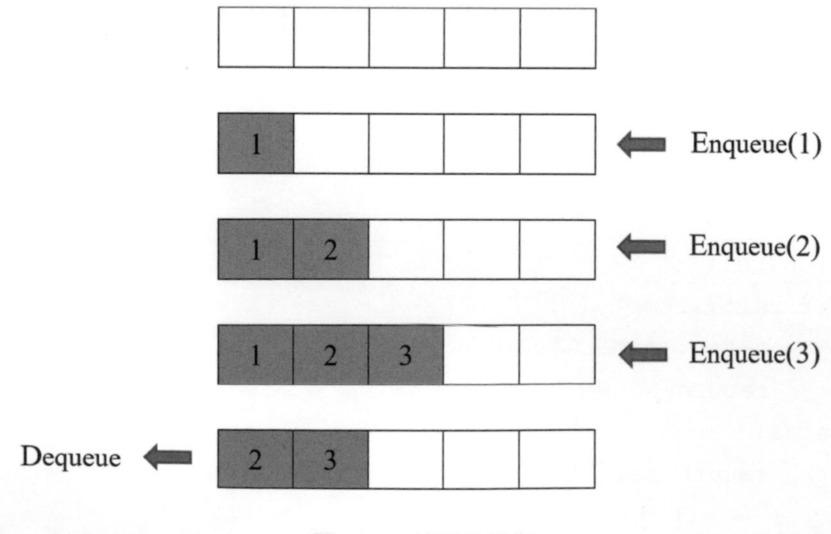

圖 13-8　佇列的操作

4　本範例與第 12 章介紹的範例相同。

程式範例 13-4

```
1    #
2    #    佇列 (Queue)
3    #
4    #    操作方法：
5    #      isEmpty （檢查是否是空佇列）
6    #      Enqueue (Enqueue 操作）
7    #      Dequeue (Dequeue 操作）
8    #      Display (Display the Queue)
9    #
10   class Queue:
11       def __init__(self):
12           self.Q = []
13
14       def isEmpty(self):
15           return self.Q == []
16
17       def Enqueue(self, key):
18           self.Q.append(key)
19
20       def Dequeue(self):
21           if self.isEmpty():
22               print("Underflow")
23               return None
24           else:
25               return self.Q.pop(0)
26
27       def Display(self):
28           print("Queue: ", end = "")
29           print(self.Q)
30
31   Q = Queue()
32   Q.Enqueue(1)
33   Q.Enqueue(2)
34   Q.Enqueue(3)
35   Q.Dequeue()
36   Q.Display()
```

執行範例如下：

```
Queue: [2, 3]
```

邀請您自行使用其他的佇列操作，並顯示操作後的結果。

13.5 不相交集合

定義	不相交集合
電腦科學領域中，**不相交集合**（Disjoint Set）是基本的資料結構，將集合分成一些互不相交的子集合，並處理查詢與合併的問題。	

不相交集合的基本操作，包含：

- **Find**：檢查元素是屬於哪一個子集，也可以用來檢查兩個元素是否屬於同一個子集。
- **Union**：將兩個子集合合併成同一個子集合。

舉例說明，給定一個集合，集合的元素編號為 1 ~ n。以 n = 8 為例，如表 13-1。初始的不相交集合中，每個元素形成獨立的子集合。每個子集合都有一個**代表**（Representative），剛開始是元素本身。

接著，若進行 Union 的操作，則是取聯集。例如：Union(1, 2) 會取 { 1 } 與 { 2 } 的聯集，形成 { 1, 2 } 的子集，與其他子集互不相交。聯集後選取其中一個元素作為這個子集的代表，通常是取編號較小者。

表 13-1 不相交集合範例

操作	不相交集合
初始集合	{ 1 }, { 2 }, { 3 }, { 4 }, { 5 }, { 6 }, { 7 }, { 8 }
Union(1, 2)	{ 1, 2 }, { 3 }, { 4 }, { 5 }, { 6 }, { 7 }, { 8 }
Union(1, 3)	{ 1, 2, 3 }, { 4 }, { 5 }, { 6 }, { 7 }, { 8 }
Union(4, 5)	{ 1, 2, 3 }, { 4, 5 }, { 6 }, { 7 }, { 8 }
Union(6, 7)	{ 1, 2, 3 }, { 4, 5 }, { 6, 7 }, { 8 }
Union(7, 8)	{ 1, 2, 3 }, { 4, 5 }, { 6, 7, 8 }

若以不相交集合的結果而言，當進行 Find 操作時，會回傳所屬子集合的代表。例如：

Find(1) = 1、Find(2) = 1、Find(3) = 1

Find(4) = 4、Find(5) = 4

Find(6) = 6、Find(7) = 6、Find(8) = 6

因此，若我們想檢查兩個元素 x、y 是否屬於同一個子集，可以使用下列指令判斷：

```
if Find(x) == Find(y):
    return True
else:
    return False
```

不相交集合的應用相當廣泛，例如：**最小生成樹**（Minimum Spanning Tree）問題、**連通元**（Connected Components）問題等。

雖然，Python 提供集合的資料結構。然而，Python 提供的**串列**比較適合用來實現**不相交集合**。

程式範例 13-5

```
1   #
2   #   不相交集合 (Disjoint Set)
3   #
4   #   操作方法：
5   #     Find （檢查元素是屬於哪一個子集）
6   #     Union （聯集）
7   #
8   class DisjointSet:
9       def __init__(self, n):
10          self.set = [i for i in range(n + 1)]
11          self.n = n
12
13      def Find(self, key):
14          while self.set[key] != key:
15              key = self.set[key]
16          return key
17
18      def Union(self, a, b):
19          if self.Find(a) < self.Find(b):
20              for i in range(self.n + 1):
21                  if self.Find(i) == self.Find(b):
22                      self.set[i] = self.Find(a)
23          else:
24              for i in range(self.n + 1):
25                  if self.Find(i) == self.Find(a):
26                      self.set[i] = self.Find(b)
27
28      def Display(self):
29          print("Disjoint Set: ", end = "")
```

```
30          for i in range(1, self.n + 1):
31              if self.Find(i)== i:  # 代表
32                  print("{", end = "")
33                  print(i, end = "")
34                  for j in range(i + 1, self.n + 1):
35                      if self.Find(j) == i:
36                          print(",", end = "")
37                          print(j, end = "")
38                  print("},", end = "")
39          print()
40
41  n = 8
42  S = DisjointSet(n)
43  S.Union(1, 2)
44  S.Union(1, 3)
45  S.Union(4, 5)
46  S.Union(6, 7)
47  S.Union(7, 8)
48  S.Display()
49
50  for i in range(1, n + 1):
51      print("Find(%d) = %d" % (i, S.Find(i)))
```

執行範例如下：

```
Disjoint Set: {1,2,3}, {4,5}, {6,7,8},
Find(1) = 1
Find(2) = 1
Find(3) = 1
Find(4) = 4
Find(5) = 4
Find(6) = 6
Find(7) = 6
Find(8) = 6
```

本章習題

選擇題

( ) 1. Python 定義的串列 、元組、集合、字典等，其實都是一種 _______ ？
(A) 迴圈 (B) 函式 (C) 遞迴 (D) 物件 (E) 以上皆非

( ) 2. 下列何者不是物件導向程式設計的特性？
(A) 封裝（Encapsulation） (B) 繼承（Inheritance）
(C) 多形（Polymorphism） (D) 分配（Distribution）

( ) 3. Python 程式設計中，下列何者是用來定義「類別」？
(A) class (B) except (C) import (D) while (E) 以上皆非

( ) 4. 以「人」的類別爲例，則姓名、年齡、身高、體重等個人資料，是類別中的 _______ ？
(A) 屬性 (B) 方法 (C) 以上皆非

( ) 5. 以「人」的類別爲例，則回傳 BMI，是類別中的 _______ ？
(A) 屬性 (B) 方法 (C) 以上皆非

( ) 6. 以「圓」的類別爲例，則圓的半徑，是類別中的 _______ ？
(A) 屬性 (B) 方法 (C) 以上皆非

( ) 7. 以「圓」的類別爲例，則回傳圓面積，是類別中的 _______ ？
(A) 屬性 (B) 方法 (C) 以上皆非

觀念複習

1. 試解釋何謂「物件導向」程式設計。
2. 試列舉「類別」的基本元素。

程式設計練習

1. 試設計 Python 程式，實現一個**矩形**（Rectangle）的類別，包含：

   屬性：**長**（Length）與**寬**（Width）

   方法：回傳矩形的面積

   執行範例如下：

```
請輸入矩形的長與寬： 3, 5
矩形面積 = 15
```

2. 試設計 Python 程式，實現一個**銀行帳號**（Banking Account）的類別，包含：

   屬性：帳號餘額（Balance）

   方法：存款（Deposit）、**提款**（Withdraw）、**檢查帳號餘額**（Check Balance）

   執行範例如下：

```
銀行帳號管理系統
(1) 存款
(2) 提款
(3) 檢查帳號餘額
(4) 結束
請輸入選項：1
請輸入金額：1000

銀行帳號管理系統
(1) 存款
(2) 提款
(3) 檢查帳號餘額
(4) 結束
請輸入選項：2
請輸入金額：500

銀行帳號管理系統
(1) 存款
(2) 提款
(3) 檢查帳號餘額
(4) 結束
請輸入選項：3
您目前的帳號餘額為 500 元

銀行帳號管理系統
(1) 存款
(2) 提款
(3) 檢查帳號餘額
(4) 結束
請輸入選項：4
謝謝您
```

【註】原則上，您應該考慮特殊狀況並顯示錯誤，例如：提款時超過帳號餘額等。

3. 電腦科學領域中，**環狀串列**（Circular List）是一種常見的資料結構。假設環狀串列中有 n 個元素，編號分別爲 1~n。下圖爲 $n = 5$ 的環狀串列。

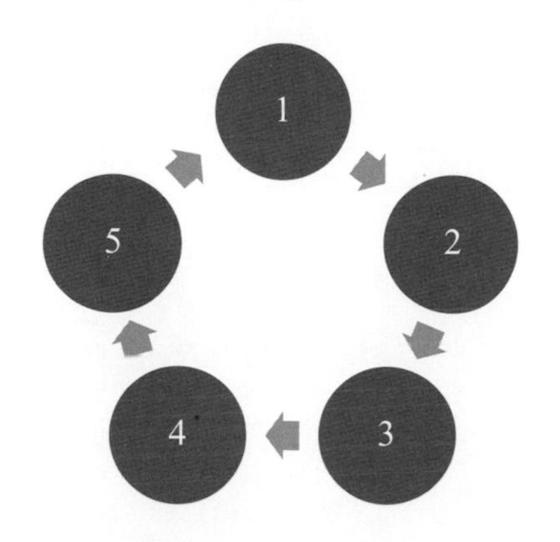

環狀串列可以用來模擬團康遊戲。假設現有一顆球，從編號 1 號開始向下傳，若移動 3 個位置，則球會到達 4 號的手上；若再移動 3 個位置，則球會傳到 2 號的手上，依此類推。

試設計 Python 程式，實現一個**環狀串列**的類別，包含：

屬性：球的位置

方法：傳球、回傳球的位置

執行範例如下：

```
請輸入總人數： 5
輸入移動數： 3
球在 4 號手上
輸入移動數： 3
球在 2 號手上
```

NOTE

Chapter 14

演算法基礎

本章綱要

本章介紹演算法基礎，同時介紹具有代表性的演算法。

14.1 基本概念

定義	演算法
演算法（Algorithm）可以定義為：「**明確定義**（Well-Defined）、**有限**（Finite）**的計算過程**（Computational Procedure）。」	

演算法的英文 Algorithm，其實是取自波斯數學家 Al-Khwārizmī，如圖 14-1。他的「代數學」是一本解決一次方程式與一元二次方程式的系統著作，因而被稱爲是**代數**（Algebra）的創造者 [1]。

演算法是一種計算過程，因此與「程式設計」有直接關聯性。演算法的示意圖，如圖 14-2。通常，演算法須根據使用者的**輸入**（Inputs）產生**輸出**（Outputs）結果，藉以解決科學或實際問題 [2]。

圖 14-1　Al-Khwārizmī
【圖片來源】https://zh.wikipedia.org/wiki

圖 14-2　演算法的示意圖

演算法的目的，通常是用來解**最佳化問題**（Optimization Problems），期望可以求得**最佳解**（Optimal Solutions）。一般來說，最佳化問題的解有可能是**唯一解**（Unique Solution）、**多解**（Multiple Solutions）或**無解**（No Solutions）。

1　代數是基礎的數學，相信您在國、高中階段就已經學過了。

2　若與數學的函數相比較，演算法的概念其實是相似的，同樣具有輸入與輸出的對應關係。比較不同的是，演算法容許「多對多」的對應關係。

14.2 演算法的準則

美國電腦科學家 Donald Knuth 提出**演算法的準則**（Criteria of Algorithms），如圖 14-3，分別說明如下：

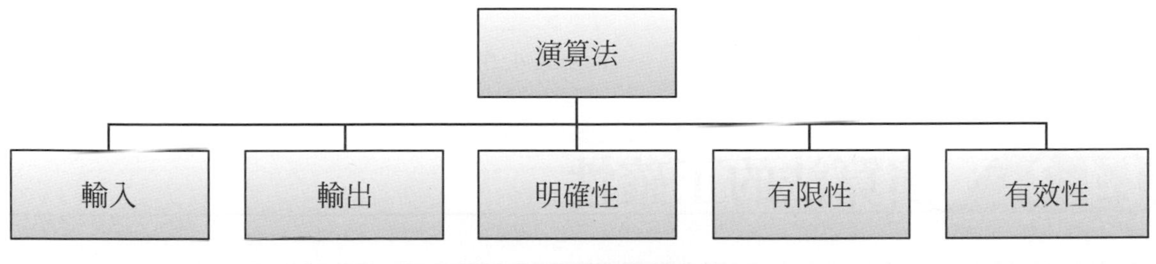

圖 14-3 演算法的準則

- **輸入**（Input）：無任何輸入，或是至少一個（含）輸入。
- **輸出**（Output）：至少一個（含）輸出。
- **明確性**（Definiteness）：演算法的步驟必須**明確定義**（Well-Defined），不可以**模糊不清**（Ambiguous）。
- **有限性**（Finiteness）：演算法必須在**有限**（Finite）的步驟內結束。
- **有效性**（Effectiveness）：演算法的步驟必須是**可實際執行**（Feasible）。

一般來說，**電腦程式**（Computer Programs）不一定符合演算法的準則。

舉例說明，若電腦程式執行無窮迴圈，例如：

```
while True:
    print("Hello World!")
```

這樣的電腦程式不會在有限的步驟內結束，因此不能稱爲「演算法」。

我們曾經介紹的故事：

> 如何將大象放入冰箱？
> 電腦科學家的回答是：
> 1. 打開冰箱門
> 2. 將大象放入冰箱
> 3. 關上冰箱門

基本上，這三個步驟的定義都相當明確。然而，我們可能會質疑第 2 個步驟是否**可實際執行**。若以家用冰箱而言，則這些步驟其實不能稱爲「演算法」。

相對而言，「演算法」可以使用「程式設計」實現。因此，演算法的設計，通常須依循 Donald Knuth 提出的準則。如此一來，根據演算法所開發而得的程式，才具有實際價值。

以電腦演算法而言，輸入的資料不會只有一筆。例如：**排序演算法**（Sorting Algorithms）的目的是排序，輸入的資料可能是未經排序的數字序列，例如：

< 1, 3, 4, 5, 2 >、< 2, 5, 1, 3, 4>、< 3, 5, 1, 2, 4 >、…

每筆輸入的資料，稱爲**輸入案例**（Input Instance）。演算法必須在有限的計算過程內完成排序工作，進而產生輸出結果：

< 1, 2, 3, 4, 5 >

14.3 演算法的正確性

定義	演算法的正確性
演算法的**正確性**（Correctness）可以定義為：「對所有可能的輸入案例，演算法都必須結束，並產生正確的輸出結果。」	

以**排序演算法**（Sorting Algorithms）而言，輸入的資料可能是未經排序的數字序列，例如：

< 1, 3, 4, 5, 2 >、< 2, 5, 1, 3, 4>、< 3, 5, 1, 2, 4 >、…

排序演算法的「正確性」是指：無論輸入的資料序列是屬於哪一種排列情形，排序演算法都必須能正常執行，在有限的時間內結束，而且產生正確的輸出結果：

< 1, 2, 3, 4, 5 >

事實上，演算法的**正確性**，牽涉**迴圈不變性**（Loop Invariant），須透過**初始化**（Initialization）、**維護**（Maintenance）與**終結**（Termination）等三大步驟進行驗證。這個方法，其實與**數學歸納法**（Mathematical Induction）的概念相似[3]。

14.4 演算法的設計策略

演算法的**設計策略**（Design Strategy），大致分成下列幾種[4]：

- **暴力法**（Brute-Force）
- **分而治之法**（Divide-and-Conquer）
- **貪婪演算法**（Greedy Algorithm）
- **動態規劃法**（Dynamic Programming）
- **回溯法**（Backtracking）
- **分支界限法**（Branch-and-Bound）

3　電腦科學領域中，演算法的正確性，屬於深入的課題，在此僅作概略性的介紹。
4　演算法的設計策略，將在接下來的章節介紹。

14.5 時間複雜度分析

電腦科學領域中，解決計算問題的方法，通常不會只有一種，經常可以設計不同的演算法，用來解決特定的計算問題。爲了分析演算法的執行時間效率，須建立客觀的衡量標準，用來評估演算法的優劣，稱爲**時間複雜度分析**（Time Complexity Analysis）。

演算法的時間複雜度分析，通常是使用**漸近表示法**（Asymptotic Notations），例如：Big-O **表示法**（Big-O Notation）等[5]。根據輸入的資料量 n，表示成時間函數。Big-O 表示法是指在最壞情況下，演算法執行時間的**上限**（Upper Bound）。

舉例說明，給定下列的「迴圈」演算法：

```
sum = 0
for i in range(n):
    sum = sum + 1
```

其中，`sum = sum + 1` 的執行次數共有 n 次，因此時間複雜度可以表示成 $O(n)$。

給定下列的「巢狀迴圈」演算法：

```
sum = 0
for i in range(n):
    for j in range(n):
        sum = sum + 1
```

其中，`sum = sum + 1` 的執行次數共有 n^2 次，因此時間複雜度可以表示成 $O(n^2)$。

Big-O 表示法可以用來表示演算法的時間複雜度。由於時間函數是根據輸入的資料量 n 而定，時間複雜度是使用函數的**成長率**（Growth Rate）做爲客觀的衡量標準。

若以函數的成長率由小到大排序，結果如下：

常數 < 對數 < 多項式 < 指數 < 階乘
$O(1) < O(\lg n) < O(n) < O(n^2) < O(n^3) < O(2^n) < O(n!)$

換句話說，當函數的成長率愈小，則演算法的執行時間效率愈佳；反之則愈差。若演算法牽涉組合或排列，則 Big-O 表示法分別爲 $O(2^n)$ 或 $O(n!)$。此時，若資料量 n 變大時，電腦無法在有限的時間內解決計算問題。

5 典型的漸近表示法，同時包含：O、Θ、Ω 等表示法，若您想要深入理解時間複雜度分析，建議可以參閱 Thomas Cormen 等合著的《ntroduction to Algorithms, 3rd Edition》

14.6 搜尋演算法

典型的搜尋問題，如圖 14-4，描述如下：

> 現有一些箱子，編號依序為 1、2、⋯、n，已知這些箱子裡，只有一個箱子裡有一顆球，但是不知道放在哪個箱子內。**搜尋問題**是指：「若想找到這顆球，請問您會如何進行？」

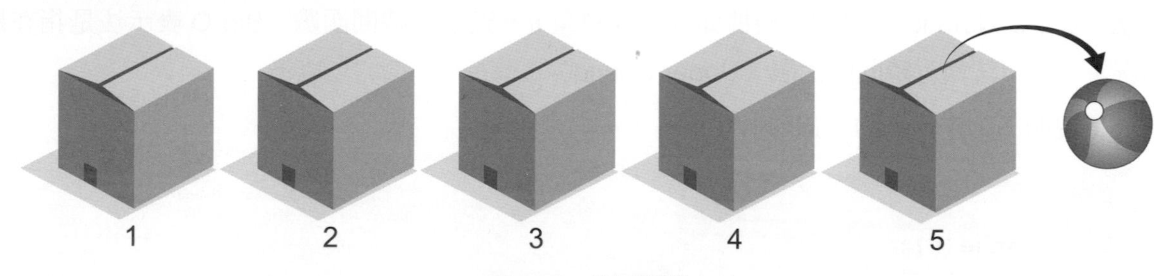

圖 14-4　搜尋問題

電腦科學領域中，**搜尋**（Search）的目的是指在**資料庫**（Database）中，搜尋某一筆特定的資料。若資料庫並未經過任何處理，例如：排序等工作，稱爲「非結構化」的資料庫。若資料庫事先經過處理，例如：排序等工作，則稱爲「結構化」的資料庫。

本節介紹兩種**搜尋演算法**（Search Algorithms），分別爲：

- **線性搜尋法**（Linear Search）
- **二元搜尋法**（Binary Search）

14.6.1 線性搜尋法

線性搜尋法，或稱爲「循序搜尋法」，是最簡單的搜尋方法。顧名思義，在輸入的資料序列中，我們依照編號的順序逐一搜尋，直到找到該筆資料爲止。

首先，讓我們亂數產生一個整數串列，其中包含 50 個整數，整數的範圍介於 1~100 之間。接著，請使用者輸入欲搜尋的**鍵值**（Key），並使用「迴圈」的方式循序搜尋該鍵值。若搜尋到使用者輸入的鍵值，則回傳該鍵值的索引；否則回傳未搜尋到的訊息。

若資料量爲 n，線性搜尋法的時間複雜度，可以表示成 $O(n)$。在最壞情況下，當資料是最後一筆，或是不在資料序列中，共需搜尋 n 次。

程式範例 14-1

```
1    import random
2
3    # 線性搜尋法
4    def LinearSearch(A, key):
5        index = -1
6        for i in range(len(A)):
7            if key == A[i]:
8                index = i
9                break
10       return index
11
12   # 亂數產生整數串列
13   A = [random.randint(1, 100) for i in range(50)]
14   print(A)
15
16   # 請使用者輸入準備搜尋的鍵值
17   key = eval(input("Enter search key (1 ~ 100): "))
18
19   # 使用線性搜尋法，並顯示結果
20   index = LinearSearch(A, key)
21   if index >= 0:
22       print("Found key at index", index)
23   else:
24       print("Key not found!")
```

執行範例如下：

```
[64, 80, 56, 73, 56, 6, 97, 13, 73, 64, 17, 68, 58, 50, 94, 55, 21, 19,
11, 35, 98, 4, 6, 68, 86, 9, 42, 2, 75, 32, 68, 83, 61, 84, 35, 54, 63,
42, 76, 36, 4, 65, 91, 37, 60, 10, 27, 73, 88, 29]
Enter search key (1 ~ 100): 21
Found key at index 16
```

```
[69, 62, 22, 44, 77, 97, 18, 55, 94, 61, 73, 78, 4, 61, 12, 77, 65, 55,
38, 69, 10, 64, 27, 59, 7, 37, 88, 76, 83, 48, 82, 30, 31, 19, 29, 70, 53,
54, 20, 34, 66, 100, 22, 69, 96, 33, 11, 76, 41, 10]
Enter search key (1 ~ 100): 25
Key not found!
```

14.6.2 二元搜尋法

二元搜尋法是一種快速的搜尋演算法。若已知資料庫事先經過「排序」，則可改用二元搜尋。二元搜尋演算法採用的策略，其實與第 10 章介紹的「猜數字遊戲」，概念上是相似的。

首先，讓我們亂數產生一個整數串列，其中包含 50 個整數，整數的範圍介於 1~99 之間，並進行排序。接著，請使用者輸入欲搜尋的**鍵值**。

二元搜尋法的演算法步驟，描述如下：

(1) 若鍵值等於中間元素，代表已找到相符的結果，則結束搜尋。
(2) 若鍵值小於中間元素，接下來只需對串列前半段的元素做搜尋。
(3) 若鍵值大於中間元素，接下來只需對串列後半段的元素做搜尋。

若資料量爲 n，二元搜尋演算法的時間複雜度，可以表示成 $O(\lg n)$。

程式範例 14-2

```
1   import random
2
3   # 二元搜尋法
4   def BinarySearch(A, left, right, key):
5       if right >= left:
6           mid = left + (right - left) // 2
7           if key == A[mid]:
8               return mid
9           elif key < A[mid]:
10              return BinarySearch(A, left, mid - 1, key)
11          else:
12              return BinarySearch(A, mid + 1, right, key)
13      else:
14          return -1
15
16  # 亂數產生整數串列
17  A = [random.randint(1, 100) for i in range(50)]
18  A.sort()   # 排序
19  print(A)
20
21  # 請使用者輸入準備搜尋的鍵值
22  key = eval(input("Enter search key (1 ~ 100): "))
23
24  # 使用二元搜尋法，並顯示結果
25  index = BinarySearch(A, 0, len(A), key)
26  if index >= 0:
27      print("Found key at index", index)
28  else:
29      print("Key not found!")
```

執行範例如下：

```
[1, 2, 2, 2, 2, 3, 5, 6, 6, 7, 10, 10, 12, 13, 17, 17, 20, 31, 32, 34, 34,
36, 37, 39, 41, 43, 48, 51, 55, 58, 59, 60, 60, 60, 71, 73, 75, 75, 75,
80, 81, 83, 83, 89, 92, 93, 96, 97, 100, 100]
Enter search key (1 ~ 100): 34
Found key at index 19
```

```
[5, 9, 12, 14, 15, 17, 18, 18, 18, 23, 23, 23, 23, 24, 27, 28, 28, 29, 34,
34, 34, 35, 40, 40, 40, 48, 52, 55, 56, 57, 60, 61, 67, 67, 68, 72, 72,
72, 77, 77, 80, 81, 84, 89, 92, 93, 96, 96, 99, 99]
Enter search key (1 ~ 100): 33
Key not found!
```

若相對於線性搜尋，二元搜尋的效率是相當顯著的。舉例說明，現在是**大數據**（Big Data）時代，美國 Google 公司曾經統計，全世界每天產生的資料量約為 10^{18} ($n = 10^{18}$) 位元組，即：

$$1{,}000{,}000{,}000{,}000{,}000{,}000$$

因此，若想要在這個資料庫中搜尋某一筆特定的資料，在最壞的情況下（搜尋的資料可能是最後一筆，或根本不在資料庫內），電腦在有限的時間內是無法完成這個工作的。簡單的說，若您想要使用搜尋引擎搜尋一筆資料，在您按下 Enter 鍵開始，可能直到地老天荒、海枯石爛，它還是不會給您搜尋的結果。

然而，若資料先經過「排序」，形成「結構化」的大數據資料庫；此時，可以採用二元搜尋，時間複雜度可達到 $O(\lg n)$，即：

$$\lg(10^{18}) \approx \lg(2^{60}) = 60$$

其中，$10^3 \approx 2^{10}$，因此 $10^{18} = \left(10^3\right)^6 \approx \left(2^{10}\right)^6 = 2^{60}$。簡單的說，在最壞的情況下，只需 60 次，就可以搜尋到該筆資料。

14.7 排序演算法

典型的排序問題，如圖 14-5，描述如下：

假設現有一些金屬球，編號依序為 1、2、⋯、n，我們無法使用磅秤測量它們的重量，但是有一個天平，可以用來比較它們的重量。排序問題是指：「若想將這些金屬球從最輕到最重依序排列，而且只能使用這個天平，請問您會如何進行？」

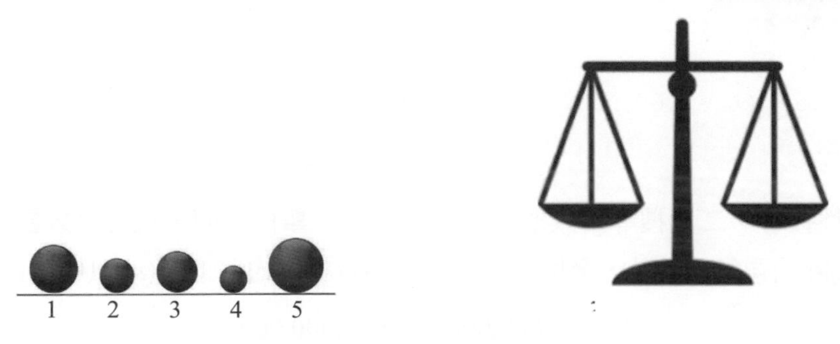

圖 14-5　排序問題

排序演算法的目的，是輸入未經排序的數字序列，進而輸出排序的結果。以比較的方式進行排序的演算法，通稱爲**比較排序法**（Comparison Sorts）。針對排序問題，電腦科學家提出許多不同的排序演算法，但都各有優點與缺點。

讓我們介紹具有代表性的排序演算法，分別爲**泡沫排序法**（Bubble Sort）與**插入排序法**（Insertion Sort），都是典型的比較排序法。

14.7.1 泡沫排序法

泡沫排序法是最簡單的排序演算法。顧名思義，排序的過程中，要讓比較輕（小）的泡沫向上浮，比較重（大）的泡沫則維持不動。

泡沫排序演算法的步驟如下：

(1) 從第 0 個元素開始排序，依序與後面的元素比較，若順序不正確，則進行交換。

(2) 對所有的元素重複上述步驟，直到最後的元素爲止。

舉例說明，假設輸入的序列爲 [5, 2, 4, 6, 1, 3]，則排序步驟如圖 14-6。首先，從第 0 個元素開始排序，將 5 與後面的 2、4、6、1、3 比較，若順序不正確，則進行交換，因此 1 會被排到最左邊[6]；接著，對第 1 個元素排序，將 5 與後面的 4、6、2、3 比較，若順序不正確，則進行交換，因此 2 會被排到次左邊；依此類推，直到最後的元素爲止。

6　進一步說明，其實是 5 先與 2 交換，2 再與 1 交換，使得 1 排在最左邊。

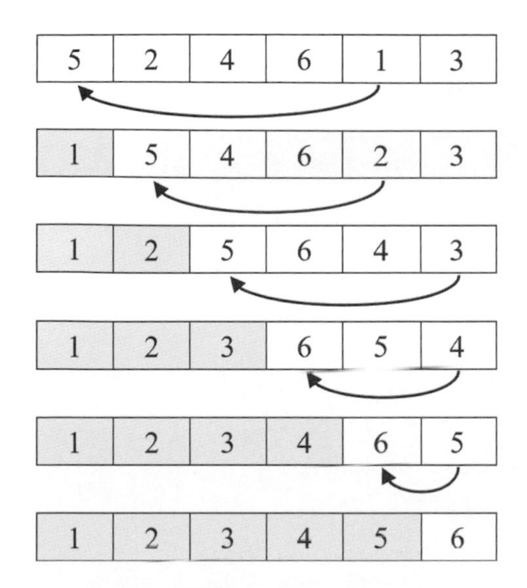

圖 14-6 泡沫排序法的排序步驟

泡沫排序法是最簡單的排序演算法，優點是直接在輸入的陣列中進行排序，不需額外的記憶體空間，稱爲 In-Place [7]；缺點是排序的效率不佳。若以時間複雜度而言，泡沫排序法可以表示成 $O(n^2)$。

程式範例 14-3

```
1   # 泡沫排序法
2   def BubbleSort(A):
3       n = len(A)
4       for i in range(0, n - 1):
5           for j in range(i + 1, n):
6               if A[i] > A[j]:
7                   A[i], A[j] = A[j], A[i]
8
9   # 建立串列，並進行泡沫排序
10  A = [5, 2, 4, 6, 1, 3]
11  print("排序前：", end = " ")
12  print(A)
13  BubbleSort(A)
14  print("排序後：", end = " ")
15  print(A)
```

執行範例如下：

```
排序前： [5, 2, 4, 6, 1, 3]
排序後： [1, 2, 3, 4, 5, 6]
```

7 許多排序演算法的設計，都希望可以達到 In-Place 的要求。此時，只需局部變數的記憶體空間，無需額外配置資料的記憶體空間。

爲了進一步測試泡沫排序法，讓我們產生 1~100 的數值序列，並將順序打亂，在此使用 random 模組的 shuffle（洗牌）函式。

程式範例 14-4

```
1   import random
2
3   # 泡沫排序法
4   def BubbleSort(A):
5       n = len(A)
6       for i in range(0, n - 1):
7           for j in range(i + 1, n):
8               if A[i] > A[j]:
9                   A[i], A[j] = A[j], A[i]
10
11  # 建立串列，並進行泡沫排序
12  A = [i for i in range(1, 101)]
13  random.shuffle(A)
14  print("排序前:", end = " ")
15  print(A)
16  BubbleSort(A)
17  print("排序後:", end = " ")
18  print(A)
```

執行範例如下：

```
排序前: [36, 62, 8, 13, 86, 51, 21, 89, 32, 11, 82, 64, 61, 46, 58, 19, 25,
22, 93, 34, 95, 12, 52, 29, 81, 6, 40, 18, 83, 59, 54, 4, 96, 70, 38, 49,
7, 79, 33, 48, 17, 74, 98, 91, 31, 27, 77, 20, 71, 37, 44, 1, 41, 45, 88,
3, 78, 30, 23, 63, 57, 9, 28, 100, 5, 87, 15, 66, 56, 43, 97, 90, 85, 53,
10, 39, 26, 60, 94, 67, 14, 2, 72, 35, 24, 42, 99, 84, 73, 47, 75, 16, 76,
50, 80, 55, 69, 68, 65, 92]
排序後: [1, 2, 3, 4, 5, 6, 7, 8, 9, 10, 11, 12, 13, 14, 15, 16, 17, 18, 19,
20, 21, 22, 23, 24, 25, 26, 27, 28, 29, 30, 31, 32, 33, 34, 35, 36, 37,
38, 39, 40, 41, 42, 43, 44, 45, 46, 47, 48, 49, 50, 51, 52, 53, 54, 55,
56, 57, 58, 59, 60, 61, 62, 63, 64, 65, 66, 67, 68, 69, 70, 71, 72, 73,
74, 75, 76, 77, 78, 79, 80, 81, 82, 83, 84, 85, 86, 87, 88, 89, 90, 91,
92, 93, 94, 95, 96, 97, 98, 99, 100]
```

14.7.2 插入排序法

插入排序法是基本的排序演算法。插入排序法的步驟如下：

(1) 從第 1 個元素開始，插入排序位置，若比目前的元素大，則往右移。

(2) 對所有的元素重複上述步驟，直到最後一個元素爲止。

舉例說明，假設輸入的序列爲 [5, 2, 4, 6, 1, 3]，則排序步驟如圖 14-7。插入排序法的過程，如同玩撲克牌時，剛開始我們手上有一張牌 5；接著，拿到第二張牌 2，則將 5 先向右移，再將 2 插入；同理，拿到的第三張牌是 4，則將 5 向右移，再將 4 插入；依此類推，直到拿到所有的撲克牌爲止。換句話說，我們手上的撲克牌，自始至終都會是排序的狀態。

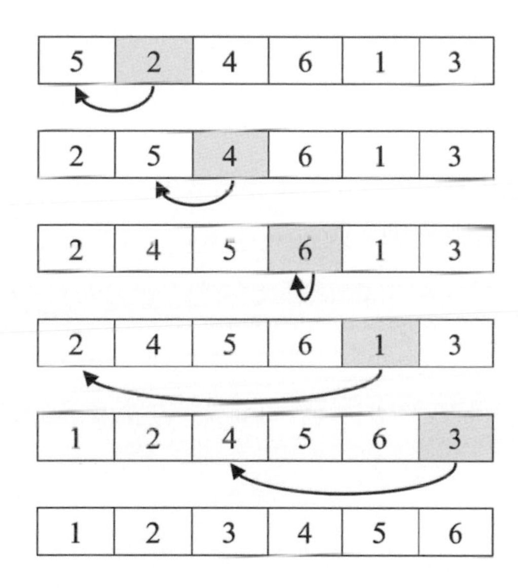

圖 14-7 插入排序法的排序步驟

插入排序演算法是基本的排序演算法，同時也是 In-Place 的排序演算法。若以時間複雜度而言，插入排序演算法可以表示成 $O(n^2)$ 。插入排序演算法適合用來對「已排序」或「幾乎已排序」的資料序列進行排序。

程式範例 14-5

```
1    # 插入排序法
2    def InsertionSort(A):
3        n = len(A)
4        for j in range(1, n):
5            key = A[j]
6            i = j - 1
7            while i >= 0 and A[i] > key:
8                A[i + 1] = A[i]
9                i -= 1
```

```
10          A[i + 1] = key
11
12  # 建立串列，並進行插入排序
13  A = [5, 2, 4, 6, 1, 3]
14  print("排序前:", end = " ")
15  print(A)
16  InsertionSort(A)
17  print("排序後:", end = " ")
18  print(A)
```

執行範例如下：

```
排序前：[5, 2, 4, 6, 1, 3]
排序後：[1, 2, 3, 4, 5, 6]
```

同理，爲了進一步測試插入排序演算法，讓我們產生 1~100 的數值序列，並將順序打亂，在此是使用 random 模組的 shuffle（洗牌）函式。

程式範例 14-6

```
1   import random
2
3   # 插入排序法
4   def InsertionSort(A):
5       n = len(A)
6       for j in range(1, n):
7           key = A[j]
8           i = j - 1
9           while i >= 0 and A[i] > key:
10              A[i + 1] = A[i]
11              i -= 1
12          A[i + 1] = key
13
14  # 建立串列，並進行插入排序
15  A = [i for i in range(1, 101)]
16  random.shuffle(A)
17  print("排序前:", end = " ")
18  print(A)
19  InsertionSort(A)
20  print("排序後:", end = " ")
21  print(A)
```

執行範例如下：

```
排序前：[75, 90, 58, 94, 57, 7, 49, 29, 14, 78, 36, 86, 17, 70, 46, 63, 74,
77, 73, 62, 10, 41, 18, 100, 53, 19, 79, 2, 66, 87, 68, 4, 24, 82, 52, 54,
72, 39, 5, 38, 81, 56, 85, 93, 9, 50, 67, 35, 84, 83, 43, 95, 33, 3, 88,
1, 91, 47, 45, 96, 76, 21, 31, 98, 89, 13, 71, 61, 28, 15, 37, 60, 80, 32,
25, 55, 8, 64, 27, 48, 6, 23, 20, 26, 99, 51, 22, 34, 40, 65, 12, 11, 92,
44, 59, 30, 42, 16, 97, 69]
排序後：[1, 2, 3, 4, 5, 6, 7, 8, 9, 10, 11, 12, 13, 14, 15, 16, 17, 18, 19,
20, 21, 22, 23, 24, 25, 26, 27, 28, 29, 30, 31, 32, 33, 34, 35, 36, 37,
38, 39, 40, 41, 42, 43, 44, 45, 46, 47, 48, 49, 50, 51, 52, 53, 54, 55,
56, 57, 58, 59, 60, 61, 62, 63, 64, 65, 66, 67, 68, 69, 70, 71, 72, 73,
74, 75, 76, 77, 78, 79, 80, 81, 82, 83, 84, 85, 86, 87, 88, 89, 90, 91,
92, 93, 94, 95, 96, 97, 98, 99, 100]
```

本章習題

選擇題

(　) 1. 下列何者可以定義爲：「明確定義、有限的計算過程」？
(A) 資料結構　(B) 演算法　(C) 抽象化　(D) 資料探勘　(E) 以上皆非

(　) 2. 下列有關演算法的敘述，何者錯誤？
(A) 演算法必須至少一個（含）輸入　(B) 演算法必須至少一個（含）輸出
(C) 演算法的步驟必須明確定義　(D) 演算法必須在有限的步驟內結束
(E) 演算法的步驟必須是可實際執行

(　) 3. 下列有關二元搜尋法（Binary Search）的敘述，何者錯誤？
(A) 二元搜尋是一種快速的搜尋演算法
(B) 二元搜尋可以用來對「未排序」的資料進行搜尋
(C) 二元搜尋可以用來對「已排序」的資料進行搜尋
(D) 二元搜尋的時間複雜度爲 $O(\lg n)$

(　) 4. 下列演算法的時間複雜度中，何者的效率最佳？
(A) $O(n)$　(B) $O(n^2)$　(C) $O(2^n)$　(D) $O(n!)$　(E) 以上皆非

(　) 5. 線性搜尋法（Linear Search）的時間複雜度爲何？
(A) $O(\lg n)$　(B) $O(n)$　(C) $O(n^2)$　(D) $O(2^n)$　(E) 以上皆非

(　) 6. 下列 Python 程式爲二元搜尋法的程式，其中塡空處爲何？

```
def BinarySearch(A, left, right, key):
    if right >= left:
        mid = left + (right - left) // 2
        if key == A[mid]:
            return mid
        elif key < A[mid]:
            return BinarySearch(A, _____ , _____ , key)
        else:
            return BinarySearch(A, _____ , _____ , key)
```

(A) `left, mid, mid, right`
(B) `left, mid - 1, mid, right`
(C) `left, mid, mid + 1, right`
(D) `left, mid - 1, mid + 1, right`
(E) 以上皆非

(　) 7. 二元搜尋法（Binary Search）的時間複雜度爲何？
(A) $O(\lg n)$　(B) $O(n)$　(C) $O(n^2)$　(D) $O(2^n)$　(E) 以上皆非

( ) 8. 已知資料庫的資料量為 10^{15}，且資料已事先排序。假設使用二元搜尋演算法搜尋某筆資料。在最壞的情況下，約需幾次，就可以搜尋到該筆資料？
(A) 15 (B) 50 (C) 100 (D) 10,000 (E) 以上皆非

( ) 9. 泡沫排序法的時間複雜度為何？
(A) $O(n)$ (B) $O(n \lg n)$ (C) $O(n^2)$ (D) $O(2^n)$ (E) 以上皆非

( ) 10. 插入排序法的時間複雜度為何？
(A) $O(n)$ (B) $O(n \lg n)$ (C) $O(n^2)$ (D) $O(2^n)$ (E) 以上皆非

觀念複習

1. 試解釋何謂「演算法」。
2. 試列舉演算法的準則。
3. 試解釋何謂演算法的「正確性」。
4. 試列舉演算法的設計策略。
5. 若輸入的序列為 [4, 5, 2, 3, 1, 6]，試說明泡沫排序法的排序過程。
6. 若輸入的序列為 [4, 5, 2, 3, 1, 6]，試說明插入排序法的排序過程。

程式設計練習

1. 試設計 Python 程式，分析排序演算法的時間效能，步驟如下：
首先，產生大量的亂數資料，例如：n = 100、1,000、10,000 等。
使用下列 Python 程式評估時間效能：

```
import time
start = time.time()
排序演算法
end = time.time()
print("時間(秒):", end - start)
```

測試排序演算法的時間效能，包含：泡沫排序法、插入排序法等。
請將您的結果紀錄於下表：

輸入資料 (n)	100	1,000	10,000
泡沫排序法			
插入排序法			

NOTE

Chapter 15

暴力法

本章綱要

本章介紹**暴力法**（Brute-Force），是典型的演算法設計策略。

15.1 基本概念

暴力法，顧名思義，是指在解決計算問題的過程中，採用最直接（暴力）的方式求解。通常暴力法未經過太多的思考，因此也經常被稱爲**天真演算法**（Naive Algorithms）。

通常暴力法包含下列步驟：

- 列舉所有的**可能解**（Potential Solutions）
- 根據所有的可能解，判斷何者是**最佳解**（Optimal Solution）

由於暴力法是列舉所有的**可能解**（Potential Solutions），因此也稱爲「**窮舉法**」（Exhaustive Search），通常牽涉各種**組合**（Combinations）或**排列**（Permutations）。接著，循序檢視所有的可能解，進而判斷何者是最佳解。

舉例說明，排序問題可以使用暴力法求解。假設我們想對下列的資料排序：

$$a = 3、b = 5、c = 1$$

可以根據 { a, b, c } 的所有可能排列，共有 3! = 6 種，再檢查是否排序，如表 15-1。因此，在最壞情況下，須檢查 6 次，才能得到排序結果。

表 15-1　使用暴力法解排序問題

排列	數值	檢查是否排序
a, b, c	3, 5, 1	否
a, c, b	3, 1, 5	否
b, a, c	5, 3, 1	否
b, c, a	5, 1, 3	否
c, a, b	1, 3, 5	是
c, b, a	1, 5, 3	否

程式範例 15-1

```
1    # 請使用者輸入 3 個數值
2    a, b, c = eval(input(" 請輸入 3 個數值： "))
3
4    # 檢查所有可能的排列是否排序
5    if a <= b and b <= c:
6        print(a, b, c)
7    elif a <= c and c <= b:
8        print(a, c, b)
9    elif b <= a and a <= c:
```

```
10        print(b, a, c)
11    elif b <= c and c <= a:
12        print(b, c, a)
13    elif c <= a and a <= b:
14        print(c, a, b)
15    else:
16        print(c, b, a)
```

執行範例如下：

```
請輸入 3 個數值： 3, 5, 1
1 3 5
```

以排序問題而言，若使用暴力法求解，則時間複雜度可以表示成 $O(n!)$。然而，**階乘**（Factorial）是一種成長非常快的函數，例如：

10! = 3,628,800

20! = 2,432,902,008,176,640,000

30! = 265,252,859,812,191,058,636,308,480,000,000

因此，雖然暴力法可以用來求排序問題的最佳解，但當資料量 n 變大時，其實無法使用電腦在有限的時間內解決排序問題。所幸電腦科學家已經提出具有效率的**排序演算法**（Sorting Algorithms），採用的設計策略都不是「暴力法」。

15.2 組合

本小節介紹如何使用 Python 程式設計產生所有可能的**組合**。Python 提供的 `itertools` 模組，是相當方便的程式工具。若輸入的串列有 n 個元素，則產生的組合共有 2^n 個。

程式範例 15-2

```
1    from itertools import combinations
2
3    # 定義串列
4    A = ['a', 'b', 'c']
5
6    # 產生所有可能的組合（子集）
7    n = len(A)
8    for i in range(n + 1):
9        for combination in combinations(A, i):
10           print(combination)
```

執行範例如下：

```
()
('a',)
('b',)
('c',)
('a', 'b')
('a', 'c')
('b', 'c')
('a', 'b', 'c')
```

以本範例而言，輸入的串列有 3 個元素，則產生的組合共有 $2^3 = 8$ 種（含空集合與本身）。每種組合是以**元組**（Tuple）資料結構儲存。基本上，若輸入的串列是根據**字典序**（Lexicographical Order），則輸出的排列也會根據字典序產生輸出結果。

15.3 排列

本小節介紹如何使用 Python 程式設計產生所有可能的**排列**。Python 提供的 `itertools` 模組，是相當方便的程式工具。若輸入的串列有 *n* 個元素，則產生的排列共有 *n*! 個。

程式範例 15-3

```
1   from itertools import permutations
2
3   # 定義串列
4   A = ['a', 'b', 'c']
5
6   # 產生所有可能的排列
7   for permutation in permutations(A):
8       print(permutation)
```

執行範例如下：

```
('a', 'b', 'c')
('a', 'c', 'b')
('b', 'a', 'c')
('b', 'c', 'a')
('c', 'a', 'b')
('c', 'b', 'a')
```

以本範例而言，輸入的串列有 3 個元素，則產生的排列共有 3! = 6 種。每種排列是以**元組**資料結構儲存。基本上，若輸入的串列是根據字典序，則輸出的排列也會根據**字典序**產生輸出結果。

15.4 鬼谷算題

首先，分享一個故事，稱為「射鵰英雄傳的數學」：

> 金庸的 << 射鵰英雄傳 >> 中，郭靖與黃蓉去找「神算子」瑛姑。他們離開泥沼時，黃蓉提出三道題目，挑戰「神算子」瑛姑，其中的第三道題目，就是著名的「鬼谷算題」，描述如下：
>
> 「今有物不知其數，三三數之賸二，五五數之賸三，七七數之賸二。問物幾何？」

若以白話描述「鬼谷算題」，意思是：「現有一個未知數，若除以 3，餘數為 2；若除以 5，餘數為 3；若除以 7，餘數為 2。請問這個未知數為何？」

「鬼谷算題」又稱為「孫子問題」或「韓信點兵問題」，是**數論**（Number Theory）中討論的經典問題，對應的定理稱為**中國餘數定理**（Chinese Remainder Theorem）。

若以數學的表示法，則「鬼谷算題」可以表示成：

$$\begin{cases} x = 2 \pmod 3 \\ x = 3 \pmod 5 \\ x = 2 \pmod 7 \end{cases}$$

其中，mod 稱為模數運算，即是指「整數除法取餘數」。

我們可以使用「暴力法」設計 Python 程式，用來解「鬼谷算題」。

程式範例 15-4

```
1   n = 0
2   while True:
3       if n % 3 == 2 and n % 5 == 3 and n % 7 == 2:
4           break;
5       else:
6           n = n + 1
7
8   print(n)
```

執行範例如下：

```
23
```

事實上，「鬼谷算題」的正解為 $23 + 105d$，其中 d 為任意正整數，且 $105 = 3 \times 5 \times 7$。換句話說，23、128、233 等，都是「鬼谷算題」的解。

本章習題

選擇題

(　) 1. 演算法的設計策略中，若列舉所有的可能解，並比較所有的可能解，稱為 ______ ？
(A) 暴力法　(B) 分而治之法　(C) 貪婪演算法　(D) 動態規劃法　(E) 以上皆非

(　) 2. 以排序問題而言，暴力法的時間複雜度為何？
(A) $O(n)$　(B) $O(n^2)$　(C) $O(2^n)$　(D) $O(n!)$　(E) 以上皆非

(　) 3. 下列演算法的設計策略中，何者經常產生各種不同的排列組合？
(A) 暴力法　(B) 分而治之法　(C) 貪婪演算法　(D) 動態規劃法　(E) 以上皆非

(　) 4. 若資料量為 n，則可能的組合（Combinations）共有幾種？
(A) n　(B) n^2　(C) 2^n　(D) $n!$　(E) 以上皆非

(　) 5. 若資料量為 n，則可能的排列（Permutations）共有幾種？
(A) n　(B) n^2　(C) 2^n　(D) $n!$　(E) 以上皆非

(　) 6. 下列 Python 程式可以用來產生組合：

```
from itertools import combinations
for i in range(n + 1):
    for combination in combinations(A, i):
        print(combination)
```

每種組合是使用下列哪種資料結構儲存？
(A) 串列（List）　(B) 元組（Tuple）　(C) 集合（Set）　(D) 字典（Dictionary）　(E) 以上皆非

(　) 7. 下列 Python 程式可以用來產生排列：

```
from itertools import permutations
for permutation in permutations(A):
    print(permutation)
```

每種排列是使用下列哪種資料結構儲存？
(A) 串列（List）　(B) 元組（Tuple）　(C) 集合（Set）　(D) 字典（Dictionary）　(E) 以上皆非

(　) 8. 「鬼谷算題」可以表示成：

$$\begin{cases} x = 2 \pmod 3 \\ x = 3 \pmod 5 \\ x = 2 \pmod 7 \end{cases}$$

其中，mod 稱為模數運算。請問其解為何？
(A) 23　(B) 25　(C) 27　(D) 29　(E) 以上皆非

觀念複習

1. 試解釋何謂「暴力法」。

程式設計練習

1. 給定串列 [1, 2, 3]，試設計 Python 程式，產生所有可能的組合。執行範例如下：

```
()
(1,)
(2,)
(3,)
(1, 2)
(1, 3)
(2, 3)
(1, 2, 3)
```

2. 給定串列 [1, 2, 3]，試設計 Python 程式，產生所有可能的排列。執行範例如下：

```
(1, 2, 3)
(1, 3, 2)
(2, 1, 3)
(2, 3, 1)
(3, 1, 2)
(3, 2, 1)
```

3. 試設計 Python 程式，根據使用者輸入的字串，產生所有可能的子字串。執行範例如下：

```
請輸入字串： ABC
子字串
''
'A'
'B'
'C'
...
```

4. 試設計 Python 程式，根據使用者輸入的字串，產生所有可能的排列。執行範例如下：

```
請輸入字串： ABC
排列
'ABC'
'ACB'
'BAC'
...
```

NOTE

Chapter 16

分而治之法

本章綱要

本章介紹**分而治之法**（Divide-and-Conquer），是典型的演算法設計策略。

16.1 基本概念

分而治之法是最典型的演算法設計策略，其實與「運算思維」的概念相通。分而治之法的主要步驟，如圖 16-1。

圖 16-1　分而治之法

- **分解**（Divide）：首先，將原本的大問題分解成子問題。若原本的大問題的資料量為 n，則子問題的資料量相對比較少。例如：二項式係數的子問題，是 $n-1$。分而治之法也經常直接將原本的大問題分解成原來的一半，即子問題牽涉的資料量為 $n/2$。
- **征服**（Conquer）：接著，採用**遞迴**（Recursion）的方式求子問題的解，因此使用分而治之法的設計策略，也經常稱為**遞迴演算法**（Recursive Algorithms）。
- **組合**（Combine）：最後，我們可能須針對子問題的解進行組合工作，進而求得**最佳解**（Optimal Solutions）[1]。

16.2 河內塔問題

電腦科學領域中，**河內塔**（Tower of Hanoi）問題是一個相當具有代表性的問題。最早發明這個問題的人，是法國數學家愛德華 ‧ 盧卡斯，因此河內塔問題也稱為**盧卡斯塔**（Lucas Tower）問題。然而，河內塔問題究竟是盧卡斯根據古老的傳說而來，還是出自他自己的虛構，已經不可考。

河內塔的故事如下：

> 傳說越南河內有間寺廟，寺廟中建造了三根柱子，柱子上共堆疊了 64 個大小不同的圓盤。寺廟裡的僧侶每天都會搬動這些圓盤，搬動的規則是：(1) 每天只能搬動 1 個圓盤；(2) 搬動的過程中，只允許小圓盤壓在大圓盤上面。根據古老的預言，當這些圓盤都移動完畢，世界就會滅亡。

1　三國演義「合久必分、分久必合」的道理，蠻適合用來形容「分而治之法」的計算過程。

河內塔問題，如圖 16-2。柱子的編號爲 A、B、C，分別代表**起點**（Source）、**暫存點**（Temporary）與**終點**（Destination）[2]。圓盤的總數，定義爲 n。河內塔問題，就是根據上述的規則，希望用最少的搬動次數，將所有的圓盤從 A 搬到 C。

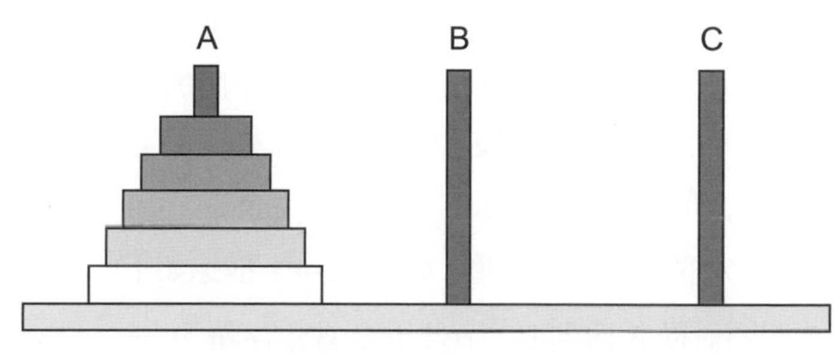

圖 16-2 河內塔問題

若以 3 個圓盤 ($n = 3$) 爲例，則最少的搬動次數共 7 次，搬動的過程如圖 16-3。

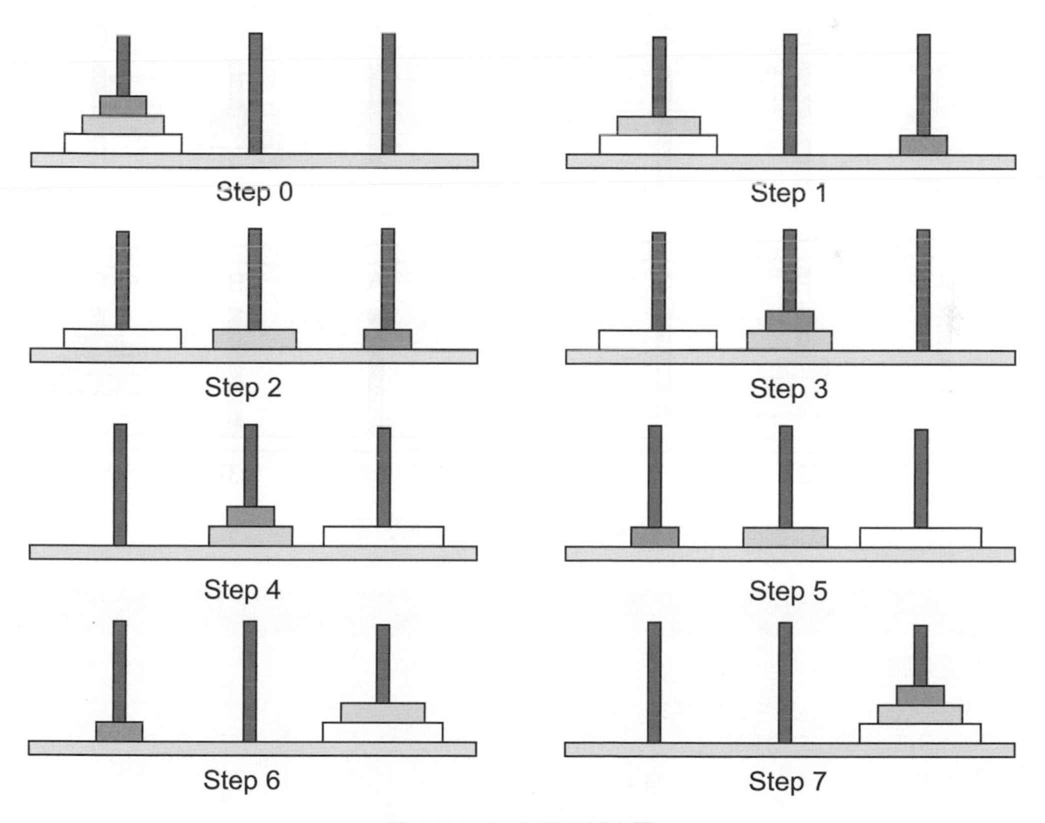

圖 16-3 河內塔問題的解

顯然的，如果只有 3 個圓盤，河內塔問題並不會太複雜，最少的搬動次數是 7 次。然而，當圓盤的個數愈來愈多，河內塔問題相對就愈來愈複雜。若以傳說的 64 個圓盤而言，確實會讓人不知所措。

爲了解決河內塔問題，我們使用「運算思維」來想一下如何解決這個問題。首先，讓我們思考如何將河內塔問題進行分解，目的是將原來的大問題分解成比較小的子問題。

2 有些「演算法」書籍是以 A 為起點、B 為終點、C 為暫存點；但搬動的規則是相同的。

我們希望將 n 個圓盤的問題，分解成比較小的子問題，即 $n-1$ 個圓盤的問題。如果 $n-1$ 個圓盤的問題還是太複雜，就再分解成 $n-2$ 個圓盤的問題；$n-2$ 個圓盤的問題還是太複雜，就再分解成 $n-3$ 個圓盤的問題，依此類推。如此一來，我們就可以用遞迴的概念，藉以解決河內塔問題。

觀察一下河內塔問題的規律性，那麼您應該會發現，無論圓盤的個數有多少，若希望搬動的次數最少，則最大的圓盤一定會從 A 搬到 C，而且剛好是最中間的必經步驟。舉例說明：當 $n=3$ 時，最少的搬動次數爲 7 次，第 4 次就是將最大的圓盤從 A 搬到 C；當 $n=4$ 時，最少的搬動次數爲 15 次，第 8 次也是將最大的圓盤從 A 搬到 C。

因此，河內塔問題可以分解成 3 個子問題，如圖 16-4，描述如下：

(1) 將上面的 $n-1$ 個圓盤從 A 搬到 B，並使用 C 當暫存點。

(2) 將最大的圓盤從 A 搬到 C。

(3) 將剩下的 $n-1$ 個圓盤從 B 搬到 C，並使用 A 當暫存點。

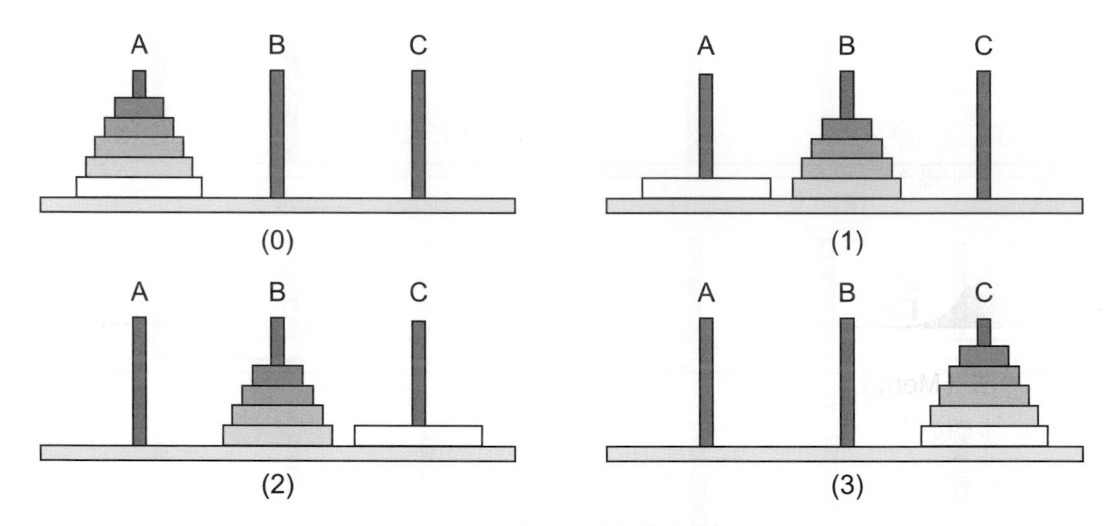

圖 16-4　河內塔問題的分解過程

程式範例 16-1

```
1    # 河內塔問題
2    # A: Source, B: Temporary, C: Destination
3    # n: Number of Disks
4    def HanoiTower(A, B, C, n):
5        if n == 1:
6            print("Move Disk from", A, "to", C)
7        else:
8            HanoiTower(A, C, B, n - 1)
9            HanoiTower(A, B, C, 1)
10           HanoiTower(B, A, C, n - 1)
11
12   # 河內塔問題求解
13   n = eval(input(" 請輸入河內塔的圓盤數： "))
14   HanoiTower('A', 'B', 'C', n)
```

執行範例如下：

```
請輸入河內塔的圓盤數： 3
Move Disk from A to C
Move Disk from A to B
Move Disk from C to B
Move Disk from A to C
Move Disk from B to A
Move Disk from B to C
Move Disk from A to C
```

邀請您自行嘗試使用 Python 程式求河內塔的問題，圓盤數可以更多一些，但也不能太多。事實上，若河內塔問題的圓盤數爲 n，則最少搬動次數爲 $2^n - 1$ [3]。若以傳說中的 64 個圓盤而言，最少搬動次數爲：

$$2^{64} - 1 = 18,446,744,073,709,551,615$$

即使每秒搬動 1 個圓盤，約需 5849 億年才能搬完 [4]。因此，若傳說的預言成立，則我們完全不必擔心世界末日的來臨。

16.3 合併排序法

合併排序法（Merge Sort）是基本的排序演算法，使用的設計策略是「分而治之法」。合併排序演算法的步驟如下：

(1) 首先將資料序列分成兩半部。

(2) 對左半部進行排序。

(3) 對右半部進行排序。

(4) 將左、右部分的排序結果進行合併。

合併的範例，如圖 16-5。假設輸入 / 輸出的陣列爲 $\boldsymbol{A}$，左半部與右半部均已呼叫「遞迴」完成排序。我們建立 $\boldsymbol{L}$ 與 $\boldsymbol{R}$ 陣列，分別用來暫存左、右半部的排序結果，並使用索引 i 與 j 分別指向 $\boldsymbol{L}$ 與 $\boldsymbol{R}$ 陣列的元素。接著，檢查 $\boldsymbol{L}[i] \le \boldsymbol{R}[j]$ 是否成立；若成立則複製 $\boldsymbol{L}$ 陣列的元素，否則複製 $\boldsymbol{R}$ 陣列的元素，並遞增對應的索引 i 或 j。重複上述的步驟，即可將 $\boldsymbol{L}$ 與 $\boldsymbol{R}$ 陣列合併成排序的結果。

3 河內塔的數學推導過程，請參考本書附錄。

4 科學家估計地球的歷史，約為 46 ~ 50 億年。

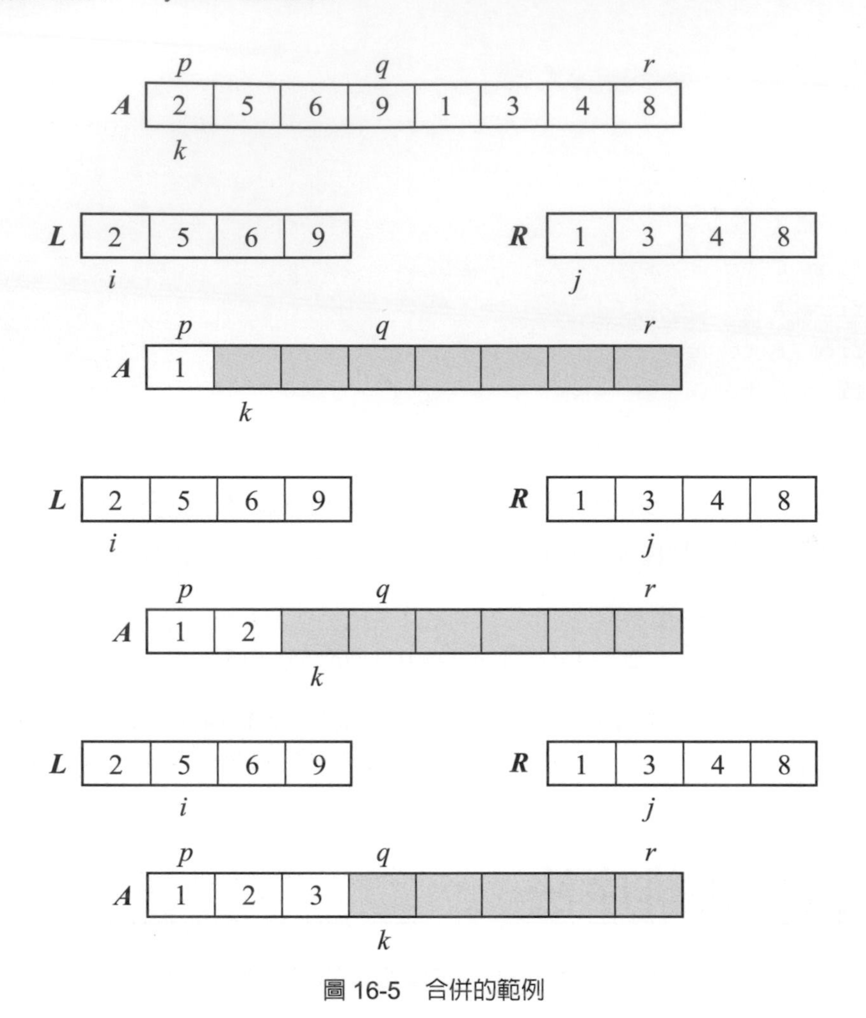

圖 16-5　合併的範例

以圖 16-5 爲例，左半部 [2, 5, 6, 9] 與右半部 [1, 3, 4, 8] 均已排序。接著，檢查 $L[i] \le R[j]$ 是否成立，即 $2 \le 1$ 是否成立，由於 1 比較小，因此複製 1 至原來的 ***A*** 陣列。同時，將索引 j 與 k 各加上 1。重複上述步驟，繼續比較 $L[i] \le R[j]$ 是否成立，即 $2 \le 3$ 是否成立，由於 2 比較小，因此複製 2 至原來的 ***A*** 陣列，依此類推。最後，就可以得到排序結果 [1, 2, 3, 4, 5, 6, 8, 9]。

合併排序法是效率相當不錯的排序演算法，若資料量爲 n，合併排序法的時間複雜度，可以表示成 $O(n \lg n)$ [5]。合併排序法的缺點是它不是 In-Place 的排序演算法，排序時需額外的記憶體空間，用來存 ***L*** 與 ***R*** 陣列。

程式範例 16-2

```
1   import random
2
3   # 合併排序法
4   def MergeSort(A, p, r):
5       if p < r:
```

5　合併排序法的數學推導，請參考本書附錄。

```
6           q = (p + r) // 2
7           MergeSort(A, p, q)
8           MergeSort(A, q + 1, r)
9           Merge(A, p, q, r)
10
11  def Merge(A, p, q, r):
12      n1 = q - p + 1
13      n2 = r - q
14      L = []
15      R = []
16      for i in range(n1):
17          L.append(A[p + i])
18      for j in range(n2):
19          R.append(A[q + j + 1])
20      i = j = 0
21      for k in range(p, r + 1):
22          if i < n1 and j < n2:
23              if L[i] <= R[j]:
24                  A[k] = L[i]
25                  i += 1
26              else:
27                  A[k] = R[j]
28                  j += 1
29          elif i < n1 and j >= n2:
30              A[k] = L[i]
31              i += 1
32          else:
33              A[k] = R[j]
34              j += 1
35
36  # 建立串列，並進行合併排序
37  A = [i for i in range(1, 101)]
38  random.shuffle(A)
39  print("排序前:", end = " ")
40  print(A)
41  n = len(A)
42  MergeSort(A, 0, n - 1)
43  print("排序後:", end = " ")
44  print(A)
```

執行範例如下：

```
排序前：[10, 52, 38, 9, 86, 40, 36, 62, 69, 74, 68, 50, 97, 81, 42, 92, 88,
22, 32, 39, 94, 13, 2, 20, 59, 75, 26, 45, 84, 30, 54, 93, 79, 67, 65, 24,
14, 17, 31, 29, 78, 18, 95, 12, 49, 1, 25, 77, 7, 99, 21, 76, 44, 58, 19,
85, 16, 4, 63, 100, 34, 56, 33, 57, 28, 61, 73, 82, 27, 89, 80, 46, 90,
53, 71, 41, 35, 47, 70, 87, 51, 48, 91, 43, 83, 8, 6, 64, 66, 3, 55, 23,
5, 98, 11, 37, 96, 15, 72, 60]
排序後：[1, 2, 3, 4, 5, 6, 7, 8, 9, 10, 11, 12, 13, 14, 15, 16, 17, 18, 19,
20, 21, 22, 23, 24, 25, 26, 27, 28, 29, 30, 31, 32, 33, 34, 35, 36, 37,
38, 39, 40, 41, 42, 43, 44, 45, 46, 47, 48, 49, 50, 51, 52, 53, 54, 55,
56, 57, 58, 59, 60, 61, 62, 63, 64, 65, 66, 67, 68, 69, 70, 71, 72, 73,
74, 75, 76, 77, 78, 79, 80, 81, 82, 83, 84, 85, 86, 87, 88, 89, 90, 91,
92, 93, 94, 95, 96, 97, 98, 99, 100]
```

16.4 快速排序法

快速排序法（Quick Sort）是相當實用的排序演算法，使用的設計策略是「**分而治之法**」。

快速排序演算法的步驟如下：

(1) 選取**關鍵值**[6]（Pivot），採用**最右邊**（Rightmost）的鍵值作爲關鍵值。

(2) 根據 Pivot 分解成左、右**分割**（Partitions）。左分割均 ≤ Pivot，右分割均 > Pivot。

(3) 對**左分割**進行排序。

(4) 對**右分割**進行排序。

快速排序法的分割範例，如圖 16-6[7]。首先，選取最右邊的 5 爲 Pivot，從第一個元素依序處理。由於 4 ≤ 5，因此是屬於左分割；同理，2 ≤ 5，因此是屬於左分割。接著，7 > 5 與 6 > 5，因此是屬於右分割。

此時，我們須處理 1，是屬於左分割。爲了快速處理，採用的方式是直接將 1 與右分割的第一個元素 7 交換。如此一來，1 是屬於左分割；7 是屬於右分割；依此類推，我們很快就可以完成分割的工作。

請特別注意最後的步驟，我們將 5 與右分割的第一個元素 7 交換，形成的左分割爲 [4, 2, 1, 3]、右分割爲 [6, 8, 7]。顯然的，Pivot 5 最先到達排序位置。左、右分割再分別呼叫「遞迴」進行排序，就可以完成排序的工作。

---

6 有些相關書籍是採用最左邊的鍵值為 Pivot，但是快速排序法的操作原理是相同的。

7 快速排序法其實有幾種不同的版本；在此介紹的方法主要是參考 Thomas Cormen 等的 Introduction to Algorithms, 3rd Edition，比較簡單易懂。

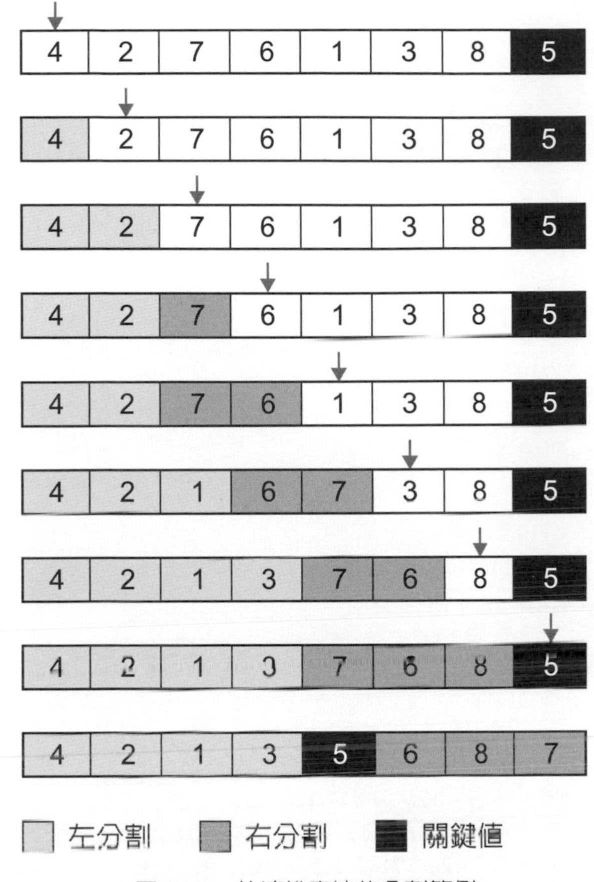

圖 16-6　快速排序法的分割範例

快速排序法是相當實用的排序演算法，同時是一種 In-Place 的排序演算法。若資料量爲 n，快速排序法的時間複雜度，可以表示成 $O(n \lg n)$。最壞情況下，若輸入的資料爲「已排序」或「倒排序」，則快速排序法的時間複雜度爲 $O(n^2)$。

程式範例 16-3

```
1    import random
2
3    # 快速排序法
4    def QuickSort(A, p, r):
5        if p < r:
6            q = Partition(A, p, r)
7            QuickSort(A, p, q - 1)
8            QuickSort(A, q + 1, r)
9
10   def Partition(A, p, r):
11       x = A[r]
12       i = p - 1
```

```
13        for j in range(p, r):
14            if A[j] <= x:
15                i += 1
16                A[i], A[j] = A[j], A[i]
17        A[i + 1], A[r] = A[r], A[i + 1]
18        return i + 1
19
20    # 建立串列，並進行插入排序
21    A = [i for i in range(1, 101)]
22    random.shuffle(A)
23    print("排序前：", end = " ")
24    print(A)
25    n = len(A)
26    QuickSort(A, 0, n - 1)
27    print("排序後：", end = " ")
28    print(A)
```

執行範例如下：

```
排序前： [13, 67, 19, 66, 61, 82, 16, 18, 50, 36, 10, 86, 56, 59, 40, 55,
27, 35, 51, 20, 96, 49, 11, 22, 37, 99, 63, 38, 62, 79, 7, 71, 70, 75, 47,
94, 98, 31, 6, 92, 24, 69, 42, 78, 80, 26, 90, 43, 17, 21, 5, 28, 14, 23,
33, 68, 1, 93, 95, 83, 76, 73, 2, 9, 52, 48, 12, 54, 58, 60, 44, 15, 53,
97, 65, 57, 91, 25, 77, 74, 32, 87, 41, 84, 30, 85, 46, 81, 100, 8, 88,
64, 45, 72, 39, 34, 29, 3, 89, 4]
排序後： [1, 2, 3, 4, 5, 6, 7, 8, 9, 10, 11, 12, 13, 14, 15, 16, 17, 18, 19,
20, 21, 22, 23, 24, 25, 26, 27, 28, 29, 30, 31, 32, 33, 34, 35, 36, 37,
38, 39, 40, 41, 42, 43, 44, 45, 46, 47, 48, 49, 50, 51, 52, 53, 54, 55,
56, 57, 58, 59, 60, 61, 62, 63, 64, 65, 66, 67, 68, 69, 70, 71, 72, 73,
74, 75, 76, 77, 78, 79, 80, 81, 82, 83, 84, 85, 86, 87, 88, 89, 90, 91,
92, 93, 94, 95, 96, 97, 98, 99, 100]
```

本章習題

選擇題

( ) 1. 河內塔（Tower of Hanoi）問題的演算法設計策略為何？

(A) 暴力法 (B) 分而治之法 (C) 貪婪演算法 (D) 動態規劃法 (E) 以上皆非

( ) 2. 考慮河內塔（Tower of Hanoi）問題，假設 A 為 Source、B 為 Temporary、C 為 Destination，目的是將所有的圓盤從 A 搬到 C，且過程中大圓盤均不能壓在小圓盤上面。Python 程式如下：

```
def HanoiTower(A, B, C, n):
    if n == 1:
        print("Move Disk from", A, "to", C)
    else:
        HanoiTower(A, C, B, n - 1)
        HanoiTower(A, B, C, 1)
        HanoiTower( ____________ )
```

請問填空處為何？

(A) A, B, C, n - 1 (B) A, C, B, n - 1 (C) B, C, A, n - 1

(D) B, A, C, n - 1 (E) 以上皆非

( ) 3. 承上題，若共有 4 個圓盤，則至少需要搬動幾次才能搬完？

(A) 10 (B) 12 (C) 15 (D) 20 (E) 以上皆非

( ) 4. 承上題，若希望搬動的次數最少，則第 1 步必須先將最小的盤子搬到哪個柱子？

(A) B (B) C (C) B 或 C 皆可

( ) 5. 承上題，若希望搬動的次數最少，則第 8 步為何？

(A) Move A to B (B) Move A to C (C) Move B to A

(D) Move B to C (E) Move C to A (F) Move C to B

( ) 6. 合併排序法（Merge Sort）的演算法設計策略為何？

(A) 暴力法 (B) 分而治之法 (C) 貪婪演算法 (D) 動態規劃法 (E) 以上皆非

( ) 7. 合併排序法（Merge Sort）的 Python 程式如下：

```
def MergeSort(A, p, r):
    if p < r:
        q = (p + r) // 2
        MergeSort(A, ______ , ______)
        MergeSort(A, ______ , ______)
        Merge(A, p, q, r)
```

請問填空處為何？

(A) p, q, q, r (B) p, q - 1, q, r (C) p, q, q + 1, r

(D) p, q - 1, q + 1, r (E) 以上皆非

(　) 8. 快速排序法（Quick Sort）的演算法設計策略為何？
(A) 暴力法　(B) 分而治之法　(C) 貪婪演算法　(D) 動態規劃法　(E) 以上皆非

(　) 9. 快速排序法（Quick Sort）的 Python 程式如下：

```
def QuickSort(A, p, r):
    if p < r:
        q = Partition(A, p, r)
        QuickSort(A, _____ , _____)
        QuickSort(A, _____ , _____)
```

請問填空處為何？
(A) `p, q, q, r`　(B) `p, q - 1, q, r`　(C) `p, q, q + 1, r`
(D) `p, q - 1, q + 1, r`　(E) 以上皆非

(　) 10. 下列排序演算法中，何者不是 In-Place 的排序演算法？
(A) 泡沫排序法　(B) 插入排序法　(C) 合併排序法　(D) 快速排序法

觀念複習

1. 試解釋何謂「分而治之法」。

程式設計練習

1. 試設計 Python 程式，分析排序演算法的時間效能。請參考第 15 章程式設計練習，並分析合併排序、快速排序與 Python 提供的 `sort()` 函式。
2. 請將您的結果紀錄於下表：

輸入資料 (*n*)	1,000	10,000	100,000
泡沫排序法			
插入排序法			
合併排序法			
快速排序法			
`sort()` 函式			

Chapter 17

貪婪演算法

本章綱要

本章介紹**貪婪演算法**（Greedy Algorithms），是典型的演算法設計策略。

17.1 基本概念

貪婪演算法[1]，顧名思義，是使用「貪婪」的策略設計演算法，用來解決複雜的科學或實際問題。在此，我們想要解決的問題，通常是指**最佳化問題**（Optimization Problems）。

事實上，人類對於追求卓越與美善，其實都有某種程度的「貪婪」本質。我們都希望生活過得更好，擁有更多的財富，或是住進豪華舒適的空間等。

貪婪演算法的設計策略，可以描述如下：

總是做當下看起來最佳的選擇。 Always make the choice that looks best at the moment.

換句話說，貪婪演算法其實是一種面臨「選擇」時的策略，我們會以當下看起來最佳的選擇爲主。所謂「最佳」的選擇，通常是指這個選擇可以讓我們更快速的達到預期目標。

貪婪演算法的特性如下：

- 不一定保證**最佳解**（Optimal Solution）[2]。通常，在特定的情況下，可以得到最佳解。
- 相對於暴力法，時間複雜度較佳。

本章介紹具有代表性的問題，分別爲：

- **找零錢問題**（Making Changes Problem）
- **背包問題**（Knapsack Problem）

17.2 找零錢問題

找零錢問題，或稱爲**硬幣找零**（Coin Changing）問題，其實是相當簡單的問題，出現在我們的日常生活中。討論「貪婪演算法」時，找零錢問題是相當容易理解的範例。

找零錢問題可以描述如下：

新台幣現行**硬幣**（Coins）的**面額**（Bases）分別為 1、5、10、50 元[3]。假設我們想要找的零錢為 x 元，**找零錢問題**是指：「如何使用最少的硬幣數，用來找零錢。」

以零錢 67 元爲例，最少的硬幣數爲 50 元 1 枚、10 元 1 枚、5 元 1 枚與 1 元 2 枚。若您去便利商店買東西，店家在找零錢 67 元時，直接給您 67 枚 1 元的硬幣，相信您應該會當場「傻眼」。換句話說，若店家不是根據「找零錢問題」的「最佳解」，相信您不會太開心。

1 中國將 Greedy Algorithms 翻譯成「貪心演算法」。筆者認為，「貪婪演算法」的翻譯，感覺比較有學問，因而採用。
2 事實上，人生似乎也是如此。我們經常在當下做看起來最佳的選擇，但是經過一段時間後，若重新審視當初的選擇，往往可能不是最佳的選擇。
3 以美金為例，常見的硬幣面額為 1¢ (Penny)、5¢ (Nickel)、10¢ (Dime) 與 25¢ (Quarter)。

若採用正式的數學模型，找零錢問題可以表示成：

$$\textbf{\textit{Minimize}}: x_1 + x_2 + x_3 + x_4$$

$$\textbf{\textit{Subject to}}: x_1 + 5x_2 + 10x_3 + 50x_4 = x$$

其中，x_1, x_2, x_3, x_4 分別表示 1 元、5 元、10 元、50 元的硬幣數，$x_1, x_2, x_3, x_4 \geq 0$ 且為整數。

以數學領域而言，具有上述型態的數學模型，稱爲**線性規劃法**（Linear Programming）問題。通常，定義一個**目標函數**（Objective Function），並根據日標函數進行最小化（或最大化）。除此之外，最佳化的過程同時受到**限制條件**（Constraints）所限，限制條件可以是等式或是不等式。所謂「線性」是指目標函數與限制條件都可以表示成「線性組合」的數學式[4]。

爲了達到找零錢的目標，而且硬幣數最少；「貪婪演算法」的設計策略可以描述如下：

在可找零錢的範圍內，選取硬幣面額最大者。

若以演算法的計算步驟而言，則：

67 元 $\Rightarrow$ 選取 50 元硬幣 $\Rightarrow 67 - 50 = 17$

17 元 $\Rightarrow$ 選取 10 元硬幣 $\Rightarrow 17 - 10 = 7$

7 元 $\Rightarrow$ 選取 5 元硬幣 $\Rightarrow 7 - 5 = 2$

2 元 $\Rightarrow$ 選取 1 元硬幣 $\Rightarrow 2 - 1 = 1$

1 元 $\Rightarrow$ 選取 1 元硬幣 $\Rightarrow 1 - 1 = 0$ （結束）

程式範例 17-1

```
1   # 請使用者輸入零錢數
2   change = eval(input("請輸入零錢數: "))
3
4   # 貪婪演算法
5   num_50 = change // 50   # 50 元的個數
6   change = change - num_50 * 50
7   num_10 = change // 10   # 10 元的個數
8   change = change - num_10 * 10
9   num_5 = change // 5   # 5 元的個數
10  change = change - num_5 * 5
11  num_1 = change   # 1 元的個數
12
13  # 顯示結果
14  if num_50 != 0:
15      print("50 元 %d 枚" % num_50)
16  if num_10 != 0:
17      print("10 元 %d 枚" % num_10)
```

4 針對「線性規劃法」問題，目前已有相關的演算法，例如：Simplex 演算法等。本書限於篇幅，無法詳細介紹，有興趣的讀者可以自行深入研究。

```
18  if num_5 != 0:
19      print(" 5元 %d枚" % num_5)
20  if num_1 != 0:
21      print(" 1元 %d枚" % num_1)
```

執行範例如下：

```
請輸入零錢數： 67
50元 1枚
10元 1枚
 5元 1枚
 1元 2枚
```

```
請輸入零錢數： 83
50元 1枚
10元 3枚
 1元 3枚
```

接下來，讓我們重新定義另一個「找零錢問題」。

現有一個奇怪的國家，使用的幣制相當特殊，硬幣的面額分別為1、4、6元。我們想要找的零錢為x元，**找零錢問題**是指：「如何使用最少的硬幣數，用來找零錢。」

若想要找的零錢是 11 元，根據「貪婪演算法」，則：

11 元 ⇒ 選取 6 元硬幣 ⇒ $11 - 6 = 5$

5 元 ⇒ 選取 4 元硬幣 ⇒ $5 - 4 = 1$

1 元 ⇒ 選取 1 元硬幣 ⇒ $1 - 1 = 0$ （結束）

因此，硬幣數為 6 元 1 枚、4 元 1 枚與 1 元 1 枚，最少的硬幣數是 3。這個解是最佳解。

然而，若想要找的零錢是 8 元，根據「貪婪演算法」，則：

8 元 ⇒ 選取 6 元硬幣 ⇒ $8 - 6 = 2$

2 元 ⇒ 選取 1 元硬幣 ⇒ $2 - 1 = 1$

1 元 ⇒ 選取 1 元硬幣 ⇒ $1 - 1 = 0$ （結束）

因此，硬幣數為 6 元 1 枚與 1 元 2 枚，最少的硬幣數是 3。若重新思考一下，您會發現這個解其實不是最佳解；最少的硬幣數應該是 2，我們只要使用 4 元 2 枚，就可以找零錢 8 元。

綜合上述，「貪婪演算法」可以很快就得到問題的解，但不一定保證是**最佳解**，或稱爲**全域最佳解**（Global Optimal Solutions）。基本上，在一般情況下，「貪婪演算法」可以得到最佳解；但是在其他特定的情況下，可能就無法保證最佳解。

17.3 背包問題

電腦科學領域中，**背包問題**（Knapsack Problems）是具有代表性的問題，如圖 17-1。

圖 17-1 背包問題
【圖片來源】Freepik

背包問題可以描述如下：

> 現在有個小偷闖進一間商店，商店內有 n 個物件，編號依序為 $1, 2, \ldots, n$。物件的價值分別為 $v_i, i=1,2,\ldots,n$；物件的重量分別為 $w_i, i=1,2,\ldots,n$，如表 17-1。小偷有個**背包**（Knapsack），他可以帶走商店中的任何物件，但是物件的**總重量**（Total Weight）不能超過 W。
>
> 背包問題是指：「若想使得背包的**總價值**（Total Value）最大，則小偷應該帶走哪些物件？」

表 17-1 背包問題

物件編號	1	2	3	…	n
物件					
價值	v_1	v_2	v_3	…	v_n
重量	w_1	w_2	w_3	…	w_n

背包問題可以分成下列兩種型態：

- **0-1 背包問題**（0-1 Knapsack）：0-1 背包問題是指針對每個物件，小偷可以選擇「帶走」（用 1 表示）或「不帶走」（用 0 表示）。0-1 背包問題也經常稱爲**裝箱問題**（Bin Packing）。
- **分數背包問題**（Fractional Knapsack）：分數背包問題是指針對每個物件，小偷可以選擇僅帶走「分數比例」的物件，例如：20%、50% 等。

若採用正式的數學模型，0-1 背包問題可以表示成：

$$\textbf{\textit{Maximize}}: \sum_{i=1}^{n} x_i v_i$$

$$\textbf{\textit{Subject to}}: \sum_{i=1}^{n} x_i w_i \leq W$$

其中，$x_i = 0 \text{ or } 1, i = 1, 2, \ldots, n$ 表示是否帶走第 i 個物件。

因此，0-1 背包問題也是典型的**線性規劃法**問題。

首先，我們先以下列的範例爲主，介紹 0-1 背包問題的演算法。假設現有 5 個物件，物件的價值與重量如表 17-2。價值的單位可以是新台幣的元，或是其他幣制；重量的單位可以是公克，或是其他重量單位。爲了方便討論演算法，在此設爲整數。小偷背包的重量爲 $W = 60$。

表 17-2　0-1 背包問題的物件價值與重量

物件編號	1	2	3	4	5
價值	60	55	75	90	120
重量	10	10	15	20	30

17.3.1　暴力法

背包問題的暴力法，描述如下：

(1) 列出所有可能的組合。若有 n 個物件，將有 2^n 種可能的組合。

(2) 根據每種組合，計算**總價值**與**總重量**。若總重量小於等於背包重量 W，則納入可能解。

(3) 根據所有的可能解，取總價值最大者，即是最佳解。

若以時間複雜度而言，0-1 背包問題的暴力法爲 $O(2^n \cdot n)$。事實上，0-1 背包問題被電腦科學家公認爲是具有挑戰性的問題之一。

若以上述範例而言，我們將產生不同的組合，從而計算各種組合的總價值與總重量，如表 17-3。

表 17-3　0-1 背包問題的暴力法

組合	總價值	總重量	是否 ≤ W
空集合	0	0	是
1	60	10	是
2	55	10	是
⋮			
1, 2	115	20	是
1, 3	135	25	是
⋮			
1, 2, 3, 4, 5	400	85	否

程式範例 17-2

```
1   from itertools import combinations
2
3   # 0-1 背包問題 （暴力法）
4   def Knapsack_0_1_Brute_Force(value, weight, W):
5       n = len(value)
6       value.insert(0, 0)
7       weight.insert(0, 0)
8       item_index = [i for i in range(1, n + 1)]
9
10      max_total_value = 0
11      for i in range(n + 1):
12          for combination in combinations(item_index, i):
13              total_value = 0
14              total_weight = 0
15              for j in range(len(combination)):
16                  total_value = total_value + value[combination[j]]
17                  total_weight = total_weight+ weight[combination[j]]
18
19              if total_value > max_total_value and total_weight <= W:
20                  max_total_value = total_value
21                  pick_items = combination
22
23      print("總價值 =", max_total_value)
24      print("選取物件 :", list(pick_items))
25
26  # 0-1 背包問題
27  value  = [60, 55, 75, 90, 120]
28  weight = [10, 10, 15, 20,  30]
29  W = 60
30  Knapsack_0_1_Brute_Force(value, weight, W)
```

執行範例如下：

```
總價值 = 280
選取物件 : [1, 2, 3, 4]
```

由於串列 value、weight 的索引從 0 開始，因此我們先在串列前面插入 0，使得索引值與表 17-2 相符。本範例的 $n = 5$，因此建立 [1, 2, 3, 4, 5] 的串列，用來產生所有可能的組合。接著，根據各種組合，計算總價值與總重量。若符合總重量≤ W 的條件，則納入考量，並取總價值最大者，同時記錄最佳組合。

17.3.2 貪婪演算法

雖然暴力法可以用來求 0-1 背包問題的最佳解，但執行效率並不佳。當物件的數量比較大時，例如：50、100 等，電腦就無法在有限的時間內解決 0-1 背包問題。因此，我們必須找到另一種比較可行的解決方案。此時，就可以考慮使用「貪婪演算法」。

「貪婪演算法」其實是一種「選擇」問題。若想要解決 0-1 背包問題，選取物件的條件，應該是價值愈大愈好，重量則是愈輕愈好。如何「魚與熊掌兼得」呢？我們可以根據每個物件的「單位重量的價值」衡量。換句話說，「貪婪演算法」的設計策略是：

若選取的物件在加入後未超過背包重量的情況下，選取「單位重量的價值」最大者，即：

$$\text{單位重量的價值} = \frac{\text{價值}\ (Value)}{\text{重量}\ (Weight)}$$

若以時間複雜度而言，0-1 背包問題的貪婪演算法為 $O(n \lg n)$。除了計算「單位重量的價值」之外，我們可以選取比較有效率的排序演算法。

以上述範例而言，我們可以計算每個物件的單位重量的價值，如表 17-4。

表 17-4　0-1 背包問題的物件價值與重量

物件編號	1	2	3	4	5
價值	60	55	75	90	120
重量	10	10	15	20	30
$\frac{\text{價值}}{\text{重量}}$	6.0	5.5	5.0	4.5	4.0

「貪婪演算法」的步驟如下：

選取物件 1 $\Rightarrow$ 總重量 = 10 ($\leq W$)、總價值 = 60
選取物件 2 $\Rightarrow$ 總重量 = 20 ($\leq W$)、總價值 = 115
選取物件 3 $\Rightarrow$ 總重量 = 35 ($\leq W$)、總價值 = 190
選取物件 4 $\Rightarrow$ 總重量 = 55 ($\leq W$)、總價值 = 280
選取物件 5 $\Rightarrow$ 總重量 = 85 不符 （結束）

基本上，貪婪演算法是根據「單位重量的價值」的順序，逐一檢視所有物件。因此，在此是選取物件 1、2、3、4。

若是比較暴力法與貪婪演算法的解，您會發現這兩種方法都可以得到**最佳解**。然而，以演算法的執行時間效率而言，貪婪演算法遠優於暴力法。

程式範例 17-3

```
1    # 0-1 背包問題 (貪婪演算法)
2    def Knapsack_0_1_GA(value, weight, W):
3        n = len(value)
4
5        # 設定物品的索引
6        item_index = [i for i in range(n)]
7
8        # 計算價值 / 重量
9        ratio = [0] * n
10       for i in range(n):
11           ratio[i] = value[i] / weight[i]
12
13       # 對價值 / 重量排序
14       zipped_lists = zip(ratio, item_index)
15       tuples = zip(*sorted(zipped_lists))
16       ratio, item_index = [list(t) for t in tuples]
17
18       # 根據價值 / 重量選取物件
19       pick_items = []
20       total_value = 0
21       total_weight = 0
22       for k in range(n - 1, -1, -1):
23           if total_weight + weight[item_index[k]] <= W:
24               total_value += value[item_index[k]]
25               total_weight += weight[item_index[k]]
26               pick_items.append(item_index[k] + 1)
27
28       print("總價值 =", total_value)
29       print("選取物件 :", pick_items)
30
31   # 0-1 背包問題
32   value  = [60, 55, 75, 90, 120]
33   weight = [10, 10, 15, 20,  30]
34   W = 60
35   Knapsack_0_1_GA(value, weight, W)
```

執行範例如下：

```
總價值 = 280
選取物件 : [1, 2, 3, 4]
```

本程式範例中，首先計算各個物件的「單位重量的價值」。接著，根據「單位重量的價值」進行排序，使用 zip 方式同時記錄排序後的物件索引。最後，實現「貪婪演算法」逐一檢視各個物件，進而求 0-1 背包問題的解。

讓我們來看另一個 0-1 背包問題，如表 17-5。背包的重量為 $W = 50$。

表 17-5 0-1 背包問題的物件價值與重量

物件編號	1	2	3
價值	60	100	120
重量	10	20	30

請您自行修改「暴力法」與「貪婪演算法」的輸入，並執行上述的 Python 程式範例：

```
value = [ 60, 100, 120 ]
weight = [ 10, 20, 30 ]
W = 50
```

若使用「暴力法」，執行範例如下：

```
總價值 = 220
選取物件： [2, 3]
```

若計算每個物件的單位重量的價值，如表 17-6。

表 17-6 0-1 背包問題的物件價值與重量

物件編號	1	2	3
價值	60	100	120
重量	10	20	30
$\frac{價值}{重量}$	6.0	5.0	4.0

若使用「貪婪演算法」，執行範例如下：

```
總價值 = 160
選取物件： [1, 2]
```

您應該已經發現，使用「暴力法」可以求得最佳解。若使用「貪婪演算法」，根據「單位重量的價值」的順序選取物件，無法求得最佳解。

在此，讓我們延伸討論一下，假設將 **0-1 背包**問題換成**分數背包**問題。物件的價值與重量，如表 17-5，背包重量為 $W = 50$。

「貪婪演算法」的計算步驟如下：

選取物件 1 ⇒ 總重量 = 10 (≤ W)、總價值 = 60

選取物件 2 ⇒ 總重量 = 20 (≤ W)、總價值 = 160

選取物件 3 ⇒ 僅 2 / 3，總重量 = 50、總價值 = 240 (結束)

在此，總價值 240 其實是最佳解。

總結而言，若以 0-1 背包問題而言，貪婪演算法無法保證最佳解；然而，若以分數背包問題而言，貪婪演算法卻可以保證最佳解。

本章習題

選擇題

( ) 1. 下列何者演算法策略是：「總是做當下看起來最好的選擇。」？
(A) 暴力法 (B) 分而治之法 (C) 貪婪演算法 (D) 動態規劃法 (E) 以上皆非

( ) 2. 下列有關「貪婪演算法」的敘述，何者錯誤？
(A) 貪婪演算法可以用來解最佳化問題
(B) 貪婪演算法的設計策略是：「總是做當下看起來最好的選擇。」
(C) 貪婪演算法可以保證最佳解
(D) 相對於暴力法，貪婪演算法的時間複雜度較佳

( ) 3. 若採用正式的數學模型，「找零錢問題」可以表示成：

$$\textbf{\textit{Minimize}}: x_1 + x_2 + x_3 + x_4$$
$$\textbf{\textit{Subject to}}: x_1 + 5x_2 + 10x_3 + 50x_4 = x$$
其中，$x_1, x_2, x_3, x_4 \geq 0$ 且為整數

稱為 _______ 問題？
(A) 線性規劃法（Linear Programming） (B) 線性回歸法（Linear Regression）
(C) 動態規劃法（Dynamic Programming） (D) 數學歸納法（Mathematical Induction）
(E) 以上皆非

( ) 4. 美金硬幣的面額為 1¢、5¢、10¢ 與 25¢，找零錢問題是指：「如何使用最少的硬幣數，用來找零錢。」若使用「貪婪演算法」解「找零錢問題」，是否可以保證最佳解？
(A) 是 (B) 否

( ) 5. 現有一個奇怪的國家，硬幣的面額為 1¢、4¢、6¢。若使用「貪婪演算法」解「找零錢問題」，是否可以保證最佳解？
(A) 是 (B) 否

( ) 6. 考慮 0-1 背包（0-1 Knapsack）問題，若使用「貪婪演算法」，是否可以保證最佳解？
(A) 是 (B) 否

( ) 7. 考慮分數背包（Fractional Knapsack）問題，若使用「貪婪演算法」，是否可以保證最佳解？
(A) 是 (B) 否

觀念複習

1. 試解釋何謂「貪婪演算法」。
2. 試使用「線性規劃法」的數學模型表示「找零錢問題」。
3. 美金硬幣的面額為 1¢、5¢、10¢與 25¢，若想要找的零錢為 87¢，試使用「貪婪演算法」求「找零錢問題」的解。請問這個解是否是「最佳解」。
4. 某國家使用的幣制相當特殊，硬幣的面額分別為 1、4、7 元，若想找的零錢是 9 元，試使用「貪婪演算法」求「找零錢問題」的解。請問這個解是否是「最佳解」。
5. 試使用「線性規劃法」的數學模型表示「0-1 背包問題」。
6. 現有個小偷闖進一間商店，商店內有 10 個物件，物件的價值與重量如下表。試回答下列問題：

編號	1	2	3	4	5	6	7	8	9	10
價值	20	5	15	10	10	15	10	50	20	12
重量	10	20	10	15	10	5	20	20	5	5

(a) 若小偷的背包重量為 $W = 50$，他應該帶走哪些物件，可以使得總價值最大？

(b) 若小偷的背包重量為 $W = 70$，他應該帶走哪些物件，可以使得總價值最大？

程式設計練習

1. 新台幣現行硬幣的面額分別為 1、5、10、50 元。試設計 Python 程式，根據使用者輸入的零錢數，解決「找零錢問題」。執行範例如下：

```
請輸入零錢數： 83
50元 1枚
10元 3枚
1元 3枚
```

2. 現有個小偷闖進一間商店，商店內有 10 個物件，物件的價值與重量如下表（同上）。

編號	1	2	3	4	5	6	7	8	9	10
價值	20	5	15	10	10	15	10	50	20	12
重量	10	20	10	15	10	5	20	20	5	5

若小偷的背包重量為 $W = 50$。試設計 Python 程式，使用兩種演算法設計策略，求「0-1 背包問題」的解：

(a) **暴力法**（Brute-Force）

(b) **貪婪演算法**（Greedy Algorithm）

NOTE

Chapter 18

動態規劃法

本章綱要

◆18.1 基本概念

◆18.2 費氏數列

◆18.3 找零錢問題

◆18.4 背包問題

◆18.5 最長共同子序列

本章介紹**動態規劃法**（Dynamic Programming），是典型的演算法設計策略。

18.1 基本概念

動態規劃法，簡稱 DP，是具有代表性的演算法設計策略。動態規劃法其實被廣泛應用於解決數學、電腦科學、管理學、經濟學、生物資訊等的科學或實際問題。

電腦科學領域中，Programming 的標準翻譯，其實是「程式設計」。由於 Dynamic Programming 是一種解決問題的方法，強調「列表」與「規劃」的過程，被廣泛應用於許多領域，因此標準翻譯爲「動態規劃法」。

動態規劃法的主要步驟，如圖 18-1，說明如下：

- **大問題→子問題**：動態規劃法與分而治之法相似，第一個步驟也是將原始的大問題分解成子問題。
- **列表法（記憶法）**：動態規劃法採用列表法，目的是記錄子問題的最佳解。由於將子問題的解儲存在記憶體內，因此也稱爲「記憶法」。

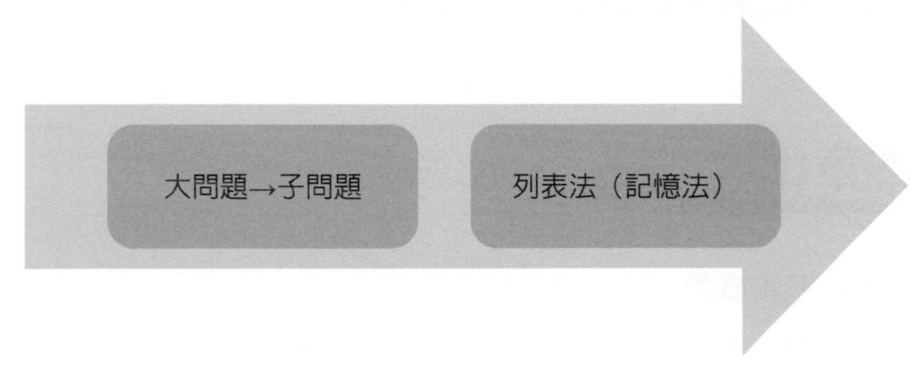

圖 18-1　動態規劃法

動態規劃法的特性如下：

- 保證最佳解。
- 若相對於暴力法，時間複雜度較佳。若相對於貪婪演算法，時間複雜度略差。

綜合比較三種演算法設計策略，如表 18-1。

表 18-1　演算法設計策略比較表

特性	暴力法	貪婪演算法	動態規劃法
最佳解	保證最佳解	不一定	保證最佳解
時間複雜度	最差	最佳	不錯

18.2 費氏數列

回顧**費氏數列**（Fibonacci Numbers），若我們執行下列的 Python 程式，使用「遞迴」的方式計算費氏數列：

程式範例 18-1

```
1    # 費氏數列的遞迴函式
2    def Fib(n):
3        if n == 0:
4            return 0
5        elif n == 1:
6            return 1
7        else:
8            return Fib(n - 1) + Fib(n - 2)
9
10   # 計算費氏數列
11   for n in range(40):
12       print("Fib(%d) = %d" % (n, Fib(n)))
```

執行範例如下：

```
Fib(0) = 0
Fib(1) = 1
Fib(2) = 1
Fib(3) = 2
Fib(4) = 3
Fib(5) = 5
...
```

通常，當計算至 $n = 30$ 以上，計算速度會明顯變慢。而且，當 n 愈大時，計算速度愈慢。在此，讓我們探討一下原因。

以 $n = 5$ 爲例，則費氏數列 `Fib(5)` 的計算過程，如圖 18-2。顯然的，我們重複計算的次數相當多，例如：`Fib(0)` 共計算 3 次、`Fib(1)` 共計算 5 次、`Fib(2)` 共計算 3 次、`Fib(3)` 共計算 2 次、`Fib(4)` 共計算 1 次。而且，當 n 愈大時，重複計算的次數也愈多。

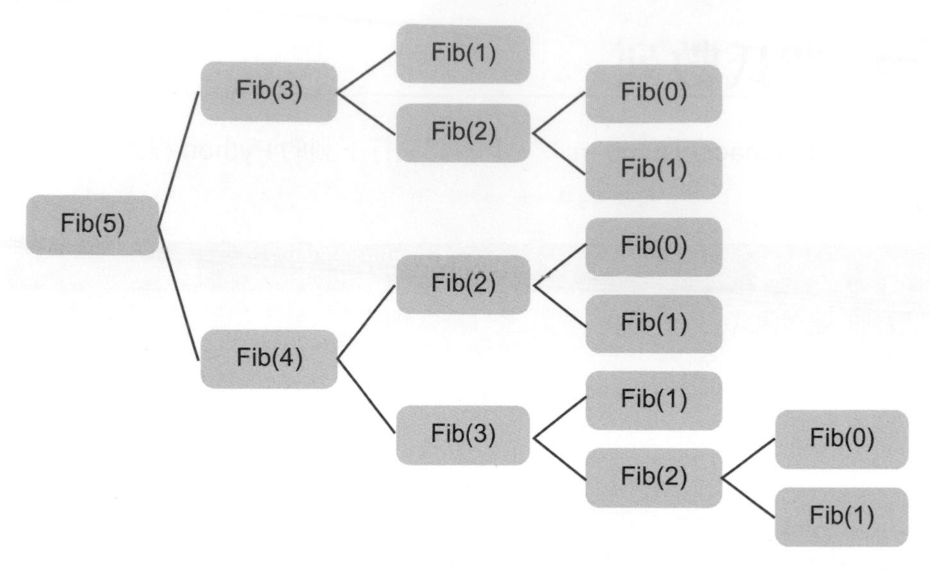

圖 18-2　費氏數列的計算過程

若仔細思考一下，您應該已經想到解決的方式。簡單的說，我們希望 Fib(0)、Fib(1)、Fib(2) 等，都只要計算一次，就可以提升計算效率。換句話說，我們只要記錄子問題的解，將它們儲存在記憶體內，就可以達到這個目的。這樣的演算法設計策略，稱為**動態規劃法**，其中包含所謂的「列表法」或「記憶法」[1]。

動態規劃法的優點是可以大幅提高演算法的執行時間效率，缺點是須提供足夠的記憶體空間，用來儲存子問題的解。

程式範例 18-2

```
1   # 費氏數列的動態規劃法
2   def Fib_DP(n):
3       if n == 0:
4           return 0
5       elif n == 1:
6           return 1
7       else:
8           Fib = [0 for i in range(n + 1)]
9           Fib[0] = 0
10          Fib[1] = 1
11          for i in range(2, n + 1):
12              Fib[i] = Fib[i - 1] + Fib[i - 2]
13          return Fib[n]
14
15  # 計算費氏數列
16  for n in range(40):
17      print("Fib(" + str(n) + ") =", Fib_DP(n))
```

1　中日抗戰期間，「以空間換取時間」的戰略，適合用來比喻「動態規劃法」的演算法設計策略。

執行範例如下：

```
Fib(0) = 0
Fib(1) = 1
Fib(2) = 1
Fib(3) = 2
Fib(4) = 3
Fib(5) = 5
…
```

您應該會發現，使用「動態規劃法」計算費氏數列時，執行時間效率有天壤之別。事實上，計算費氏數列，我們甚至不需記錄所有子問題的解，只需記錄相鄰的兩個值。因此，我們也可以修改 Python 程式，使用「迴圈」的方式實現費氏數列。

程式範例 18-3

```
1    # 費氏數列的迴圈函式
2    def Fib_Iteration(n):
3        if n == 0:
4            return 0
5        elif n == 1:
6            return 1
7        else:
8            F1 = 0
9            F2 = 1
10           for i in range(2, n + 1):
11               ans = F1 + F2
12               F1 = F2
13               F2 = ans
14           return ans
15
16   # 計算費氏數列
17   for n in range(40):
18       print("Fib(" + str(n) + ") =", Fib_Iteration(n))
```

執行範例如下：

```
Fib(0) = 0
Fib(1) = 1
Fib(2) = 1
Fib(3) = 2
Fib(4) = 3
Fib(5) = 5
…
```

費氏數列的執行結果是完全相同的，而且執行時間效率也相當理想。

18.3 找零錢問題

讓我們回顧「找零錢問題」。若以一般的硬幣面額而言，「貪婪演算法」是最佳的選項，可以求得最佳解。然而，若以奇怪的國家而言，例如：硬幣面額分別為 1、4、6 元，則無法使用「貪婪演算法」求得最佳解。

本節探討如何使用「動態規劃法」求「找零錢問題」的解。即使是特殊的硬幣面額，我們仍然可以得到最佳解。

假設某國家硬幣的面額可以定義為 $\text{base}[j], j = 0,1,\ldots,k-1$，其中面額的總數為 k。若我們想找的零錢數為 n，目的是使用最少的硬幣數，用來找零錢。

若使用「動態規劃法」設計演算法，分析過程如下：

- **大問題→子問題**：首先對找零錢問題進行分解，原始的大問題，找的零錢為 n，可以分解成比較小的子問題，找的零錢為 i（$i \le n$）。顯然的，最小的子問題是找的零錢為 0（或 1）。

  接著，讓我們分析一下子問題的結構。假設目前準備找的零錢數為 i，考慮所有可能的面額 $\text{base}[j], j = 0,1,\ldots,k-1$，可以分成下列兩種情形：

  1. 若考慮選取的面額 > i，我們將不取該面額的硬幣。
  2. 若考慮選取的面額 ≤ i，則考慮是否選取該面額的硬幣，可以再細分成兩種情形：

     (1) 若選取該面額 $base[j]$，則找零錢問題形成只需對 $i - base[j]$ 找零，而且剩下的零錢數也必須是最佳解（最少的硬幣數）。

     (2) 若不選取該面額 $base[j]$，則直接跳過。

  我們在所有可能的面額中取最小者，作為最佳解。

- **列表法**：假設 $coins[i]$ 表示找零錢 i 所需的最少硬幣數，則「動態規劃法」的數學式可以表示成：

$$coins[i] = \begin{cases} 0 & if\ i = 0 \\ 1 & if\ i = 1 \\ \min\limits_{0 \le j < k}(\ coins[i - bases[j]] + 1\ ) & if\ base[j] \le i \end{cases}$$

若以上述範例而言，則使用動態規劃法進行列表的結果，如表 18-2。在此，我們想要找的零錢為 8 元 ($n = 8$)。因此，$coins[8]$ 表示最佳解，只需 2 個 4 元的硬幣。

表 18-2　找零錢問題的動態規劃法列表

i	0	1	2	3	4	5	6	7	8
coins[i]	0	1	2	3	1	2	1	2	2

程式範例 18-4

```
1   # 使用動態規劃法解找零錢問題
2   def Making_Change_DP(bases, n):
3       k = len(bases)
4       coins = [0] * (n + 1)
5       coins[0] = 0
6       coins[1] = 1
7       for i in range(2, n + 1):
8           minimum = n
9           pick_coin = 0
10          for j in range(k):
11              if i >= bases[j]:
12                  minimum = min(coins[i - bases[j]] + 1, minimum)
13          coins[i] = minimum
14      print("最少零錢數 =", coins[n])
15
16  # 找零錢問題
17  n = 8
18  bases = [1, 4, 6]
19  Making_Change_DP(bases, n)
```

執行範例如下：

```
最少零錢數 = 2
```

因此，使用「動態規劃法」解找零錢問題，即使硬幣的面額相當特殊，我們還是可以得到最佳解。若以時間複雜度而言，找零錢問題的「動態規劃法」為 $O(kx)$。

18.4 背包問題

本節討論背包問題的動態規劃法。在此，我們根據之前的定義：商店中有 n 個物件，編號依序為 1、2、…、n。物件的價值分別為 $v_i, i = 1, 2, ..., n$；物件的重量分別為 $w_i, i = 1, 2, ..., n$。小偷的背包重量為 W。

0-1 背包問題是指：「若想使得背包的**總價值**最大，則小偷應該帶走哪些物件？」

若使用「動態規劃法」設計演算法，分析過程如下：

- **大問題→子問題**：首先，對 0-1 背包問題進行分解。在此，子問題只考慮編號 $1 \sim i$ $(i \leq n)$ 的物件，且假設一個小的背包，背包重量為 w。因此，最小的子問題是 $i = 0$ 或 $w = 0$。

接著，分析子問題的結構，假設目前準備處理的物件編號爲 i，則可以根據該物件的重量 w_i 與小背包重量 w，分成下列兩種情形：

1. 若 $w_i > w$，則不選取該物件（裝不下）。
2. 若 $w_i \leq w$，則可再細分成兩種情形：

   (1) 若選取該物件，則子問題只需考慮物件編號爲 $0\sim i-1$，且小背包的重量爲 $w - w_i$。這個子問題的解，也必須是最佳解。

   (2) 若不選取該物件，則子問題只需考慮物件編號爲 $1\sim i-1$，且小背包的重量仍然爲 w。這個子問題的解，也必須是最佳解。

根據這兩種情形取最大者。

- **列表法**：假設 $c[i, w]$ 表示考慮第 $1\sim i$ 個物件，且小背包重量爲 w，求背包的總價值（最佳解）。「動態規劃法」的數學式可以表示成：

$$c[i,w]=\begin{cases}0 & \textit{if } i=0 \textit{ or } w=0\\ c[i-1,w] & \textit{if } w_i > w\\ \max\{\, v_i + c[i-1, w-w_i], c[i-1,w] \,\} & \textit{if } w_i \leq w\end{cases}$$

我們針對之前介紹的 0-1 背包問題，如表 18-3，且背包的重量爲 $W = 50$，使用「動態規劃法」求 0-1 背包問題的解。

表 18-3　0-1 背包問題的物件價值與重量

物件編號	1	2	3
價值	60	100	120
重量	10	20	30

程式範例 18-5

```
1    # 0-1 背包問題 （動態規劃法）
2    def Knapsack_0_1_DP(value, weight, W):
3        n = len(value)
4        value.insert(0, 0)
5        weight.insert(0, 0)
6        c = [[0 for w in range(W + 1)] for i in range(n + 1)]
7        for w in range(W + 1):
8            c[0][w] = 0
9        for i in range(n + 1):
10           c[i][0] = 0
11           for w in range(W + 1):
12               if weight[i] <= w:
13                   if value[i] + c[i-1][w-weight[i]] > c[i-1][w]:
14                       c[i][w] = value[i] + c[i-1][w-weight[i]]
```

```
15                  else:
16                      c[i][w] = c[i-1][w]
17              else:
18                  c[i][w] = c[i-1][w]
19      print("總價值 =", c[n][W])
20
21  # 0-1 背包問題
22  value = [60, 100, 120]
23  weight = [10, 20, 30]
24  W = 50
25  Knapsack_0_1_DP(value, weight, W)
```

執行範例如下：

```
總價值 = 220
```

相對於貪婪演算法，動態規劃法可以保證最佳解。相對於暴力法，動態規劃法的執行效率也比較好，因此成為具有代表性的演算法設計策略。若以時間複雜度而言，0-1 背包問題的「動態規劃法」為 $O(nW)$。

18.5 最長共同子序列

最長共同子序列（Longest Common Subsequences）問題，或簡稱 LCS 問題，是演算法中典型的問題，被廣泛應用於字串比對、DNA 序列比對等。舉例說明，DNA 序列是由 { A, C, G, T } 的基因所構成，DNA 序列比對可以用來決定兩個 DNA 序列的相似度。

舉例說明，給定兩個 DNA 序列如下：

$X = <$ ACCGGTCGAGTGCGCGGAAGCCGGCCGAA $>$

$Y = <$ GTCGTTCGGAATGCCGTTGCTCTGTAAA $>$

演算法的目的是求兩個 DNA 序列的最長共同子序列：

LCS = GTCGTCGGAAGCCGGCCGAA

簡單的說，LCS 同時出現在兩個 DNA 序列中，而且長度最長。因此，LCS 的長度可以用來決定兩個 DNA 序列的相似度。

無論是人類或其他物種，其實 DNA 序列都相當長[2]。早期的電腦計算能力有限，而且是使用基於「暴力法」的演算法，因此無法在有限的時間內完成 DNA 序列比對工作。隨著電腦與資訊科技的快速發展，電腦的計算能力愈來愈強，電腦科學家提出基於「動態規劃法」的快速演算法，可以在有限的時間內解決 LCS 問題，進而使得 DNA 序列比對變得實際可行。

2　人類的 DNA 序列是由約 30 億個 { A, C, G, T } 基因所構成。

目前，DNA 序列比對已被應用在許多領域，例如：親子鑑定、犯罪證據、物種相似度等。近年來，科學家透過 DNA 序列比對，發現**人類**（Human）與**黑猩猩**（Chimpanzee）的 DNA 序列，相似度最高。

最長共同子序列問題，或 LCS 問題，可以描述如下：

給定兩個字串（或序列）X 與 Y，分別為[3]：

$X = < x_1, x_2, \ldots, x_m >$、$Y = < y_1, y_2, \ldots, y_n >$

其中，序列的長度分別為 m 與 n，目的是求最長共同子序列：

$Z = < z_1, z_2, \ldots, z_k >$

舉例說明，給定兩個字串 X 與 Y，分別為：

$X = <$ A, B, A, C, A, A, B $>$

$Y = <$ B, C, A, B, B, A $>$

若比對順序由左而右在比對時的字元相同，就可以稱為**共同子序列**（Common Subsequences）。例如：$<$ A $>$、$<$ A, B $>$、$<$ A, B, A $>$、$<$ A, B, B $>$ 等，都是共同子序列。

LCS 問題必須在這些共同子序列找到長度最長的序列。以本範例而言，LCS 為 $<$ B, C, A, A$>$ 或 $<$ B, C, A, B $>$，LCS 的長度均為 4，因此 LCS 問題的最佳解不一定是唯一解。

18.5.1 暴力法

LCS 問題的「暴力法」可以描述如下：

(1) 根據 X 序列（或 Y 序列）產生所有可能的組合（或子序列）。

(2) 與 Y 序列（或 X 序列）進行比對，找出所有的共同子序列。

(3) 找出長度最長者，即是最佳解。

LCS 問題的「暴力法」，時間複雜度為 $O(2^m \cdot n)$ 或 $O(2\ \ \cdot m)$。由於暴力法的實用價值不高，因此我們不進行 Python 程式設計。

18.5.2 動態規劃法

若使用「動態規劃法」設計演算法，分析過程如下：

- **大問題→子問題**：首先，對 LCS 問題進行分解。

  大問題 ⇒

  $X = < x_1, x_2, \ldots, x_m >$

  $Y = < y_1, y_2, \ldots, y_n >$

3　請注意，X 與 Y 字串的索引從 1 開始，有利於「動態規劃法」的演算法設計。

子問題 ⇒

$X_i = < x_1, x_2, ..., x_i > \ (i \le m)$

$Y_j = < y_1, y_2, ..., y_j > \ (j \le n)$

接著，分析子問題的結構，可以根據子問題中兩字串最後的字元，分成下列兩種情形：

1. 若 $x_i = y_j$，則：

   X_i、Y_j 的 LCS 相當於 X_{i-1}、Y_{j-1} 的 LCS + x_i（或 y_j）

2. 若 $x_i \ne y_j$，則可再細分成兩種情形：

   (1) X_i、Y_j 的 LCS 相當於 X_i、Y_{j-1} 的 LCS

   (2) X_i、Y_j 的 LCS 相當於 X_{i-1}、Y_j 的 LCS

   根據這兩種情形取長度較長者。

- **列表法**：假設 $c[i, j]$ 為 X_i、Y_j 的 LCS 的長度，則「動態規劃法」的數學式可以表示成：

$$c[i, j] = \begin{cases} 0 & if\ i = 0\ or\ j = 0 \\ c[i-1, j-1] & if\ i, j > 0\ and\ x_i = y_j \\ \max\{c[i-1, j], c[i, j-1]\} & if\ i, j > 0\ and\ x_i \ne y_j \end{cases}$$

給定兩個字串 X 與 Y，分別為：

$X = < \text{A, B, A, C, A, A, B} >$

$Y = < \text{B, C, A, B, B, A} >$

其中，$m = 7$、$n = 6$。根據「動態規劃法」進行列表，結果如表 18-4。LCS 的最佳解為 $c[m, n]$ 或 $c[7, 6]$，表示 LCS 的長度是 4。

表 18-4 LCS 問題的動態規劃法列表

i \ j		0	1	2	3	4	5	6
		y_i	B	C	A	B	B	A
0	x_i	0	0	0	0	0	0	0
1	A	0	↑ 0	↑ 0	↖ 1	↑ 1	↑ 1	↖ 1
2	B	0	↖ 1	← 1	↑ 1	↖ 2	↖ 2	← 2
3	A	0	↑ 1	↑ 1	↖ 2	← 2	← 2	↖ 2
4	C	0	↑ 1	↖ 2	↑ 2	↑ 2	↑ 2	↑ 2
5	A	0	↑ 1	↑ 2	↖ 3	← 3	← 3	↖ 3
6	A	0	↑ 1	↑ 2	↖ 3	↑ 3	↑ 3	↖ 4
7	B	0	↖ 1	↑ 2	↑ 3	↖ 4	↖ 4	↑ 4

接著，從列表的右下角出發，如表 18-5，就可以得到 LCS 的結果爲 < B, C, A, A >。

表 18-5　LCS 問題的動態規劃法列表

	j	0	1	2	3	4	5	6
i		y_i	B	C	A	B	B	A
0	x_i	0	0	0	0	0	0	0
1	A	0	↑ 0	↑ 0	↖ 1	↑ 1	↑ 1	↖ 1
2	B	0	↖ 1	←1	↑ 1	↖ 2	↖ 2	←2
3	A	0	↑ 1	↑ 1	↖ 2	←2	←2	↖ 2
4	C	0	↑ 1	↖ 2	↑ 2	↑ 2	↑ 2	↑ 2
5	A	0	↑ 1	↑ 2	↖ 3	←3	←3	↖ 3
6	A	0	↑ 1	↑ 2	↖ 3	↑ 3	↑ 3	↖ 4
7	B	0	↖ 1	↑ 2	↑ 3	↖ 4	↖ 4	↑ 4

程式範例 18-6

```
1    # LCS 問題 （動態規劃法）
2    def LCS(X, Y):
3        UPPERLEFT, UP, LEFT = 1, 2, 3
4        m, n = len(X), len(Y)
5        X = '0' + X
6        Y = '0' + Y
7        c = [[0 for j in range(n + 1)] for i in range(m + 1)]
8        b = [[0 for j in range(n + 1)] for i in range(m + 1)]
9        for i in range(1, m + 1):
10           c[i][0] = 0
11       for j in range(1, n + 1):
12           c[0][j] = 0
13       for i in range(1, m + 1):
14           for j in range(1, n + 1):
15               if X[i] == Y[j]:
16                   c[i][j] = c[i - 1][j - 1] + 1
17                   b[i][j] = UPPERLEFT
18               else:
19                   if c[i - 1][j] >= c[i][j - 1]:
```

```
20                      c[i][j] = c[i - 1][j]
21                      b[i][j] = UP
22                  else:
23                      c[i][j] = c[i][j - 1]
24                      b[i][j] = LEFT
25      i, j = m, n
26      result = ""
27      while i != 0 and j != 0:
28          if b[i][j] == UPPERLEFT:
29              result = str(X[i]) + result
30              i -= 1
31              j -= 1
32          elif b[i][j] == UP:
33              i -= 1
34          else:
35              j -= 1
36      return result
37
38  # LCS 問題
39  X = "ABACAAB"
40  Y = "BCABBA"
41  result = LCS(X, Y)
42  print("LCS Length =", len(result))
43  print("LCS:", result)
```

執行範例如下：

```
LCS Length = 4
LCS: BCAA
```

以本範例而言，LCS 問題的最佳解不是唯一解，演算法只會回傳最佳解的其中一解。若以時間複雜度而言，LCS 問題的「動態規劃法」爲 $O(mn)$。

本章習題

選擇題

( ) 1. 下列何者演算法策略包含大問題→子問題與列表法等步驟？

(A) 暴力法　(B) 分而治之法　(C) 貪婪演算法　(D) 動態規劃法　(E) 以上皆非

( ) 2. 下列有關「動態規劃法」的敘述，何者錯誤？

(A) 動態規劃法可以用來解最佳化問題

(B) 動態規劃法可以保證最佳解

(C) 相對於暴力法，動態規劃法的時間複雜度較佳

(D) 相對於貪婪演算法，動態規劃法的時間複雜度較佳

( ) 3. 若以 `Fib(5)` 呼叫下列 Python 程式，將會輸出幾個 * ？

```
def Fib(n):
    if n == 0:
        print("*")
        return 0
    elif n == 1:
        return 1
    else:
        return Fib(n - 1) + Fib(n - 2)
```

(A) 2　(B) 3　(C) 4　(D) 5　(E) 以上皆非

( ) 4. 承上題，若將 `Fib(5)` 修改為 `Fib(6)` 將會輸出幾個 * ？

(A) 2　(B) 3　(C) 4　(D) 5　(E) 以上皆非

( ) 5. 美金硬幣的面額為 1¢、5¢、10¢與 25¢，找零錢問題是指：「如何使用最少的硬幣數，用來找零錢。」若使用「動態規劃法」解「找零錢問題」，是否可以保證最佳解？

(A) 是　(B) 否

( ) 6. 現有一個奇怪的國家，硬幣的面額為 1¢、4¢、6¢。若使用「動態規劃法」解「找零錢問題」，是否可以保證最佳解？

(A) 是　(B) 否

( ) 7. 給定兩個字串 X 與 Y，分別為：

$X = <\mathrm{A, B, A, B, A, B}>$

$Y = <\mathrm{B, A, B, B, A}>$

則最長共同子序列（Longest Common Subsequences, LCS）的長度為何？

(A) 2　(B) 3　(C) 4　(D) 5　(E) 以上皆非

( ) 8. 承上題，LCS 問題的最佳解是否是唯一解？

(A) 是　(B) 否

觀念複習

1. 試解釋何謂「動態規劃法」。
2. 費氏數列若使用下列的遞迴函式：

```
def Fib(n):
    if n == 0:
        return 0
    elif n == 1:
        return 1
    else:
        return Fib(n - 1) + Fib(n - 2)
```

(a) 當計算至 $n = 30$ 以後，速度會明顯變慢，試說明原因。

(b) 試修改 Python 程式，採用「動態規劃法」，改善這個現象。

程式設計練習

1. 試設計 Python 程式，使用「動態規劃法」求「找零錢問題」的最佳解。執行範例如下：

```
請輸入零錢數： 83
請輸入面額： 1, 5, 10, 50
50元 1枚
10元 3枚
1元 3枚
```

```
請輸入零錢數： 8
請輸入面額： 1, 4, 6
4元 2枚
```

2. 試設計 Python 程式，使用「動態規劃法」求「0-1 背包問題」的最佳解。假設商店中有 10 個物件，物件的價值與重量如下表。

編號	1	2	3	4	5	6	7	8	9	10
價值	20	5	15	10	10	15	10	50	20	12
重量	10	20	10	15	10	5	20	20	5	5

請與使用「貪婪演算法」的結果相比較，說明您的發現。

3. 試設計 Python 程式，進行基因比對工作。假設給定的基因序列為：

X = < A, C, G, T, C, G, A, T, A, G >

Y = < G, C, A, T, G, A, C, A, T, G >

求最長共同子序列（Longest Common Subsequences, LCS）。

NOTE

Chapter 19

圖形演算法

本章綱要

本章介紹**圖形演算法**（Graph Algorithms），是基於**圖形理論**（Graph Theory）所衍生的一系列演算法，被廣泛用來解決許多科學或實際問題。

19.1 基本概念

在介紹**圖形演算法**之前，讓我們先認識數學家**歐拉**，如圖 19-1。

圖 19-1　歐拉
【圖片來源】https://commons.wikimedia.org/wiki

李昂哈德．歐拉 [1]（Leonhard Euler）是瑞士數學家與物理學家，是近代數學先驅之一。歐拉在數學領域中有許多重要的貢獻，包含：**微積分**（Calculus）、**圖形理論**（Graph Theory）等。

函數 $f(x)$ 的表示法，就是歐拉所提出，一直沿用至今。歐拉由於提出圖形理論，被譽為**圖形理論之父**（Father of Graph Theory）。

從前，東普魯士（今日的俄羅斯）的**柯尼斯堡**（Königsberg）是當時的首都，跨普列戈利亞河兩岸，河中心有兩個小島。小島與河的兩岸有七座橋連接，如圖 19-2。當時的沙皇將這七座橋建造成冠冕堂皇的橋，希望在招待外賓時，可以在每座橋都只走一遍的前提下，完成一趟**旅途**（Tour）。

於是，沙皇禮聘數學家歐拉到柯尼斯堡作客，希望可以解決這個問題，稱為**柯尼斯堡七橋問題**（Seven Bridges of Königsberg）。

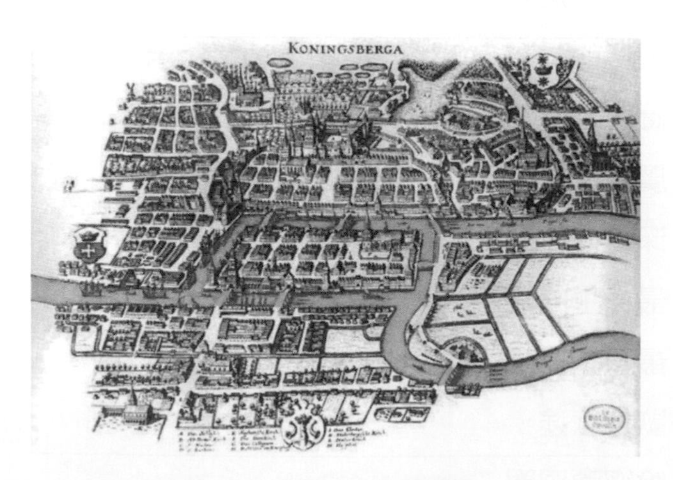

圖 19-2　柯尼斯堡七橋問題
【圖片來源】https://commons.wikimedia.org/wiki

1　早期的文獻中，「歐拉」經常翻譯成「尤拉」，但都是指數學家 Leonhard Euler。

數學家歐拉分析柯尼斯堡七橋問題時，忽略不重要的細節，將重點聚焦在解決問題上。這樣的思考方式，其實就是運算思維的「抽象化」。首先，歐拉將問題抽象化，如圖 19-3 (a)。

接著，歐拉提出**圖形**（Graph）的概念，如圖 19-3 (b)。每個獨立的區域使用**頂點**（Vertex）表示，每一座橋使用**邊**（Edge）表示 [2]。柯尼斯堡七橋問題的前提是每座橋都只走一遍，並完成一趟旅途（起點 = 終點）。

數學家歐拉率先研究柯尼斯堡七橋問題，因此這個問題經常稱爲**歐拉旅途**（Euler Tour）問題，成爲電腦科學領域中具有代表性的問題。此外，由於柯尼斯堡七橋問題相當於在白紙上一筆畫完這個圖，因此也稱爲「一筆畫問題」。

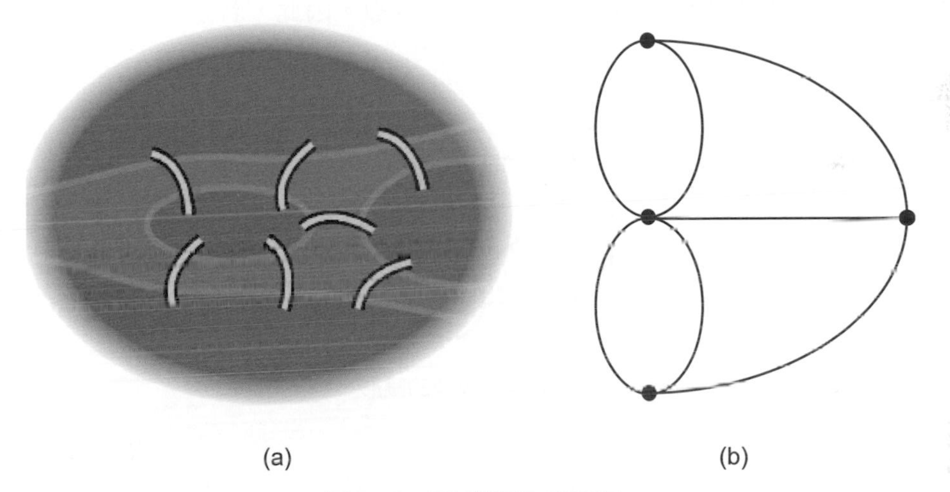

圖 19-3　柯尼斯堡七橋問題

【圖片來源】https://commons.wikimedia.org/wiki

數學家歐拉根據柯尼斯堡七橋問題發展了一套完整的數學理論，稱爲**圖形理論**。**圖形演算法**是基於圖形理論發展而得的一系列演算法，成爲電腦科學領域中一項重要的課題。

目前，圖形演算法相當多，其實不勝枚舉。典型的圖形演算法，例如：

- **廣度優先搜尋**（Breadth First Search, BFS）
- **深度優先搜尋**（Depth First Search, DFS）
- **最小生成樹**（Minimum Spanning Trees）
- **最短路徑問題**（Shortest-Paths Problem）
- **歐拉旅途**（Euler Tour）
- **哈密頓迴圈**（Hamiltonian Cycle）

由於科學或實際問題中，經常可以使用「圖形」將問題進行「抽象化」，因此圖形演算法的應用相當廣泛。

2　「頂點」的英文單字，Vertex 代表單數，Vertices 代表複數。「邊」的英文單字，Edge 表示單數，Edges 表示複數。

19.2 圖形的定義

定義	圖形
圖形可以定義為 $G(V, E)$，其中 V 稱為**頂點集合**（Vertex Set），E 稱為**邊集合**（Edge Set）。	

以圖 19-4 為例，則：

$V = \{ 1, 2, 3, 4, 5 \}$

$E = \{ (1, 2), (1, 3), (1, 4), (2, 4), (2, 5), (3, 4), (4, 5) \}$

圖形理論中，$| V |$ 代表頂點的個數；$| E |$ 代表邊的個數。因此，若以圖 19-4 為例，$| V | = 5$、$| E | = 7$。

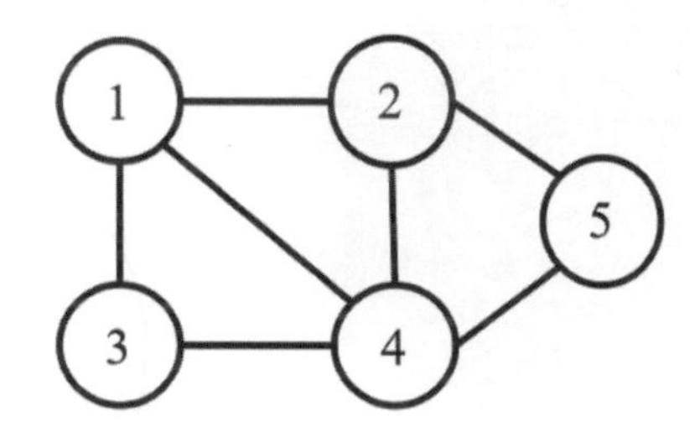

圖 19-4　典型的圖形

19.3 圖形的種類

圖形的種類，可以根據邊的方向性分成兩種：

- **無向圖**（Undirected Graph）：圖形的邊不具有方向性。
- **有向圖**（Directed Graph, Digraph）：圖形的邊具有方向性。

圖形的種類，可以根據**邊**的**權重**（Weights）分成兩種：

- **無權重圖**（Unweighted Graph）：圖形的邊不具有權重。
- **有權重圖**（Weighted Graph）：圖形的邊具有權重。

因此，典型的圖形共分成四大類，如圖 19-5，分別是上述的組合：

- **無向、無權重圖**（Undirected, Unweighted Graph），如圖 19-5(a)
- **有向、無權重圖**（Directed, Unweighted Graph），如圖 19-5(b)
- **無向、有權重圖**（Undirected, Weighted Graph），如圖 19-5(c)
- **有向、有權重圖**（Directed, Weighted Graph），如圖 19-5(d)

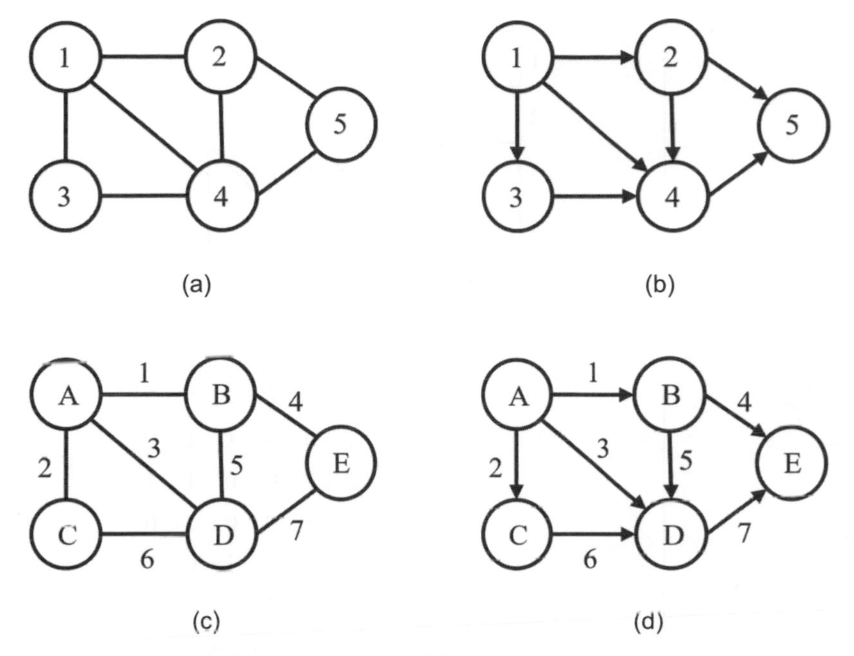

圖 19-5 圖形的種類

19.4 圖形表示法

圖形表示法（Graph Representation）是指使用資料結構表示「圖形」的方法。典型的圖形表示法，包含：

- **相鄰串列表示法**（Adjacency-List Representation）：圖形的相鄰串列表示法中，每個頂點是使用一個**鏈結串列**（Linked-List）表示。
- **相鄰矩陣表示法**（Adjacency-Matrix Representation）：圖形的相鄰矩陣表示法中，圖形是使用一個**矩陣**（Matrix）表示。

以圖 19-5 (a) 的無向、無權重圖為例，其圖形表示法，如圖 19-6。無向圖的相鄰矩陣 $\mathbf{A}$ 是對稱矩陣，可以表示成 $\mathbf{A} = \mathbf{A}^T$，其中 $\mathbf{A}^T$ 為 $\mathbf{A}$ 的轉置矩陣。

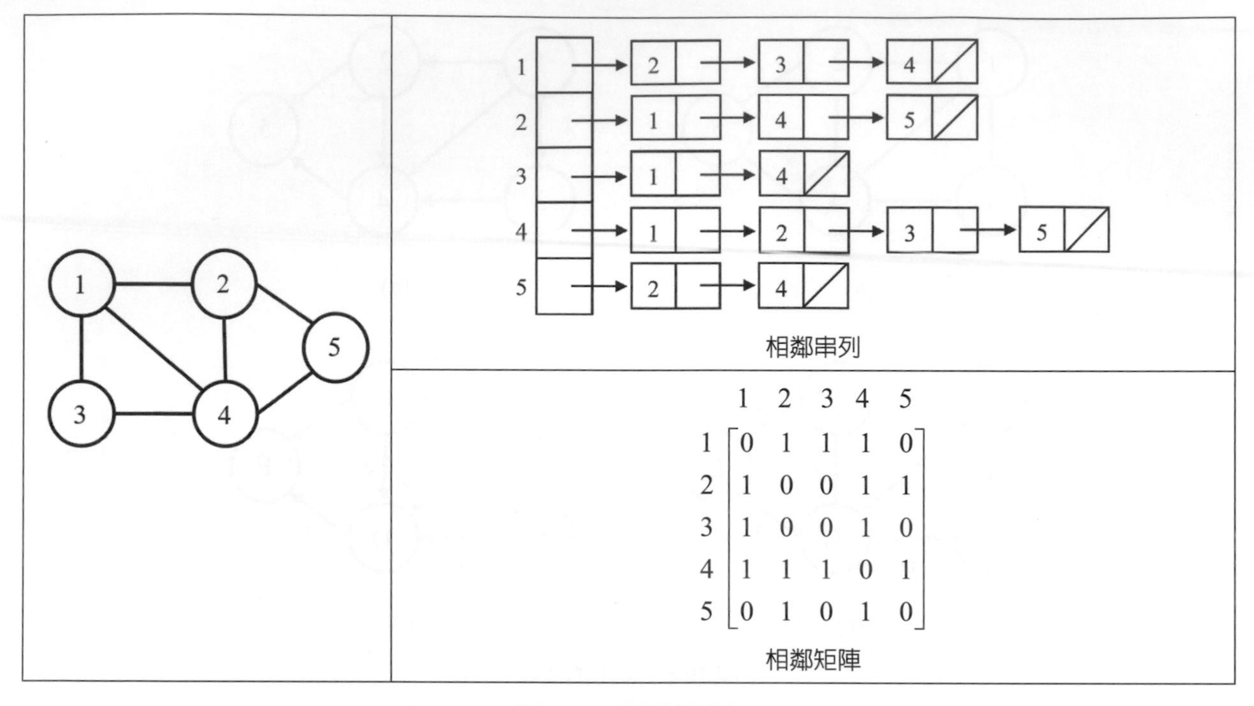

圖 19-6　圖形表示法

以圖 19-5 (b) 的有向、無權重圖爲例，其圖形表示法，如圖 19-7。有向圖的相鄰矩陣 $\mathbf{A}$ 不是對稱矩陣，可以表示成 $\mathbf{A} \neq \mathbf{A}^T$ 。

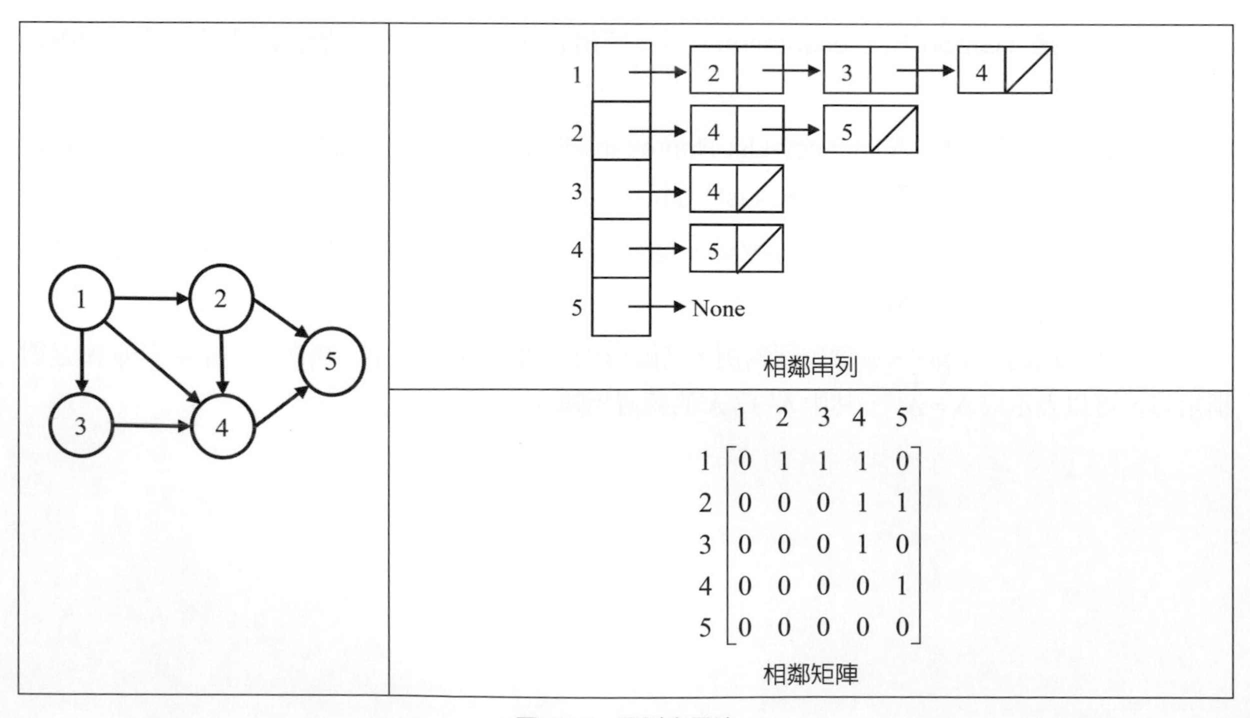

圖 19-7　圖形表示法

以圖 19-5 (c) 的無向、有權重圖爲例，其圖形表示法，如圖 19-8。

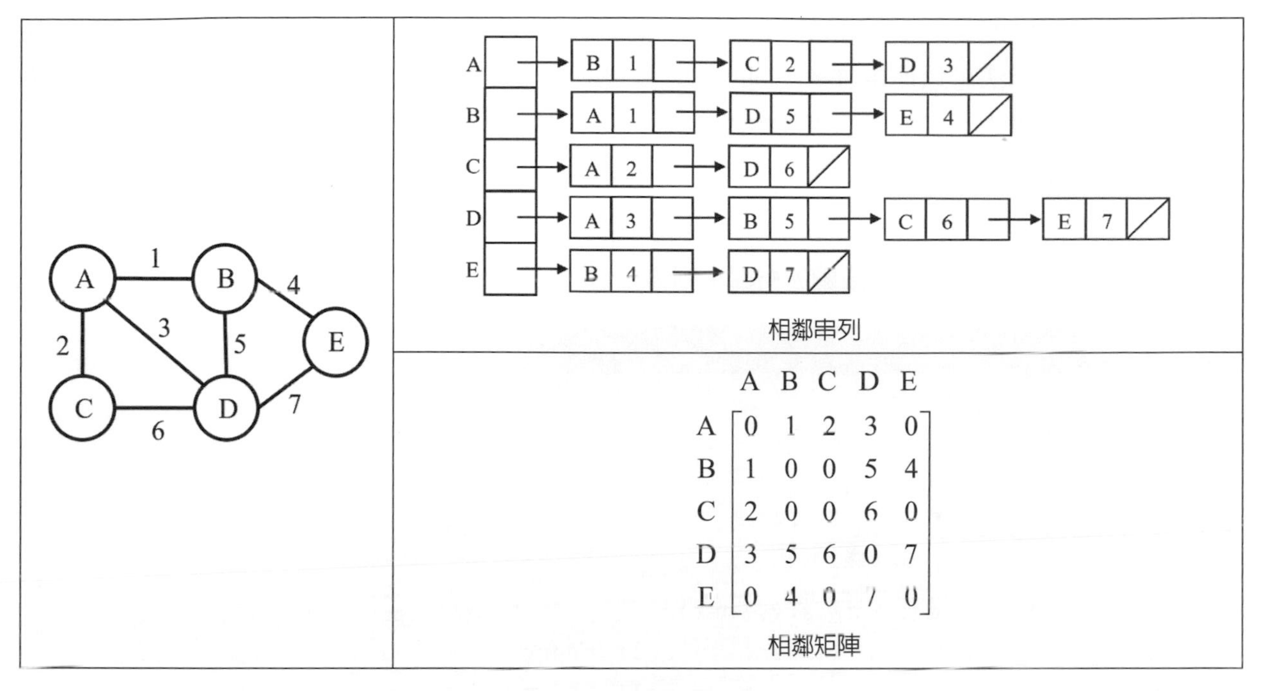

圖 19-8 圖形表示法

以圖 19-5 (d) 的有向、有權重圖爲例，其圖形表示法，如圖 19-9。

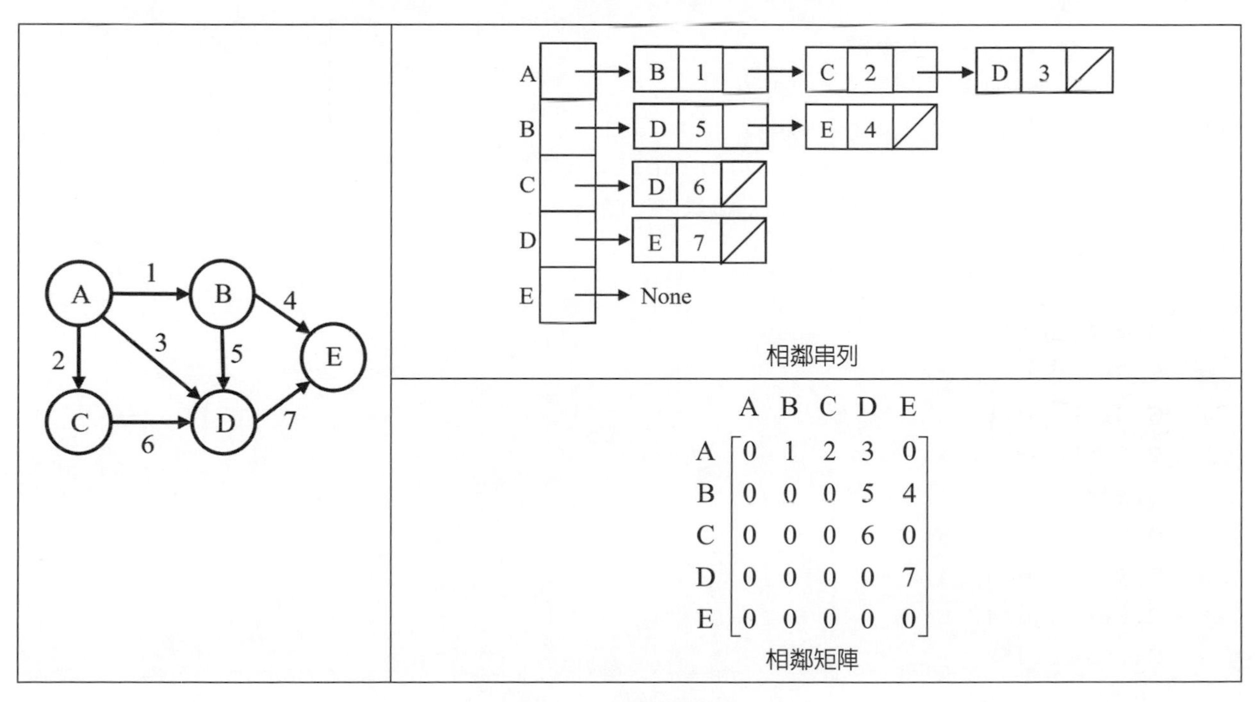

圖 19-9 圖形表示法

19.4.1 相鄰串列表示法

圖形的相鄰串列表示法，可以使用「物件導向程式設計」實現。以 Python 程式語言而言，圖形的相鄰串列表示法可以使用許多不同的方式實現，例如：**串列**、**鏈結串列**、**字典**等。在此，讓我們使用比較簡單的方式，稱爲**串列中的串列**（Lists in List），即是所謂的「二維串列」，藉以實現圖形的相鄰串列表示法。

假設頂點的編號介於 $1 \sim n$ 之間，其中 n 爲**頂點數**（Number of Vertices）。接著，建立圖形的類別。在此，實現**無向**、**無權重圖**的相鄰串列表示法，如圖 19-6。

程式範例 19-1

```
1   class Graph:
2       def __init__(self, n):
3           self.n = n
4           self.AdjList = [[i + 1] for i in range(n)]
5
6       def SetEdge(self, src, dst):
7           if src >= 1 and src <= self.n and \
8              dst >= 1 and dst <= self.n:
9               self.AdjList[src - 1].append(dst)
10              self.AdjList[dst - 1].append(src)
11
12      def Display(self ):
13          print(" 相鄰串列表示法 ")
14          for i in range(self.n):
15              for j in range(len(self.AdjList[i])):
16                  print(self.AdjList[i][j], end = " -> ")
17              print("None")
18
19  G = Graph(5)
20  G.SetEdge(1, 2)
21  G.SetEdge(1, 3)
22  G.SetEdge(1, 4)
23  G.SetEdge(2, 4)
24  G.SetEdge(2, 5)
25  G.SetEdge(3, 4)
26  G.SetEdge(4, 5)
27  G.Display()
```

執行範例如下：

```
相鄰串列表示法
1 -> 2 -> 3 -> 4 -> None
2 -> 1 -> 4 -> 5 -> None
3 -> 1 -> 4 -> None
4 -> 1 -> 2 -> 3 -> 5 -> None
5 -> 2 -> 4 -> None
```

我們只要將 Python 程式略做修改，就可以實現**有向**、**無權重圖**的相鄰串列表示法，如圖 19-7。

程式範例 19-2

```
1    class Graph:
2        def __init__(self, n):
3            self.n = n
4            self.AdjList = [[i + 1] for i in range(n)]
5
6        def SetDirectedEdge(self, src, dst):
7            if src >= 1 and src <= self.n and \
8               dst >= 1 and dst <= self.n:
9                self.AdjList[src - 1].append(dst)
10
11       def Display(self):
12           print("相鄰串列表示法")
13           for i in range(self.n):
14               for j in range(len(self.AdjList[i])):
15                   print(self.AdjList[i][j], end = " -> ")
16               print("None")
17
18   G = Graph(5)
19   G.SetDirectedEdge(1, 2)
20   G.SetDirectedEdge(1, 3)
21   G.SetDirectedEdge(1, 4)
22   G.SetDirectedEdge(2, 4)
23   G.SetDirectedEdge(2, 5)
24   G.SetDirectedEdge(3, 4)
25   G.SetDirectedEdge(4, 5)
26   G.Display()
```

執行範例如下：

```
相鄰串列表示法
1 -> 2 -> 3 -> 4 -> None
2 -> 4 -> 5 -> None
3 -> 4 -> None
4 -> 5 -> None
5 -> None
```

19.4.2 相鄰矩陣表示法

圖形的相鄰矩陣表示法，可以使用「物件導向程式設計」實現。在此，我們使用 Python 提供的「二維串列」，藉以實現圖形的相鄰矩陣表示法。

假設頂點的編號介於 1~n 之間，其中 n 為**頂點數**（Number of Vertices）。接著，建立圖形的類別。在此，實現無向、無權重圖的相鄰矩陣表示法，如圖 19-6。

程式範例 19-3

```
1   class Graph:
2       def __init__(self, n):
3           self.n = n
4           self.A = [[0 for j in range(n + 1)] \
5                          for i in range(n + 1)]
6
7       def SetEdge(self, src, dst):
8           if src >= 1 and src <= self.n and \
9              dst >= 1 and dst <= self.n:
10              self.A[src][dst] = 1
11              self.A[dst][src] = 1
12
13      def Display(self):
14          print(" 相鄰矩陣表示法 ")
15          for i in range(1, self.n + 1):
16              for j in range(1, self.n + 1):
17                  print(self.A[i][j], end = " ")
18              print()
19
20  G = Graph(5)
21  G.SetEdge(1, 2)
22  G.SetEdge(1, 3)
23  G.SetEdge(1, 4)
24  G.SetEdge(2, 4)
```

```
25  G.SetEdge(2, 5)
26  G.SetEdge(3, 4)
27  G.SetEdge(4, 5)
28  G.Display()
```

執行範例如下：

```
相鄰矩陣表示法
0 1 1 1 0
1 0 0 1 1
1 0 0 1 0
1 1 1 0 1
0 1 0 1 0
```

我們只要將 Python 程式略做修改，就可以實現**有向**、**無權重圖**的相鄰矩陣表示法，如圖 19-7。

程式範例 19-4

```
1   class Graph:
2       def __init__(self, n):
3           self.n = n
4           self.A = [[0 for j in range(n + 1)] \
5                     for i in range(n + 1)]
6
7       def SetDirectedEdge(self, src, dst):
8           if src >= 1 and src <= self.n and \
9              dst >= 1 and dst <= self.n:
10              self.A[src][dst] = 1
11
12      def Display(self):
13          print(" 相鄰矩陣表示法 ")
14          for i in range(1, self.n + 1):
15              for j in range(1, self.n + 1):
16                  print(self.A[i][j], end = " ")
17              print()
18
19  G = Graph(5)
20  G.SetDirectedEdge(1, 2)
21  G.SetDirectedEdge(1, 3)
22  G.SetDirectedEdge(1, 4)
23  G.SetDirectedEdge(2, 4)
```

```
24  G.SetDirectedEdge(2, 5)
25  G.SetDirectedEdge(3, 4)
26  G.SetDirectedEdge(4, 5)
27  G.Display()
```

執行範例如下：

```
相鄰矩陣表示法
0 1 1 1 0
0 0 0 1 1
0 0 0 1 0
0 0 0 0 1
0 0 0 0 0
```

同理，我們只要將 Python 程式略做修改，就可以實現另外兩種圖形：

- **無向、有權重圖**
- **有向、有權重圖**

邀請您自行修改 Python 程式，實現這兩種圖形的相鄰串列表示法與相鄰矩陣表示法，如圖 19-8 與圖 19-9。

19.5 廣度優先搜尋

廣度優先搜尋（Breadth-First Search），或簡稱 BFS，也經常翻譯成「寬度優先搜尋」或「橫向優先搜尋」。**廣度優先搜尋**是最基本的圖形演算法，目的是用來走訪圖形中的頂點。

定義	廣度優先搜尋
給定圖形 $G(V, E)$ 與**出發點**（Source Vertex），**廣度優先搜尋**的目的是系統性的搜尋圖形，用來「走訪」圖形中每一個頂點。搜尋順序是以「廣度」為優先，將先搜尋距離出發頂點為 k 的頂點，再搜尋距離出發頂點為 $k+1$ 的頂點。	

一般來說，廣度優先搜尋適用於**無向圖**或**有向圖**。若圖形爲「相連」的圖形，則從出發點開始，可以走訪（搜尋）圖形中所有的頂點。

廣度優先搜尋的輸出結果，包含：

- **廣度優先搜尋序列**（BFS Sequence）
- **廣度優先搜尋樹**（BFS Tree）

爲了實現廣度優先搜尋，讓我們先定義頂點的資料結構，用來記錄廣度優先搜尋的結果，如表 19-1。

表 19-1 廣度優先搜尋的頂點資料結構

屬性	說明
key	頂點名稱
color	WHITE：未走訪 GRAY：第一次走訪 BLACK：走訪完畢
d	與出發點的距離
π	BFS 樹中的父節點

廣度優先搜尋的演算法步驟如下：

(1) 首先，建立一個**佇列**（Queue），稱爲 Q。演算法從**出發頂點**（Source Vertex）開始進行「走訪」，因此將出發頂點 Enqueue 至佇列 Q 中，出發頂點設爲 GRAY（第一次走訪）、$d = 0$ 與 π = None（代表爲 BFS 樹的樹根）。其餘的頂點則設爲 WHITE（未走訪）、$d = \infty$與 π = None（代表未知）。

(2) 從佇列 Q 中 Dequeue 一個頂點 u，並對其相鄰的頂點 v 進行「走訪」，若相鄰的頂點 v 爲 WHITE（未走訪），則將其 Enqueue 至佇列 Q 中，同時設定爲 GRAY（第一次走訪）、距離 d 與 π（代表 BFS 樹中的父節點）。目前的頂點 u，則設爲 BLACK（走訪完畢）。

(3) 重複步驟 (2)，直至佇列 Q 爲空佇列爲止，代表所有的頂點已走訪完畢。

廣度優先搜尋的範例，如圖 19-10。給定的無向圖中，頂點的編號分別爲 1~6，共有 8 個邊。選取出發點爲頂點 1，頂點的顏色爲 WHITE、GRAY 或 BLACK，其中的數值代表與出發點的距離 d。除此之外，可以觀察到每次走訪的 BFS 樹。原則上，若搜尋時須同時走訪多個頂點，則依照頂點編號或英文字母順序進行走訪。

廣度優先搜尋的輸出結果如下：

BFS 序列：< 1, 2, 4, 3, 5, 6 >

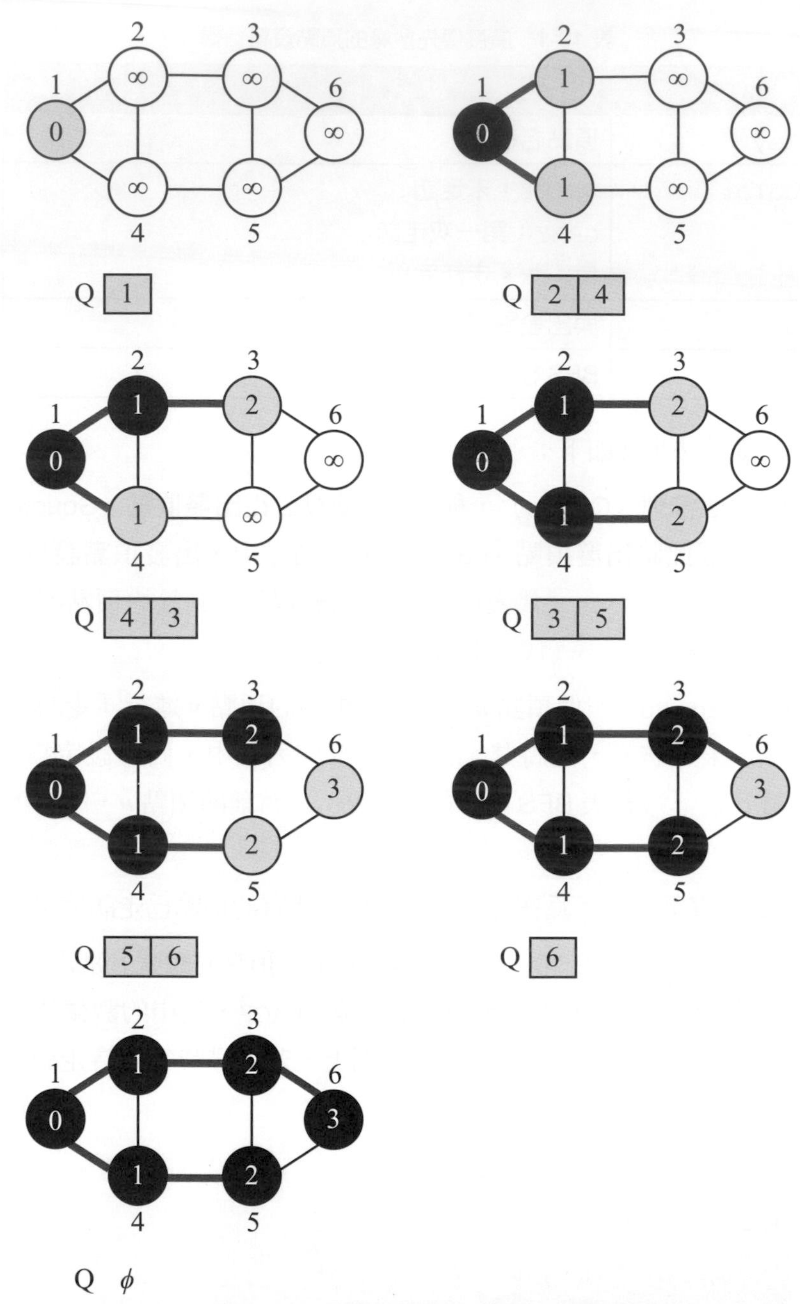

圖 19-10　廣度優先搜尋（BFS）範例

程式範例 19-5

```
1    import math
2    WHITE, GRAY, BLACK = 1, 2, 3
3
4    class Queue:
5        def __init__(self):
6            self.Q = []
7
```

```
8      def isEmpty(self):
9          return self.Q == []
10
11     def Enqueue(self, key):
12         self.Q.append(key)
13
14     def Dequeue(self):
15         if self.isEmpty():
16             print("Underflow")
17             return None
18         else:
19             return self.Q.pop(0)
20
21     def Display(self):
22         print("Queue:", end = "")
23         print(self.Q)
24
25 class Graph:
26     def __init__(self, n):
27         self.n = n
28         self.A = [[0 for j in range(n + 1)] \
29                       for i in range(n + 1)]
30         self.color = [0 for i in range(n + 1)]
31         self.d     = [0 for i in range(n + 1)]
32         self.pi    = [0 for i in range(n + 1)]
33
34     def SetEdge(self, src, dst):
35         if src >= 1 and src <= self.n and \
36            dst >= 1 and dst <= self.n:
37             self.A[src][dst] = 1
38             self.A[dst][src] = 1
39
40     def Display(self):
41         print("相鄰矩陣表示法")
42         for i in range(1, self.n + 1):
43             for j in range(1, self.n + 1):
44                 print(self.A[i][j], end = " ")
45             print()
46
47     def BFS(self, source):
48         for u in range(1, self.n + 1):
```

```
49              if u != source:
50                  self.color[u] = WHITE
51                  self.d[u] = math.inf
52                  self.pi[u] = None
53          self.color[source] = GRAY
54          self.d[source] = 0
55          self.pi[source] = None
56
57          self.BFS_sequence = []
58          Q = Queue()
59          Q.Enqueue(source)
60          while Q.isEmpty() == False:
61              u = Q.Dequeue()
62              self.BFS_sequence.append(u)
63              for v in range(1, self.n + 1):
64                  if self.A[u][v] != 0:
65                      if self.color[v] == WHITE:
66                          self.color[v] = GRAY
67                          self.d[v] = self.d[u] + self.A[u][v]
68                          self.pi[v] = u
69                          Q.Enqueue(v)
70              self.color[u] = BLACK
71
72          print("BFS Sequence:", self.BFS_sequence)
73          print("BFS Tree:")
74          for u in range(1, self.n + 1):
75              print("Parent of vertex", u, "=", self.pi[u])
76
77  G = Graph(6)
78  G.SetEdge(1, 2)
79  G.SetEdge(1, 4)
80  G.SetEdge(2, 3)
81  G.SetEdge(2, 4)
82  G.SetEdge(3, 5)
83  G.SetEdge(3, 6)
84  G.SetEdge(4, 5)
85  G.SetEdge(5, 6)
86  G.BFS(1)
```

執行範例如下：

```
BFS Sequence: [1, 2, 4, 3, 5, 6]
BFS Tree:
Parent of vertex 1 = None
Parent of vertex 2 = 1
Parent of vertex 3 = 2
Parent of vertex 4 = 1
Parent of vertex 5 = 4
Parent of vertex 6 = 3
```

我們只要將 Python 程式略做修改，就可以實現有向圖的廣度優先搜尋。

19.6 深度優先搜尋

深度優先搜尋（Depth-First Search），或簡稱 DFS，是最基本的圖形演算法，目的是用來走訪圖形中的頂點。

定義	深度優先搜尋
給定圖形 $G(V, E)$ 與**出發點**，**深度優先搜尋**的目的是系統性的搜尋圖形，用來「走訪」圖形中每一個頂點。搜尋順序是以「深度」為優先，即盡量向深度走訪，若頂點已走訪完畢，則會回溯到之前走訪的分支頂點。	

一般來說，深度優先搜尋適用於**無向圖**或**有向圖**。若圖形爲「相連」的圖形，則從出發點開始，可以走訪（搜尋）圖形中所有的頂點。

深度優先搜尋的輸出結果，包含：

- **深度優先搜尋序列**（DFS Sequence）
- **深度優先搜尋樹**（DFS Tree）

爲了實現深度優先搜尋，讓我們先定義頂點的資料結構，用來記錄深度優先搜尋的結果，如表 19-2。

表 19-2　深度優先搜尋的頂點資料結構

屬性	說明
key	頂點名稱
color	WHITE：未走訪 GRAY：第一次走訪 BLACK：走訪完畢
d	與出發點的距離
π	DFS 樹中的父節點
time	走訪次數

深度優先搜尋的演算法步驟如下：

(1) 演算法從**出發頂點**開始進行「走訪」，出發頂點設為 GRAY（第一次走訪）、$d = 0$ 與 π = None（代表為 BFS 樹的樹根）。其餘的頂點則設為 WHITE（未走訪）、$d = \infty$與 π = None（代表未知）。

(2) 目前處理的頂點為 u，對其相鄰的頂點 v 進行「走訪」，若相鄰的頂點 v 為 WHITE（未走訪），則設定 GRAY（第一次走訪）、距離 d 與 π（代表 DFS 樹中的父節點）。

(3) 以頂點 v 為新的出發頂點，使用遞迴方式重複步驟 (2)，代表往深度走訪。若相鄰的頂點都已走訪，則將其設為 BLACK（走訪完畢）；同時，退出遞迴回到上一個分支頂點。

深度優先搜尋的範例，如圖 19-11。給定的無向圖，頂點的編號分別為 1~6，共有 8 個邊。選取出發點為頂點 1，頂點的顏色為 WHITE、GRAY 或 BLACK，其中的數值代表走訪次數。原則上，若搜尋時須同時走訪多個頂點，則依照頂點編號或英文字母順序進行走訪。

深度優先搜尋的輸出結果如下：

DFS 序列：< 1, 2, 3, 5, 4, 6 >

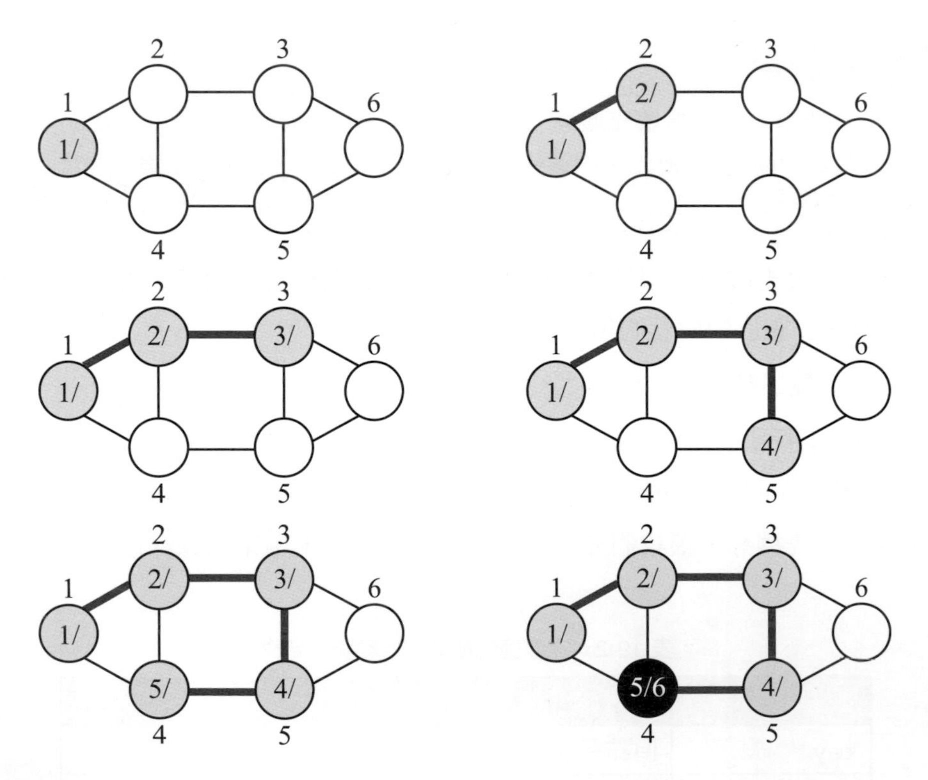

圖 19-11　深度優先搜尋（DFS）範例

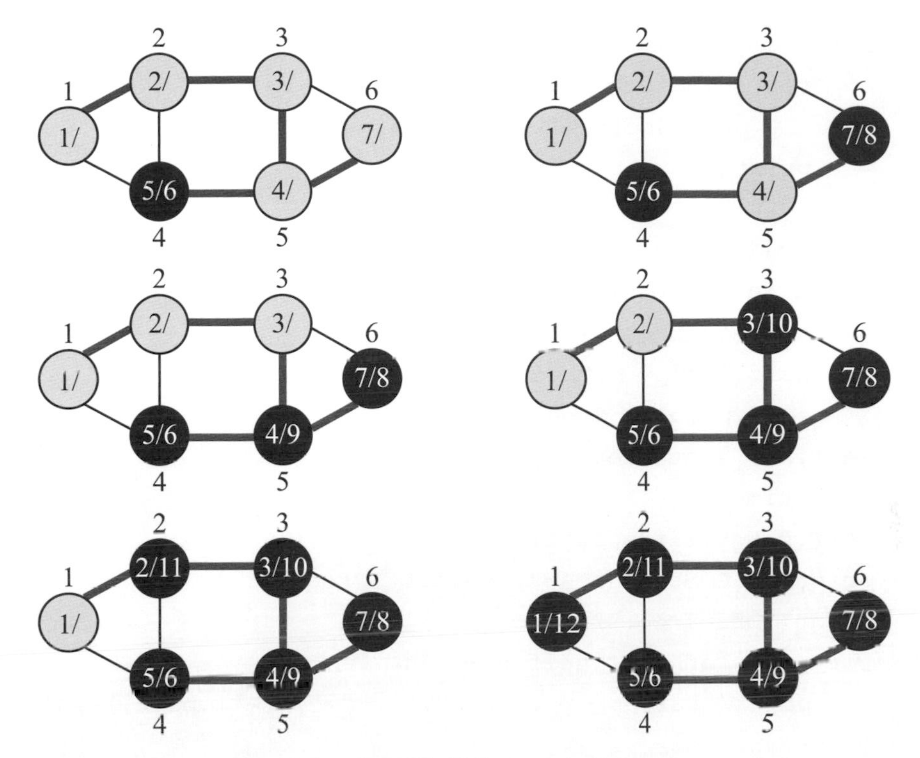

圖 19-11 深度優先搜尋（DFS）範例 (續)

程式範例 19-6

```
1    import math
2    WHITE, GRAY, BLACK = 1, 2, 3
3
4    class Graph:
5        def __init__(self, n):
6            self.n = n
7            self.A = [[0 for j in range(n + 1)] \
8                         for i in range(n + 1)]
9            self.color = [0 for i in range(n + 1)]
10           self.d     = [0 for i in range(n + 1)]
11           self.pi    = [0 for i in range(n + 1)]
12
13       def SetEdge(self, src, dst):
14           if src >= 1 and src <= self.n and \
15              dst >= 1 and dst <= self.n:
16               self.A[src][dst] = 1
17               self.A[dst][src] = 1
18
19       def Display(self):
20           print(" 相鄰矩陣表示法 ")
```

```
21          for i in range(1, self.n + 1):
22              for j in range(1, self.n + 1):
23                  print(self.A[i][j], end = " ")
24              print()
25
26      def DFS(self, source):
27          for u in range(1, self.n + 1):
28              self.color[u] = WHITE
29              self.d[u] = math.inf
30              self.pi[u] = None
31          self.DFS_sequence = []
32          self.time = 0
33          self.DFS_Visit(source)
34          print("DFS Sequence =", self.DFS_sequence)
35          print("DFS Tree:")
36          for u in range(1, self.n + 1):
37              print("Parent of vertex", u, "=", self.pi[u])
38
39      def DFS_Visit(self, u):
40          self.DFS_sequence.append(u)
41          self.color[u] = GRAY
42          self.time += 1
43          self.d[u] = self.time
44          for v in range(1, self.n + 1):
45              if self.A[u][v] != 0:
46                  if self.color[v] == WHITE:
47                      self.pi[v] = u
48                      self.DFS_Visit(v)
49          self.color[u] = BLACK
50          self.time += 1
51
52  G = Graph(6)
53  G.SetEdge(1, 2)
54  G.SetEdge(1, 4)
55  G.SetEdge(2, 3)
56  G.SetEdge(2, 4)
57  G.SetEdge(3, 5)
58  G.SetEdge(3, 6)
59  G.SetEdge(4, 5)
60  G.SetEdge(5, 6)
61  G.DFS(1)
```

執行範例如下：

```
DFS Sequence = [1, 2, 3, 5, 4, 6]
DFS Tree:
Parent of vertex 1 = None
Parent of vertex 2 = 1
Parent of vertex 3 = 2
Parent of vertex 4 = 5
Parent of vertex 5 = 3
Parent of vertex 6 = 5
```

我們只要將 Python 程式略做修改，就可以實現有向圖的深度優先搜尋。

19.7 最小生成樹

圖形理論中，**樹**（Tree）其實是一種**圖形**，具有**相連**（Connected）、**無迴圈**（Acyclic）的性質。

定義	樹
樹可以定義為： (1) 相連、無迴圈的圖形 (2) 任意取兩頂點，其間的路徑為唯一	

樹的範例，如圖 19-12。因此，**樹**滿足 $|\boldsymbol{V}| = |\boldsymbol{E}| - 1$。

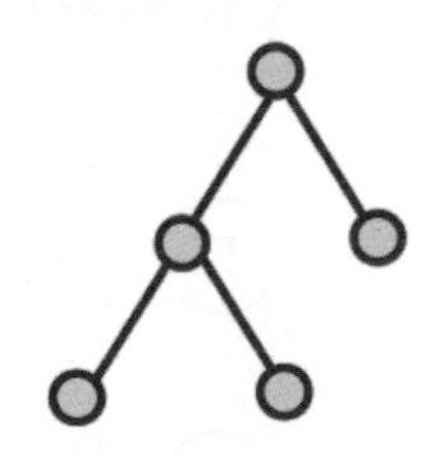
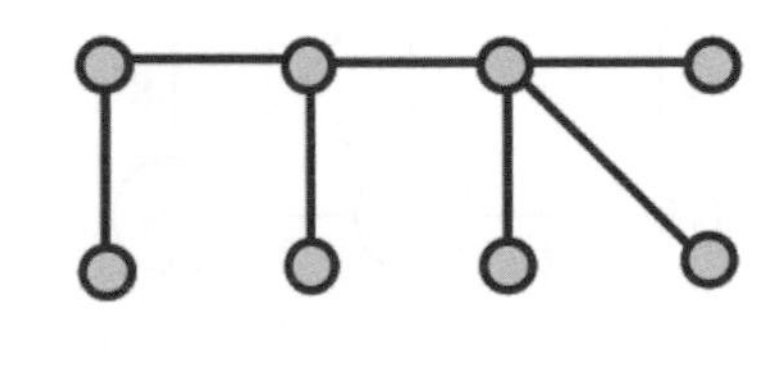

圖 19-12 樹的範例

定義	最小生成樹
給定無向、有權重的圖形 $G(V, E)$，且圖形為相連，**最小生成樹**（Minimum Spanning Tree, MST）是指構成生成樹，不僅須**涵蓋**（Span）所有的頂點，而且總權重最小。	

具有代表性的最小生成樹演算法有兩種[3]：

- **Kruskal 演算法——基於邊**（Edge-based）的演算法。
- **Prim 演算法——基於頂點**（Vertex-based）的演算法。

3 本書僅介紹 Kruskal 演算法；若您對於最小生成樹演算法有興趣，可以自行研究 Prim 演算法。

19.7.1 Kruskal 演算法

Kruskal 演算法（Kruskal's Algorithm）的目的，即是用來找圖形的最小生成樹。Kruskal 演算法使用「貪婪演算法」的設計策略，但可以得到最小生成樹的最佳解。

Kruskal 演算法的步驟如下：

(1) 首先，對所有邊的權重進行排序。

(2) 建立一個**不相交集合**（Disjoint Set）。

(3) 依據邊的權重從小到大，若邊的兩個頂點 u、v 不在同一個集合，則加入最小生成樹；否則表示加入這個邊會形成迴圈，與樹的定義不符。

(4) 重複步驟 (3)，直到所有的邊都檢查完畢為止。

Kruskal 演算法的範例，如圖 19-13。首先對所有邊的權重進行排序，並建立一個不相交集合。依據邊的權重從小到大，步驟如下：

(A, B) ⇒ A、B 不在同一個集合 ⇒ 加入 MST

(E, F) ⇒ E、F 不在同一個集合 ⇒ 加入 MST

(B, C) ⇒ B、C 不在同一個集合 ⇒ 加入 MST

(A, D) ⇒ A、D 不在同一個集合 ⇒ 加入 MST

(B, E) ⇒ B、E 不在同一個集合 ⇒ 加入 MST

(D, E) ⇒ D、E 在同一個集合 ⇒ 跳過

(B, F) ⇒ B、F 在同一個集合 ⇒ 跳過

(C, F) ⇒ C、F 在同一個集合 ⇒ 結束

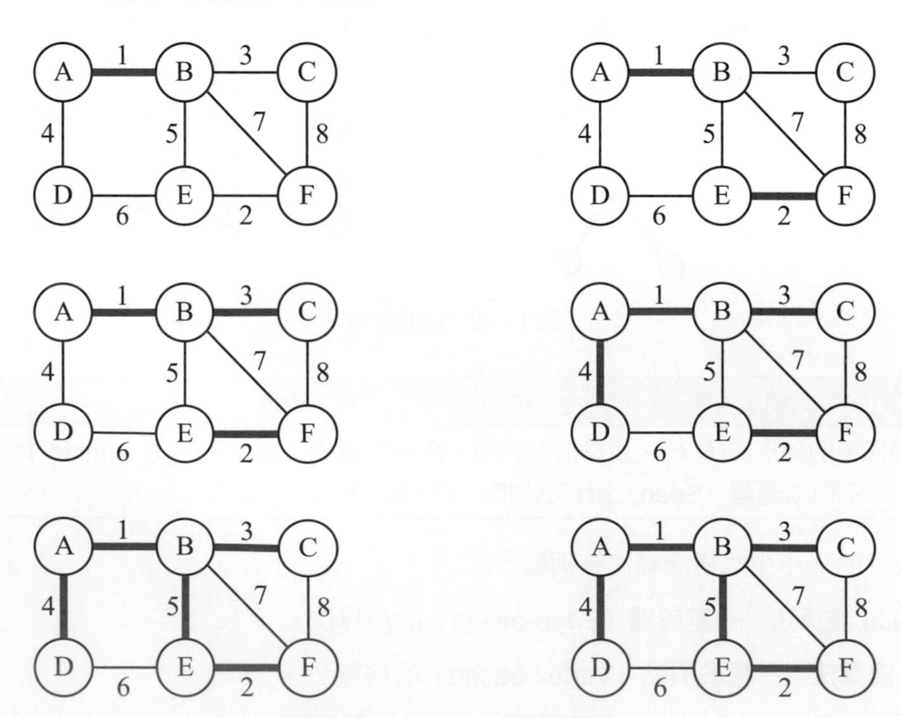

圖 19-13　Kruskal 演算法範例

程式範例 19-7

```
1   class DisjointSet:
2       def __init__(self, n):
3           self.set = [i for i in range(n + 1)]
4           self.n = n
5
6       def Find(self, key):
7           while self.set[key] != key:
8               key = self.set[key]
9           return key
10
11      def Union(self, a, b):
12          if self.Find(a) < self.Find(b):
13              for i in range(self.n + 1):
14                  if self.Find(i) == self.Find(b):
15                      self.set[i] = self.Find(a)
16          else:
17              for i in range(self.n + 1):
18                  if self.Find(i) == self.Find(a):
19                      self.set[i] = self.Find(b)
20
21      def Display(self):
22          print("Disjoint Set: ", end = "")
23          for i in range(1, self.n + 1):
24              if self.Find(i)== i:  # 代表
25                  print("{", end = "")
26                  print(i, end = "")
27                  for j in range(i + 1, self.n + 1):
28                      if self.Find(j) == i:
29                          print(",", end = "")
30                          print(j, end = "")
31                  print("},", end = "")
32          print()
33
34  class Graph:
35      def __init__(self, n):
36          self.n = n  # 頂點數
37          self.key = ['0']  # 頂點名稱
38          for i in range(n):
39              self.key.append(chr(ord('A') + i))
40          self.A = [[ 0 for j in range(n + 1)] \
```

```
41                             for i in range(n + 1)]
42            self.d = [0 for i in range(n + 1)]  # 最短距離
43            self.pi = [0 for i in range(n + 1)]  # 父頂點
44
45        def SetWeightedEdge(self, src, dst, weight):
46            if src >= 1 and src <= self.n and \
47               dst >= 1 and dst <= self.n:
48                self.A[src][dst] = weight
49                self.A[dst][src] = weight
50
51        def Display(self):
52            print(" 相鄰矩陣表示法 ")
53            for i in range(1, self.n + 1):
54                for j in range(1, self.n + 1):
55                    print(self.A[i][j], end = " ")
56                print()
57
58        def Kruskal(self):
59            edges = []
60            for i in range(1, self.n):
61                for j in range(i, self.n + 1):
62                    if self.A[i][j] != 0:
63                        edges.append([i, j, self.A[i][j]])
64            edges.sort(key = lambda x: x[2])  # 根據權重排序
65            MST = []
66            MST_cost = 0
67            S = DisjointSet(self.n)
68            for i in range(len(edges)):
69                u = edges[i][0]
70                v = edges[i][1]
71                weight = edges[i][2]
72                if S.Find(u) != S.Find(v):
73                    MST.append([self.key[u], self.key[v]])
74                    S.Union(u, v)
75                    MST_cost += weight
76            print(MST)
77            print("Minimum Cost =", MST_cost)
78
79    G = Graph(6)
80    G.SetWeightedEdge(1, 2, 1)  # A -> B
81    G.SetWeightedEdge(1, 4, 4)  # A -> D
```

```
82  G.SetWeightedEdge(2, 3, 3)  # B -> C
83  G.SetWeightedEdge(2, 5, 5)  # B -> E
84  G.SetWeightedEdge(2, 6, 7)  # B -> F
85  G.SetWeightedEdge(3, 6, 8)  # C -> F
86  G.SetWeightedEdge(4, 5, 6)  # C -> D
87  G.SetWeightedEdge(5, 6, 2)  # C -> D
88  G.Kruskal()
```

執行範例如下：

```
[['A', 'B'], ['E', 'F'], ['B', 'C'], ['A', 'D'], ['B', 'E']]
Minimum Cost = 15
```

19.8 最短路徑問題

圖形演算法中，最短路徑問題是具有代表性的問題，被廣泛應用於許多領域，例如：GPS 導航、網路分析、遊戲設計、智慧機器人等。最短路徑問題分成兩大類：

- **單一源最短路徑問題**（Single-Source Shortest Paths Problem）
- **全配對最短路徑問題**（All-Pairs Shortest Paths Problem）

先討論第一種類型的問題，稱爲**單一源最短路徑問題**。顧名思義，單一源是指只有一個出發點。

舉例說明，給定有向、有權重圖，如圖 19-14。

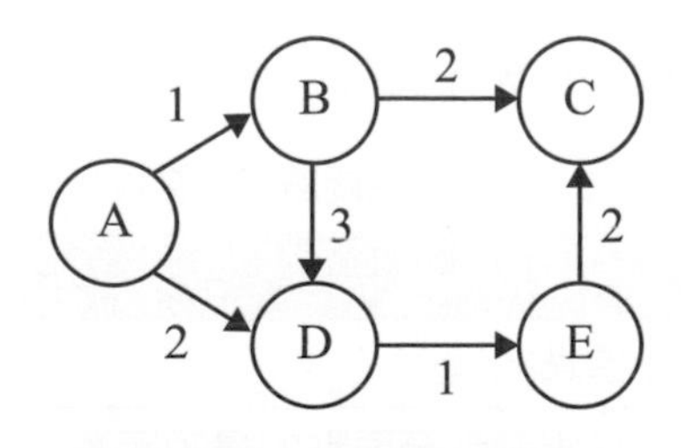

圖 19-14　最短路徑問題

假設 A 爲出發點（單一源），且定義 $\delta(u, v)$ 是頂點 u 到 v 的**最短路徑權重**（Shortest Path Weight）或**最短距離**（Shortest Distance），則：

- A → B：只有一種可能路徑，因此最短路徑權重 $\delta(\text{A}, \text{B}) = 1$。
- A → C：共有三種可能路徑，分別爲 A → B → C、A → B → D → E → C、A → D → E → C，路徑權重分別爲 3、7、5，因此最短路徑權重爲 $\delta(\text{A}, \text{C}) = 3$。
- A → D：共有兩種可能路徑，分別爲 A → B → D、A → D，路徑權重分別爲 4、2，因此最短路徑權重爲 $\delta(\text{A}, \text{D}) = 2$。

- A → E：共有兩種可能路徑，分別為 A → B → D → E、A → D → E，路徑權重分別為 5、3，因此最短路徑權重為 $\delta(A, E) = 3$。

最短路徑演算法的目的，是輸入無向或有向、有權重的圖形，計算某出發點至其他所有頂點的最短路徑權重（或最短距離）。同時，輸出所謂的**最短路徑樹**（Shortest-Paths Tree），如圖 19-15。

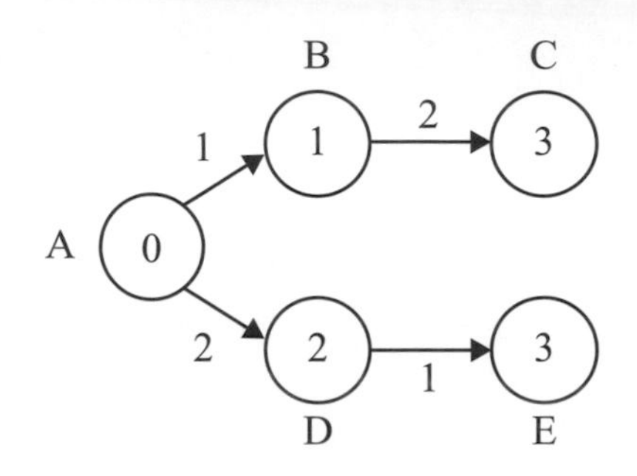

圖 19-15　最短路徑問題的解（最短路徑樹）

具有代表性的**單一源最短路徑**演算法有兩種[4]：

- **Bellman-Ford 演算法——基於邊**（Edge-based）的演算法。
- **Dijkstra 演算法—— 基於頂點**（Vertex-based）的演算法。

19.8.1　Dijkstra 演算法

戴克斯特拉演算法（Dijkstra's Algorithm）是由荷蘭電腦科學家**艾茲赫爾·戴克斯特拉**（Edsger Wybe Dijkstra）於 1956 年提出的圖形演算法，目前已成為具有代表性的圖形演算法之一。Dijkstra 演算法可以用來解**單一源最短路徑問題**（Single-Source Shortest Paths Problem），其中所有權重值都必須是非負正數。

Dijkstra 演算法的頂點資料結構，如表 19-3。

表 19-3　最短路徑問題的頂點資料結構

屬性	說明
key	頂點名稱
d	從出發點至頂點的最短距離
π	最短路徑樹的父頂點

在介紹 Dijkstra 演算法之前，讓我們先介紹 Dijkstra 演算法的子演算法，稱為 Relax 演算法，如圖 19-16。

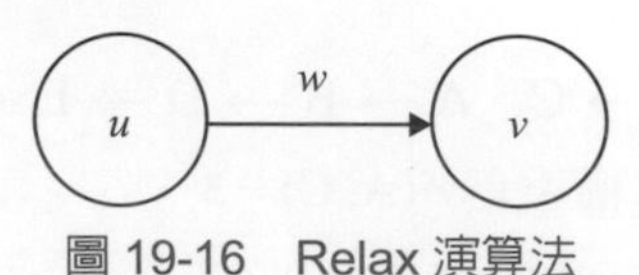

圖 19-16　Relax 演算法

若 $u.d + w < v.d$ 則更新 $v.d$；否則不更新。典型的範例，如圖 19-17。

4　本書僅介紹 Dijkstra 演算法；若您對於**單一源最短路徑**演算法有興趣，可以自行研究 Bellman-Ford 演算法。

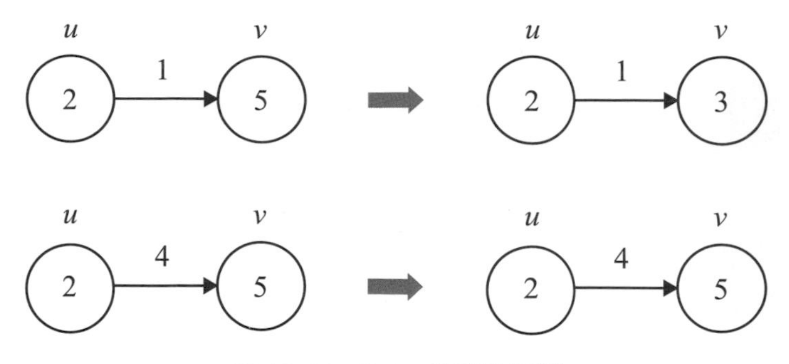

圖 19-17　Relax 演算法範例

Dijkstra 演算法是利用「貪婪演算法」解決單一源最短路徑問題。Dijkstra 演算法的步驟如下：

(1) 首先，進行**初始化**（Initialization）。除了出發點設爲 $d = 0$、π = None（代表最短路徑樹的樹根，其餘均先設爲 $d = \infty$、π = None。

(2) 擷取最短路徑權重的最小值，對其進行 Relax 演算法。必要時，更新最短路徑權重與最短路徑樹的父節點。

(3) 重複步驟 (2)，直至所有頂點都完成 Relax 操作。

Dijkstra 演算法的範例，如圖 19-18。通常，Dijkstra 演算法須使用**最小堆積**（Minimum Heap）或**最小優先佇列**（Minimum Priority Queue），作爲基本的資料結構，可以讓 Dijkstra 演算法的執行時間效率較佳。在此，我們採用 Python 提供的資料結構 heapq。

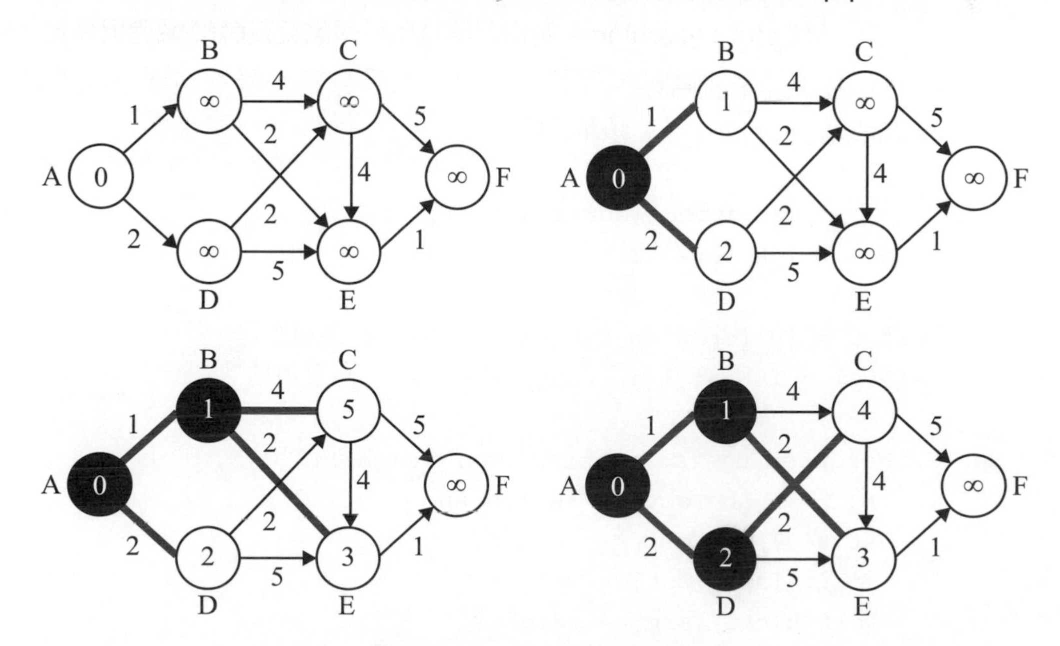

圖 19-18　Dijkstra 演算法範例

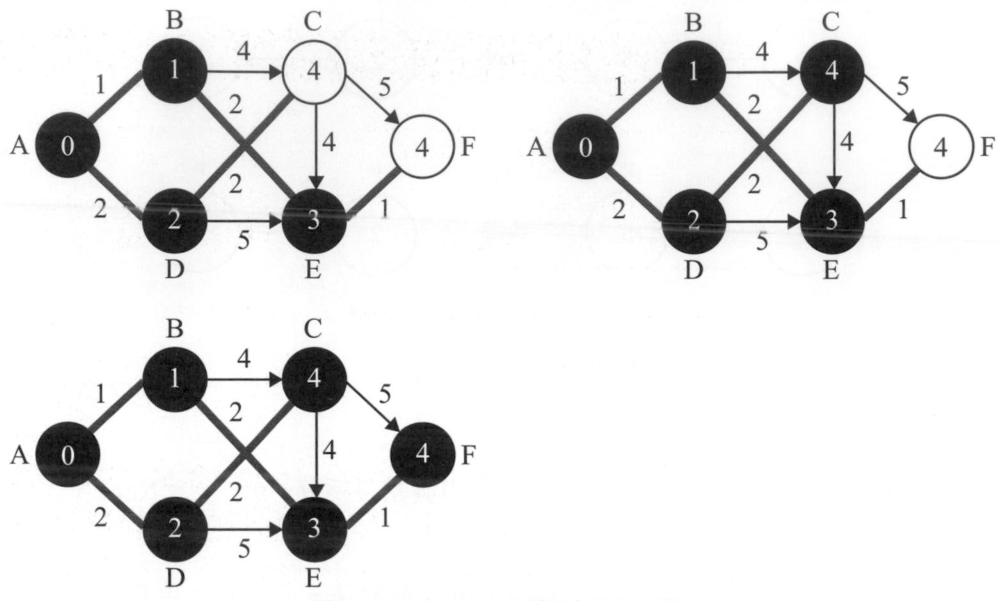

圖 19-18　Dijkstra 演算法範例 (續)

程式範例 19-8

```
1    import math
2    from heapq import *
3
4    class Graph:
5        def __init__(self, n):
6            self.n = n  # 頂點數
7            self.key = ['0']  # 頂點名稱
8            for i in range(n):
9                self.key.append(chr(ord('A') + i))
10           self.A = [[0 for j in range(n + 1)] \
11                     for i in range(n + 1)]
12           self.d = [0 for i in range(n + 1)]  # 最短距離
13           self.pi = [0 for i in range(n + 1)]  # 父頂點
14
15       def SetWeightedEdge(self, src, dst, weight):
16           if src >= 1 and src <= self.n and \
17              dst >= 1 and dst <= self.n:
18               self.A[src][dst] = weight
19               self.A[dst][src] = weight
20
21       def SetDirectedWeightedEdge(self, src, dst, weight):
22           if src >= 1 and src <= self.n and \
23              dst >= 1 and dst <= self.n:
```

```
24              self.A[src][dst] = weight
25
26      def Display(self):
27          print(" 相鄰矩陣表示法 ")
28          for i in range(1, self.n + 1):
29              for j in range(1, self.n + 1):
30                  print(self.A[i][j], end = " ")
31              print()
32
33      def Dijkstra(self, source):  #  Dijkstra 演算法
34          for i in range(1, self.n + 1):  # 初始化
35              self.d[i] = math.inf
36          self.d[source] = 0
37          self.pi[source] = None
38          black = [False] * (self.n + 1)  # 紀錄是否已處理
39          heap = [(0, source)]
40          while heap:
41              dist, u = heappop(heap)  # 擷取最小值
42              if not black[u]:  # 未處理
43                  for v in range(1, self.n + 1):  # Relax
44                      if self.A[u][v] != 0:
45                          if self.d[u] + self.A[u][v] < self.d[v]:
46                              self.d[v] = self.d[u] + self.A[u][v]
47                              self.pi[v] = u
48                              heappush(heap, (self.d[v], v))
49                  black[u] = True
50
51          print("Dijkstra 演算法 :")  # 輸出結果
52          for i in range(2, self.n + 1):
53              print("Shortest Distance from A to", self.key[i], \
54                  "=", self.d[i])
55          for i in range(2, self.n + 1):
56              self.PrintShortestPath(i)
57
58      def PrintShortestPath(self, i):  # 最短路徑
59          path = [self.key[i]]
60          parent = self.pi[i]
61          while parent != None:
62              path.insert(0, self.key[parent])
63              parent = self.pi[parent]
64          print("Shortest Path from A to", self.key[i], "=", path)
```

```
65
66  G = Graph(6)
67  G.SetWeightedEdge(1, 2, 1)  # A -> B
68  G.SetWeightedEdge(1, 4, 2)  # A -> D
69  G.SetWeightedEdge(2, 3, 4)  # B -> C
70  G.SetWeightedEdge(2, 5, 2)  # B -> E
71  G.SetWeightedEdge(3, 5, 4)  # C -> E
72  G.SetWeightedEdge(3, 6, 5)  # C -> F
73  G.SetWeightedEdge(4, 3, 2)  # D -> C
74  G.SetWeightedEdge(4, 5, 5)  # D -> E
75  G.SetWeightedEdge(5, 6, 1)  # E -> F
76  G.Dijkstra(1)
```

執行範例如下：

```
Dijkstra 演算法：
Shortest Distance from A to B = 1
Shortest Distance from A to C = 4
Shortest Distance from A to D = 2
Shortest Distance from A to E = 3
Shortest Distance from A to F = 4
Shortest Path from A to B = ['A', 'B']
Shortest Path from A to C = ['A', 'D', 'C']
Shortest Path from A to D = ['A', 'D']
Shortest Path from A to E = ['A', 'B', 'E']
Shortest Path from A to F = ['A', 'B', 'E', 'F']
```

若輸入的圖為有向圖 ，只需在建立圖形時，呼叫 SetDirectedWeightedEdge 函式即可。

19.8.2 Floyd-Warshall 演算法

弗洛伊德 - 沃歇爾（Floyd-Warshall）演算法是解決任意兩個頂點間的最短路徑問題，可以正確處理無向圖或有向圖的最短路徑問題。Floyd-Warshall 演算法採用「動態規劃法」的演算法設計策略，解決所謂的**全配對最短路徑問題**（All-Pairs Shortest Paths Problems）。

若使用「動態規劃法」設計演算法，分析過程如下：

- **大問題 → 子問題**：首先，對最短路徑問題進行分解。

  大問題 ⇒ 從頂點 1 至頂點 n 的最短路徑，其中 n 為頂點數。

  子問題 ⇒ 從頂點 i 至頂點 j 的最短路徑，其中 $1 \le i, j \le n$。

  接著，讓我們分析子問題的結構，假設頂點 k 是介於頂點 i 與 j 的中間頂點，如圖 19-19。

假設我們還未「打通」第 k 個頂點，頂點 i 至頂點 j 的距離為 $d_{i,j}^{(k-1)}$。若我們「打通」第 k 個頂點，則頂點 i 至頂點 j 形成兩條可能的路徑，一條是原來頂點 i 至頂點 j 的路徑，距離為 $d_{i,j}^{(k-1)}$；另一條是從 i 至 k，再從 k 至 j，距離為 $d_{i,k}^{(k-1)}+d_{k,j}^{(k-1)}$。因此，我們只要在兩者取較小者為最短距離，並記錄子問題的解。

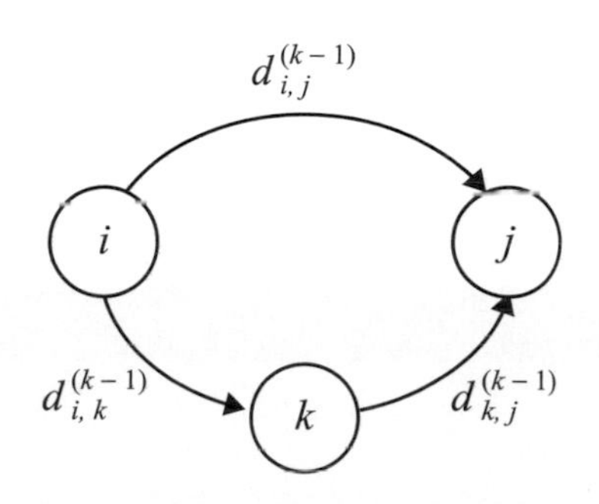

圖 19-19　Floyd-Warshall 演算法

- **列表法**：假設 $d_{i,j}^{(k)}$ 是頂點 i 至頂點 j 的最短路徑權重（或最短距離），其中已「打通」的頂點為 1~k。「動態規劃法」的數學式可以表示成：

$$d_{i,j}^{(k)} = \begin{cases} w_{i,j} & \text{if } k=0 \\ \min(d_{i,j}^{(k-1)}, d_{i,k}^{(k-1)}+d_{k,j}^{(k-1)}) & \text{if } k\geq 1 \end{cases}$$

舉例說明，給定下列有向、有權重圖，如圖 19-20。

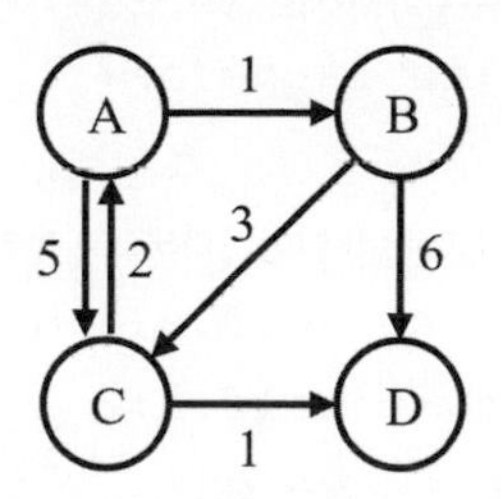

圖 19-20　Floyd-Warshall 演算法的圖形

Floyd-Warshall 演算法的執行過程如下：

$$D^{(0)} = \begin{bmatrix} 0 & 1 & 5 & \infty \\ \infty & 0 & 3 & 6 \\ 2 & \infty & 0 & 1 \\ \infty & \infty & \infty & 0 \end{bmatrix} \quad D^{(1)} = \begin{bmatrix} 0 & 1 & 5 & \infty \\ \infty & 0 & 3 & 6 \\ 2 & 3 & 0 & 1 \\ \infty & \infty & \infty & 0 \end{bmatrix} \quad D^{(2)} = \begin{bmatrix} 0 & 1 & 4 & 7 \\ \infty & 0 & 3 & 6 \\ 2 & 3 & 0 & 1 \\ \infty & \infty & \infty & 0 \end{bmatrix}$$

$$D^{(3)} = \begin{bmatrix} 0 & 1 & 4 & 5 \\ 5 & 0 & 3 & 4 \\ 2 & 3 & 0 & 1 \\ \infty & \infty & \infty & 0 \end{bmatrix} \quad D^{(4)} = \begin{bmatrix} 0 & 1 & 4 & 5 \\ 5 & 0 & 3 & 4 \\ 2 & 3 & 0 & 1 \\ \infty & \infty & \infty & 0 \end{bmatrix}$$

在此，$D^{(4)}$ 即是最佳解。我們可以根據這個矩陣判斷任意兩個頂點的最短距離。例如：

A → B 的最短距離 = 1

A → C 的最短距離 = 4

A → D 的最短距離 = 5

B → A 的最短距離 = 5

⋮

依此類推。

程式範例 19-9

```
1   import math
2
3   class Graph:
4       def __init__(self, n):
5           self.n = n  # 頂點數
6           self.key = ['0']  # 頂點名稱
7           for i in range(n):
8               self.key.append(chr(ord('A') + i))
9           self.A = [[0 for j in range(n + 1)] \
10                        for i in range(n + 1)]
11          self.d = [0 for i in range(n + 1)]  # 最短距離
12          self.pi = [0 for i in range(n + 1)]  # 父頂點
13
14      def SetWeightedEdge(self, src, dst, weight):
15          if src >= 1 and src <= self.n and \
16             dst >= 1 and dst <= self.n:
17              self.A[src][dst] = weight
18              self.A[dst][src] = weight
19
20      def SetDirectedWeightedEdge(self, src, dst, weight):
21          if src >= 1 and src <= self.n and \
22             dst >= 1 and dst <= self.n:
23              self.A[src][dst] = weight
24
25      def Display(self):
26          print("相鄰矩陣表示法")
27          for i in range(1, self.n + 1):
28              for j in range(1, self.n + 1):
29                  print(self.A[i][j], end = " ")
30              print()
31
```

```
32      def Floyd_Warshall(self):
33          D  = [[0 for j in range(self.n + 1)]
34                   for i in range(self.n + 1)]
35          D1 = [[0 for j in range(self.n + 1)]
36                   for i in range(self.n + 1)]
37          for i in range(1, self.n + 1):
38              for j in range(1, self.n + 1):
39                  if i == j:
40                      D[i][j] = 0
41                  else:
42                      if self.A[i][j] != 0:
43                          D[i][j] = self.A[i][j]
44                      else:
45                          D[i][j] = math.inf
46          for k in range(1, self.n + 1):
47              for i in range(1, self.n + 1):
48                  for j in range(1, self.n + 1):
49                      D1[i][j] = min(D[i][j], D[i][k] + D[k][j])
50              for i in range(1, self.n + 1):
51                  for j in range(1, self.n + 1):
52                      D[i][j] = D1[i][j]
53
54          print("Floyd-Warshall 演算法：")
55          for i in range(1, self.n + 1):
56              for j in range(1, self.n + 1):
57                  print(D[i][j], end = " ")
58              print()
59
60  G = Graph(4)
61  G.SetDirectedWeightedEdge(1, 2, 1)  # A -> B
62  G.SetDirectedWeightedEdge(1, 3, 5)  # A -> C
63  G.SetDirectedWeightedEdge(2, 3, 3)  # B -> C
64  G.SetDirectedWeightedEdge(2, 4, 6)  # B -> D
65  G.SetDirectedWeightedEdge(3, 1, 2)  # C -> A
66  G.SetDirectedWeightedEdge(3, 4, 1)  # C -> D
67  G.Floyd_Warshall()
```

執行範例如下：

```
Floyd-Warshall 演算法：
0 1 4 5
5 0 3 4
2 3 0 1
inf inf inf 0
```

19.9 歐拉旅途

數學家歐拉探討柯尼斯堡七橋問題時，發展出**圖形理論**，因此被譽爲「圖形理論之父」。**歐拉旅途**問題，或稱爲「一筆畫問題」，成爲電腦科學領域中具有代表性的問題。

定義	歐拉旅途問題
歐拉旅途問題可以定義為：「給定圖形 $G(V, E)$，對於圖形所有的**邊**各走訪一次，且起點與終點相同，所形成的旅途。」	

歐拉分析柯尼斯堡七橋問題後，提出以下的定理，可以用來判斷圖形的歐拉旅途是否存在。

定理	歐拉旅途
給定無向圖 $G(V, E)$，若所有的頂點的**分支度**（Degrees）均為偶數且不為 0，**若且惟若**（if and only if）圖形的**歐拉旅途**存在。	

頂點的**分支度**（Degrees）是指與該頂點相鄰的邊的個數。若圖形的歐拉旅途存在，則該圖形稱爲**歐拉圖**（Eulerian）。

舉例說明，給定無向圖，如圖 19-21 (a)，則：

頂點 1 的分支度爲 2、頂點 2 的分支度爲 4、頂點 3 的分支度爲 4

頂點 4 的分支度爲 4、頂點 5 的分支度爲 4、頂點 6 的分支度爲 2

所有頂點的分支度均爲偶數且不爲 0，因此**歐拉旅途**存在。例如：

$$< 1, 2, 3, 4, 5, 2, 4, 6, 5, 3, 1 >$$

顯然的，歐拉旅途不是唯一解，走訪的順序有許多不同的方法。事實上，若您嘗試玩一下這個「一筆畫問題」，起點甚至可以是任意的頂點。

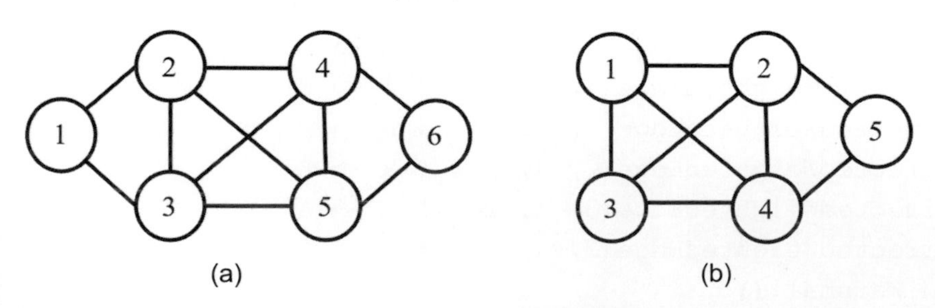

圖 19-21　歐拉旅遊問題範例

定理	歐拉路徑
給定無向圖 $G(V, E)$，若兩個頂點的分支度為奇數，其他所有頂點的分支度均為偶數且不為 0，**若且惟若**（if and only if）圖形的**歐拉路徑**（Euler Path）存在。	

舉例說明，給定無向圖，如圖 19-21 (b)，則：

頂點 1 的分支度爲 3、頂點 2 的分支度爲 4、頂點 3 的分支度爲 3

頂點 4 的分支度爲 4、頂點 5 的分支度爲 2

兩個頂點的分支度爲奇數，其他所有頂點的**分支度**（Degrees）均爲偶數且不爲 0，因此**歐拉路徑**（Euler Path）存在。例如：

$$< 1, 2, 3, 1, 4, 2, 5, 4, 3 >$$

顯然的，歐拉路徑不是唯一解。然而，起點與終點必須是奇數分支度的頂點。

以**柯尼斯堡七橋問題**的無向圖爲例，如圖 19-22，則：

頂點 A 的分支度爲 3、頂點 B 的分支度爲 5

頂點 C 的分支度爲 3、頂點 D 的分支度爲 3

由於分支度均爲奇數，因此**歐拉旅途**或**歐拉路徑**都不存在。

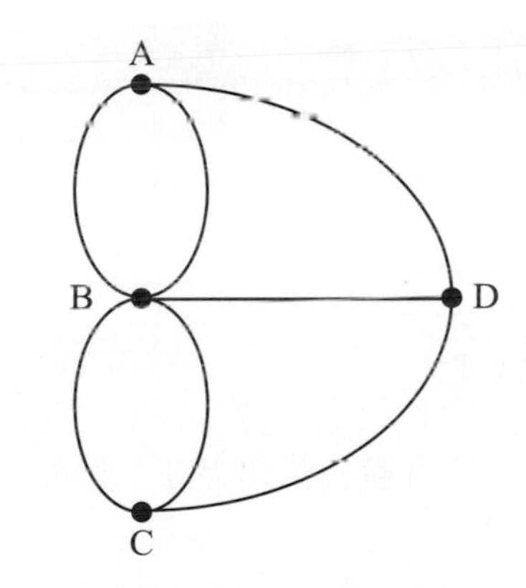

圖 19-22 柯尼斯堡七橋問題的無向圖

歐拉旅途演算法的步驟如下：

(1) 首先，根據定理檢查歐拉旅途是否存在。

(2) 假設第一個頂點爲出發點，走訪相鄰的**邊**，以形成**迴圈**（Cycle）爲優先，並移除走訪過的邊。

(3) 依照頂點的編號順序，搜尋下一個迴圈，若迴圈存在，則移除走訪過的邊，並在歐拉旅途的頂點位置插入該迴圈。

(4) 重複步驟 (3)，直至所有的頂點都走訪完畢。

歐拉旅途演算法的時間複雜度爲 $O(|E|)$，是一種相當有效率的演算法。

舉例說明，給定的無向圖，如圖 19-23，則：

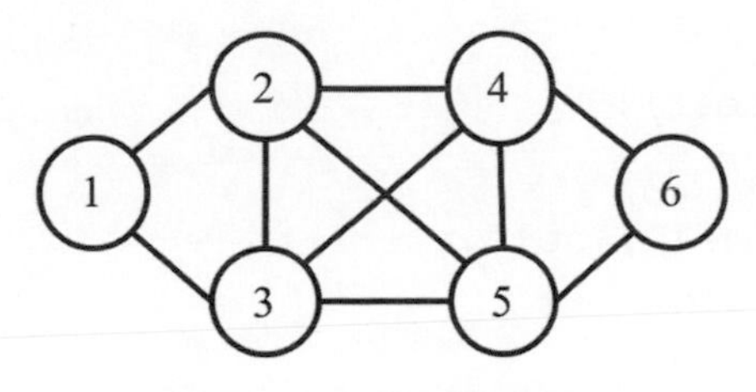

圖 19-23 歐拉旅途範例

歐拉旅途演算法的走訪過程，如表 19-4。

表 19-4　歐拉旅途的演算法過程

走訪頂點	迴圈	歐拉旅途
1	< 1, 2, 3, 1 >	< 1, 2, 3, 1 >
2	< 2, 4, 3, 5, 2 >	< 1, 2, 4, 3, 5, 2, 3, 1 >
3	無	< 1, 2, 4, 3, 5, 2, 3, 1 >
4	< 4, 5, 6, 4 >	< 1, 2, 4, 5, 6, 4, 3, 5, 2, 3, 1 >
5	無	< 1, 2, 4, 5, 6, 4, 3, 5, 2, 3, 1 >
6	無	< 1, 2, 4, 5, 6, 4, 3, 5, 2, 3, 1 >

因此，歐拉旅途演算法可以找到其中一解，即：

< 1, 2, 4, 5, 6, 4, 3, 5, 2, 3, 1 >

程式範例 19-10

```
1   import math
2
3   class Graph:
4       def __init__(self, n):
5           self.n = n  # 頂點數
6           self.A = [[0 for j in range(n + 1)] \
7                     for i in range(n + 1)]
8
9       def SetEdge(self, src, dst):
10          if src >= 1 and src <= self.n and \
11             dst >= 1 and dst <= self.n:
12              self.A[src][dst] = 1
13              self.A[dst][src] = 1
14
15      def Display(self):
16          print(" 相鄰矩陣表示法 ")
17          for i in range(1, self.n + 1):
18              for j in range(1, self.n + 1):
19                  print(self.A[i][j], end = " ")
20              print()
21
22      def isEulerian(self):
23          flag = True
24          for i in range(1, self.n + 1):
25              n_edges = 0
```

```
26             for j in range(1, self.n + 1):
27                 if self.A[i][j] != 0:
28                     n_edges += 1
29             if n_edges != 0 and n_edges % 2 != 0:
30                 flag = False
31         return flag
32 
33     def FindCycle(self, source):
34         u = source
35         cycle = [source]
36         while True:
37             AdjEdges = 0
38             for v in range(1, self.n + 1):
39                 if self.A[u][v] != 0:
40                     cycle.append(v)
41                     self.A[u][v] = 0  # 刪除邊
42                     self.A[v][u] = 0
43                     AdjEdges += 1
44                     break
45             if AdjEdges == 0:  # 未發現相鄰邊
46                 break
47             else:
48                 u = v
49                 if self.A[u][source] != 0:  # 形成 Cycle
50                     cycle.append( source )
51                     self.A[u][source] = 0  # 刪除邊
52                     self.A[source][u] = 0
53                     break
54         return cycle
55 
56     def EulerTour(self, source):
57         tour = [source]
58         for vertex in range(1, self.n + 1):
59             cycle = self.FindCycle(vertex)  # 找 Cycle
60             insert_index = 0
61             for k in range(len(tour)):  # 找到插入頂點
62                 if cycle[0] == tour[k]:
63                     insert_index = k
64                     break
65             if len(cycle) > 1:  # 插入 Cycle
66                 for i in range(len(cycle) - 1):
```

```
67                      tour.insert(insert_index + i, cycle[i])
68           print("Euler Tour =", tour)
69
70   G = Graph(6)
71   G.SetEdge(1, 2)
72   G.SetEdge(1, 3)
73   G.SetEdge(2, 3)
74   G.SetEdge(2, 4)
75   G.SetEdge(2, 5)
76   G.SetEdge(3, 4)
77   G.SetEdge(3, 5)
78   G.SetEdge(4, 5)
79   G.SetEdge(4, 6)
80   G.SetEdge(5, 6)
81
82   if G.isEulerian():
83       G.EulerTour(1)
84   else:
85       print("No Euler Tours found!")
```

執行範例如下：

```
Euler Tour = [1, 2, 4, 5, 6, 4, 3, 5, 2, 3, 1]
```

19.10 哈密頓迴圈

哈密頓迴圈（Hamiltonian Cycle）問題，是由哈密頓爵士提出，如圖 19-24，成為電腦科學領域中具有代表性的問題。

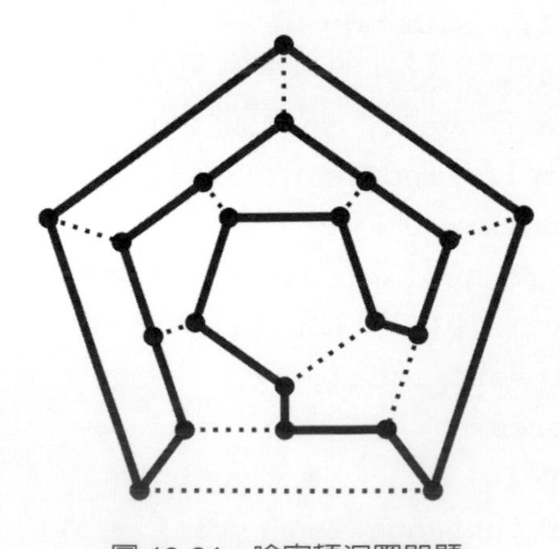

圖 19-24　哈密頓迴圈問題

定義	哈密頓迴圈

哈密頓迴圈問題可以定義為：「給定圖形 $G(V, E)$，對於圖形所有的**頂點**（Vertices）各走訪一次，且起點與終點相同，所形成的迴圈。」

雖然哈密頓迴圈問題與歐拉旅途問題相似，但時間複雜度卻截然不同。截至目前爲止，哈密頓迴圈問題，被公認爲是最具有挑戰性的問題之一。換句話說，哈密頓迴圈只能使用「暴力法」求解。因此，若頂點數相當多，電腦無法在有限的時間內求解。電腦科學領域中，哈密頓迴圈是典型的 **NP 完備問題**（NP-Complete Problems）。

哈密頓迴圈演算法，步驟如下：

(1) 首先，根據所有的頂點，產生所有可能的**排列**（Permutations），並在每種排列最後面加入出發點，構成迴圈。

(2) 根據每一種排列，依序走訪每個頂點，即相鄰的頂點是否互相連接，檢查是否可以走訪完畢。

(3) 重複步驟 (2)，直至找到哈密頓迴圈爲止，若所有可能的排列都已檢查，則輸出「找不到哈密頓迴圈」的訊息。

哈密頓迴圈演算法的時間複雜度爲 $O(|V|!)$。因此，若頂點數太多，電腦無法在有限的時間內，解決哈密頓迴圈問題。

舉例說明，給定的無向圖，如圖 19-25，則哈密頓迴圈爲：

$$< 1, 2, 4, 6, 5, 3, 1 >$$

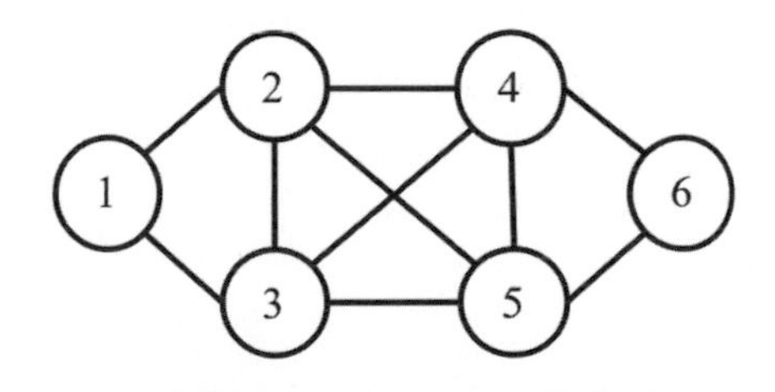

圖 19-25　哈密頓迴圈範例

程式範例 19-11

```
1    from itertools import permutations
2
3    class Graph:
4        def __init__(self, n):
5            self.n = n  # 頂點數
6            self.A = [[0 for j in range(n + 1)] \
7                       for i in range(n + 1)]
8            self.trail = []
9
```

```
10      def SetEdge(self, src, dst):
11          if src >= 1 and src <= self.n and \
12             dst >= 1 and dst <= self.n:
13              self.A[src][dst] = 1
14              self.A[dst][src] = 1
15
16      def Display(self):
17          print("相鄰矩陣表示法")
18          for i in range(1, self.n + 1):
19              for j in range(1, self.n + 1):
20                  print(self.A[i][j], end = " ")
21              print()
22
23      def HamiltonianCycle(self):
24          P = [i for i in range(1, self.n + 1)]
25          foundCycle = False
26          for permutation in permutations(P):  # 產生排列
27              isCycle = True
28              for u in range(0, self.n - 1):
29                  v = u + 1
30                  if self.A[permutation[u]][permutation[v]] == 0:
31                      isCycle = False
32                      break
33              if self.A[permutation[v]][permutation[0]] == 0:
34                  isCycle = False
35              if isCycle:  # 是否形成 Cycle
36                  foundCycle = True
37                  break
38
39          if foundCycle:  # 是否找到 Hamiltonian Cycle
40              HamCycle = list(permutation)
41              HamCycle.append(permutation[0])
42              print("Hamiltonian Cycle =", HamCycle)
43          else:
44              print("Hamiltonian Cycle not found!")
45
46  G = Graph(6)
47  G.SetEdge(1, 2)
48  G.SetEdge(1, 3)
49  G.SetEdge(2, 3)
50  G.SetEdge(2, 4)
```

```
51   G.SetEdge(2, 5)
52   G.SetEdge(3, 4)
53   G.SetEdge(3, 5)
54   G.SetEdge(4, 5)
55   G.SetEdge(4, 6)
56   G.SetEdge(5, 6)
57   G.HamiltonianCycle()
```

執行範例如下：

```
Hamiltonian Cycle = [1, 2, 4, 6, 5, 3, 1]
```

總結而言，本章介紹具有代表性的圖形演算法，摘要如表 19-5。

表 19-5　圖形演算法

問題	演算法	時間複雜度
圖形搜尋	廣度優先搜尋（BFS）	$O(V + E)$
圖形搜尋	深度優先搜尋（DFS）	$O(V + E)$
最小生成樹	Kruskal 演算法	$O(E\ lg\ V)$
單一源最短路徑	Dijkstra 演算法	$O((V + E)\ lg\ V)$
全配對最短路徑	Floyd-Warshall 演算法	$O(V^3)$
歐拉旅途	Euler Tour 演算法	$O(E)$
哈密頓迴圈	Hamiltonian Cycle 演算法	$O(V!)$

註：Kruskal 演算法須使用 Disjoint Set、Dijkstra 演算法須使用 Minimum Heap。

電腦科學領域中，**NP- 完備問題**（NP-Complete Problems）是一項重要的課題。NP- 完備問題被電腦科學家公認爲是最具有挑戰性的問題，當資料量較大時，電腦無法在有限的時間內解決。因此，若已知某問題屬於 NP- 完備問題，通常只能使用「暴力法」求最佳解。

目前已知的 NP- 完備問題相當多，例如：

- **可滿足性問題**（Satisfiability Problem）
- **0-1 背包問題**（0-1 Knapsack Problem）
- **哈密頓迴圈**（Hamiltonian Cycle）
- **分團問題**（Clique Problem）
- **頂點覆蓋問題**（Vertex Cover Problem）
- **旅行推銷員問題**（Traveling Salesman Problem, TSP）
- **圖形著色**（Graph Coloring）

若您在研讀本書後，對於「運算思維與程式設計」產生濃厚的興趣。邀請您繼續探索 NP-完備問題的演算法與程式設計。

本章習題

選擇題

( ) 1. 下列何者被譽爲「圖論之父」？

(A) 牛頓 (B) 萊布尼茲 (C) 高斯 (D) 歐拉 (E) 以上皆非

( ) 2. 給定下列圖形，若出發點爲 1，則廣度優先搜尋（BFS）序列爲何？

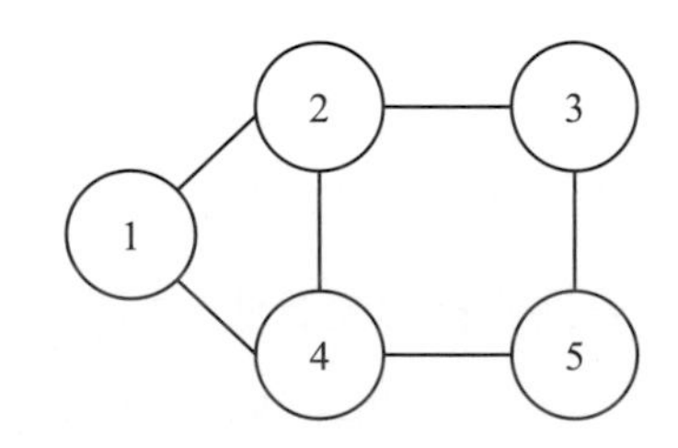

(A) 1, 2, 3, 4, 5 (B) 1, 2, 3, 5, 4 (C) 1, 2, 4, 3, 5 (D) 1, 2, 4, 5, 3 (E) 以上皆非

原則上，若搜尋時須同時走訪多個頂點，則以編號最小者爲優先。

( ) 3. 承上題，若出發點爲 1，則深度優先搜尋（DFS）序列爲何？

(A) 1, 2, 3, 4, 5 (B) 1, 2, 3, 5, 4 (C) 1, 2, 4, 3, 5 (D) 1, 2, 4, 5, 3 (E) 以上皆非

原則上，若搜尋時須同時走訪多個頂點，則以編號最小者爲優先。

( ) 4. 廣度優先搜尋（BFS）須使用下列哪種資料結構？

(A) 堆疊 (B) 佇列 (C) 堆積 (D) 不相交集合 (E) 以上皆非

( ) 5. 深度優先搜尋（DFS）須使用下列哪種資料結構？

(A) 堆疊 (B) 佇列 (C) 堆積 (D) 不相交集合 (E) 以上皆非

( ) 6. Kruskal 演算法是用來解下列何種問題？

(A) 圖形搜尋 (B) 最小生成樹 (C) 最短距離 (D) 圖形著色 (E) 以上皆非

( ) 7. Kruskal 演算法的設計策略爲何？

(A) 暴力法 (B) 分而治之法 (C) 貪婪演算法 (D) 動態規劃法 (E) 以上皆非

( ) 8. Dijkstra 演算法的是用來解下列何種問題？

(A) 圖形搜尋 (B) 最小生成樹 (C) 最短距離 (D) 圖形著色 (E) 以上皆非

( ) 9. Dijkstra 演算法的設計策略爲何？

(A) 暴力法 (B) 分而治之法 (C) 貪婪演算法 (D) 動態規劃法 (E) 以上皆非

( ) 10. Floyd-Warshall 演算法是用來解下列何種問題？

(A) 圖形搜尋 (B) 最小生成樹 (C) 最短距離 (D) 圖形著色 (E) 以上皆非

( ) 11. Floyd-Warshall 演算法設計策略爲何？

(A) 暴力法 (B) 分而治之法 (C) 貪婪演算法 (D) 動態規劃法 (E) 以上皆非

(　) 12. 給定下列圖形，歐拉旅途（Euler Tour）是否存在？

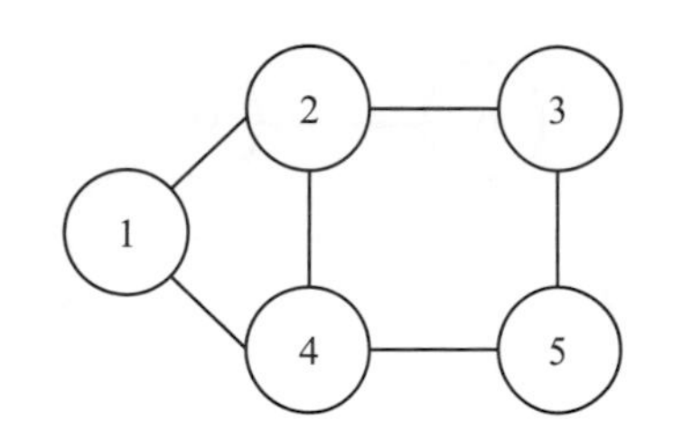

(A) 是　(B) 否　(C) 不一定

(　) 13. 承上題，歐拉路徑（Euler Path）是否存在？
(A) 是　(B) 否　(C) 不一定

(　) 14. 承上題，哈密頓迴圈（Hamiltonian Cycle）是否存在？
(A) 是　(B) 否　(C) 不一定

(　) 15. 給定下列圖形，稱爲完整圖（Complete Graph），歐拉旅途（Euler Tour）是否存在？

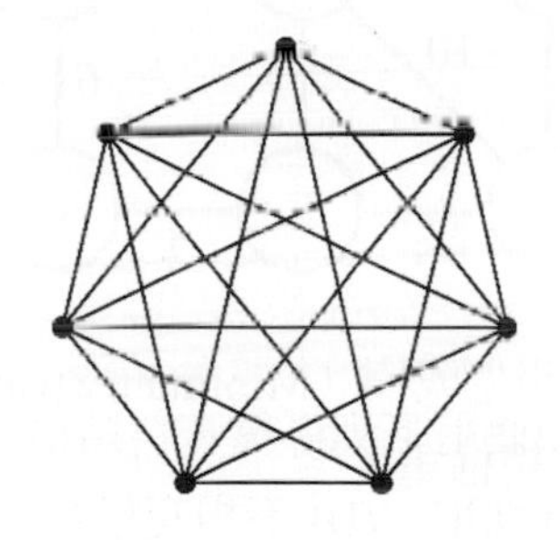

(A) 是　(B) 否　(C) 不一定

(　) 16. 承上題，哈密頓迴圈（Hamiltonian Cycle）是否存在？
(A) 是　(B) 否　(C) 不一定

觀念複習

1. 試列舉圖形的種類。
2. 試列舉圖形表示法。
3. 給定下列圖形：

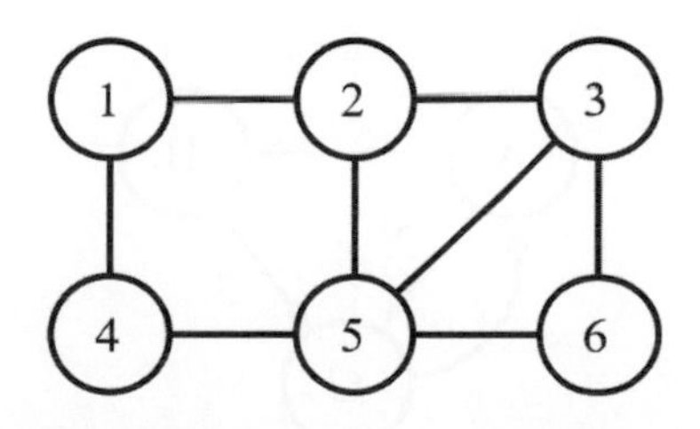

(a) 若出發點爲頂點 1，則**廣度優先搜尋**（BFS）序列爲何？
(b) 若出發點爲頂點 1，則**深度優先搜尋**（DFS）的序列爲何？
原則上，若搜尋時須同時走訪多個頂點，則依照頂點編號或英文字母順序進行走訪。

4. 給定下列圖形：

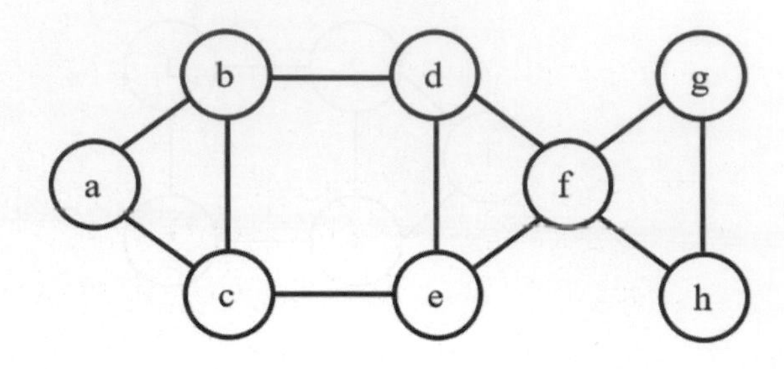

(a) 若出發點為頂點 a，則廣度優先搜尋（BFS）序列為何？

(b) 若出發點為頂點 a，則深度優先搜尋（DFS）的序列為何？

原則上，若搜尋時須同時走訪多個頂點，則依照頂點編號或英文字母順序進行走訪。

5. 給定下列圖形：

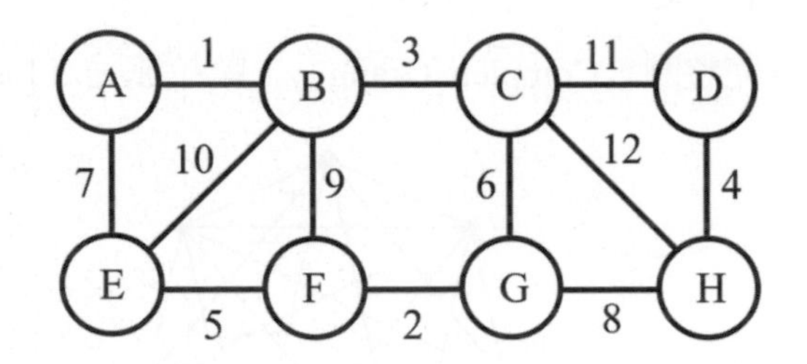

(a) 使用 Kruskal 演算法求最小生成樹（Minimum Spanning Tree）。

(b) 求最小生成樹的總成本（總權重）。

6. 給定下列圖形：

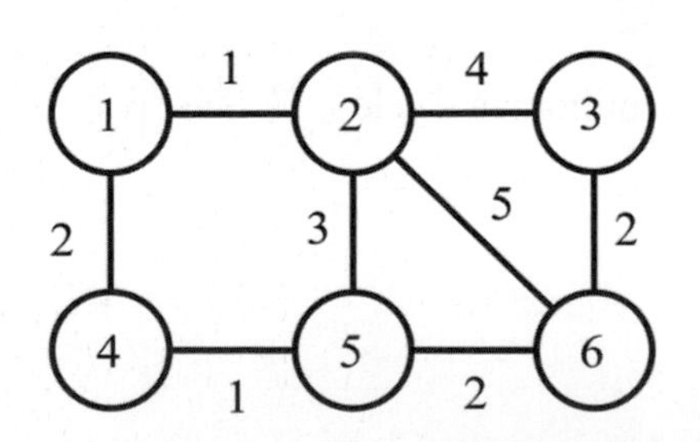

若出發點為頂點 1，使用 Dijkstra 演算法求單一源最短路徑問題的解。

7. 給定下列圖形：

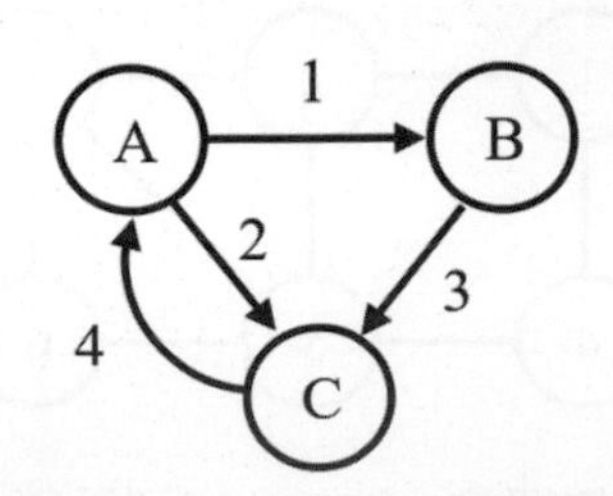

使用 Floyd-Warshall 演算法求全配對最短路徑問題的解。

8. 給定下列圖形：

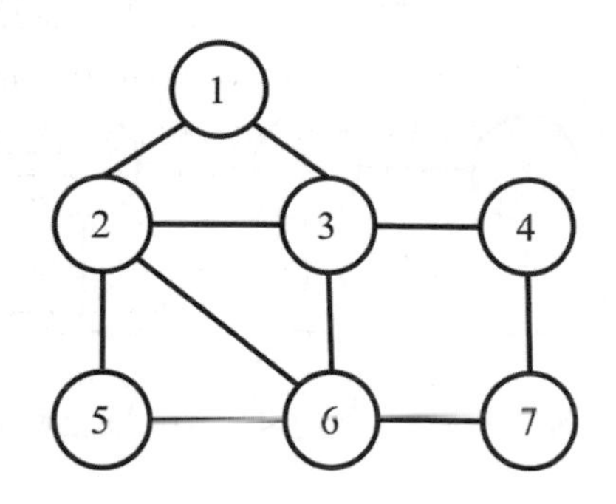

(a) 求歐拉旅途（Euler Tour）。

(b) 求哈密頓迴圈（Hamiltonian Cycle）。

程式設計練習

1. 給定下列圖形，若出發點為頂點 1，試設計 Python 程式，使用廣度優先搜尋（BFS）演算法，並輸出 BFS 序列。

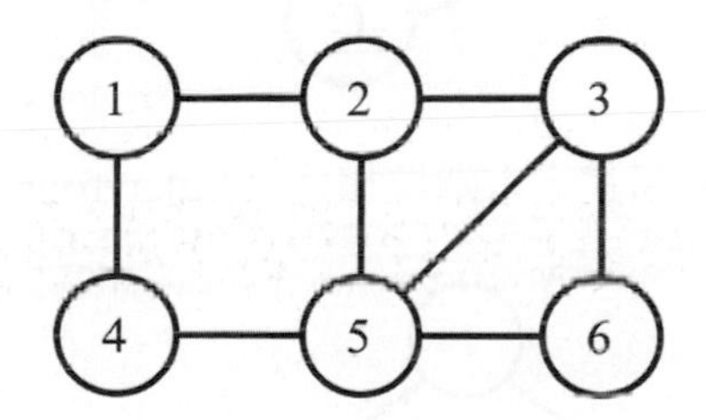

2. 給定下列圖形，若出發點為頂點 1，試設計 Python 程式，使用深度優先搜尋（DFS）演算法，並輸出 DFS 序列。

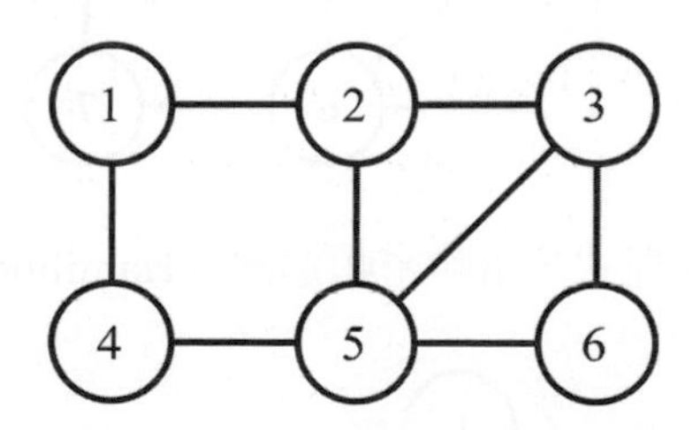

3. 給定下列圖形，試設計 Python 程式，使用 Kruskal 演算法求最小生成樹（Minimum Spanning Tree）。

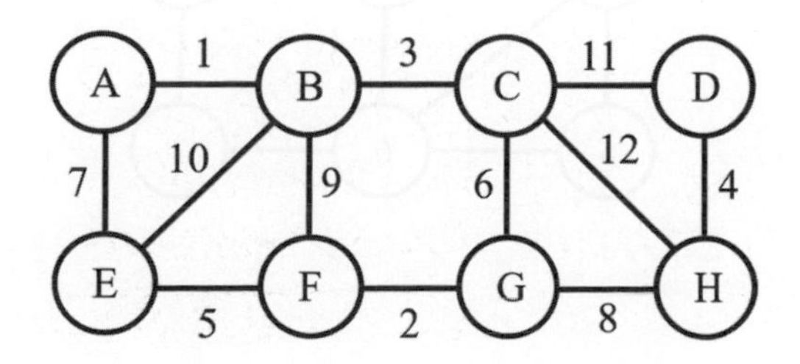

4. 給定下列圖形，若出發點爲頂點 1，試設計 Python 程式，求單一源最短路徑問題（Single-Source Shortest Paths Problem）的解。

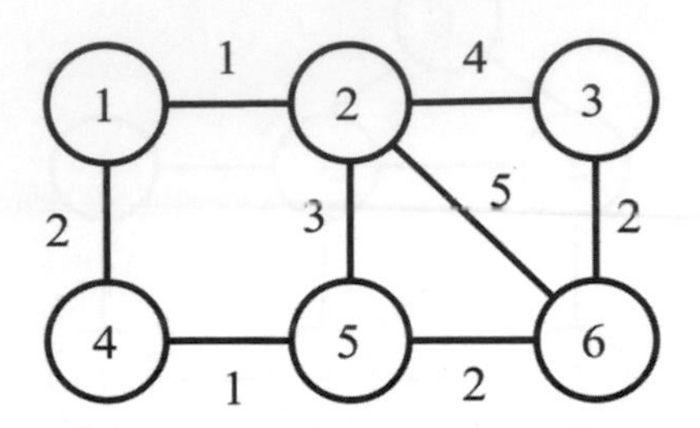

5. 給定下列圖形，試設計 Python 程式，求全配對最短路徑問題（All-Pairs Shortest Paths Problem）的解。

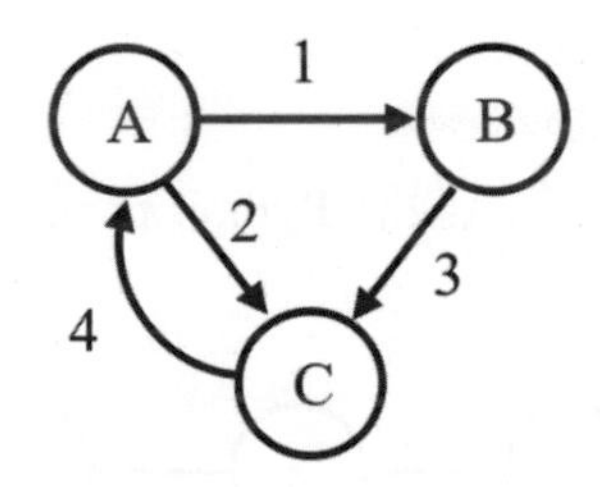

6. 給定下列圖形，試設計 Python 程式，求歐拉旅途（Euler Tour）。

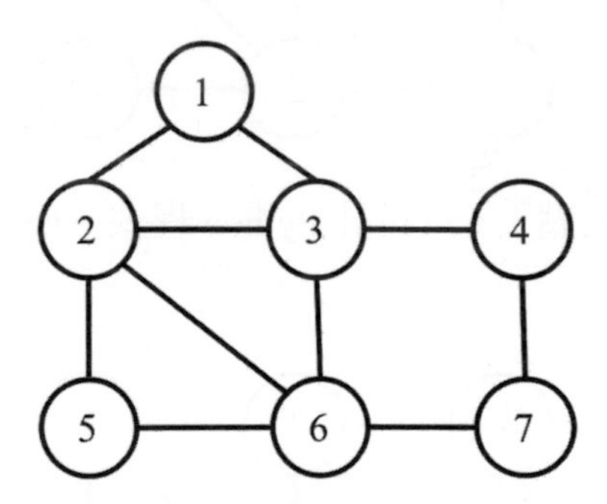

7. 給定下列圖形，試設計 Python 程式，求哈密頓迴圈（Hamiltonian Cycle）。

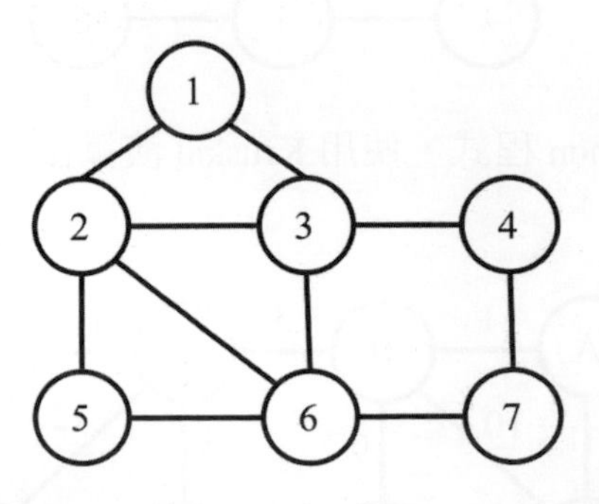

Chapter 20

程式設計專題

本章綱要

- ◆20.1 基本概念
- ◆20.2 程式設計專題範例
- ◆20.3 程式設計專題實作

本章介紹「程式設計專題」，目的是用來檢驗「運算思維與程式設計」的學習成果。

20.1 基本概念

建立紮實的「運算思維與程式設計」能力，其實沒有捷徑，必須透過不斷的練習與實作，累積足夠的經驗，才能解決複雜的科學或實際問題。

本章介紹「程式設計專題」。首先，將根據「程式設計專題」範例，討論系統性的解決問題方法與過程；接著，提出一系列的「程式設計專題」，邀請您使用「運算思維」思考解決問題的方法，並進行實際的「程式設計」工作。

「程式設計專題」的解決過程，大致可以分成幾個階段，如表 20-1。

表 20-1　程式設計專題的解題過程

問題分析	針對科學或實際問題進行分析，並轉換成可以使用電腦解決的計算問題。通常，須先理解問題的定義、輸入與輸出等。
運算思維	使用「運算思維」思考解題的方向。
流程圖	規劃詳細的計算流程與繪製「流程圖」。
程式設計	進行實際的「程式設計」工作。最後，須對程式進行測試與除錯工作。

「程式設計專題實作」過程中，其實可以使用「運算思維」進行思考：

- **分解問題**：是否可能將大問題分解成子問題、是否可能將問題進行模組化等。筆者建議，應盡量對問題進行模組化，並使用獨立功能的「函式」進行程式設計。
- **模式識別**：觀察問題，是否可能找到問題的型態、趨勢、共通性或規律性等。
- **抽象化**：分析問題，進行資料的抽象化，同時選取適當的「資料結構」。基本上，演算法的「時間效率」與選取的「資料結構」是直接相關的。
- **演算法設計**：設計「演算法」與進行「程式設計」。基本上，嚴謹的軟體專案，須訂定流程圖。通常，解決問題的「演算法策略」不會只有一種，例如：暴力法、分而治之法等，有時會牽涉時間複雜度。當然，若您充分研讀本書，可以分析問題是屬於哪種類型的問題，適合套用哪種「演算法」。有經驗的程式設計師（或軟體工程師），須進行演算法的時間複雜度分析，藉以提升演算法的執行效率。

除此之外，若想進一步充實自己的程式設計能力，可以參考下列網站：

- **高中生程式解題系統**（Zeojudge）
  https://zerojudge.tw
- **Lucky 貓的 UVA (ACM) 園地**
  http://luckycat.kshs.kh.edu.tw

20.2 程式設計專題範例

「程式設計專題」主要分成幾個部分：(1) 問題描述、(2) 輸入格式、(3) 輸出格式、(4) 輸入範例、(5) 輸出範例與評分說明等。以下是典型的範例：

範例	考試成績

問題描述

張老師在高中教「數學課」。有一天，張老師在班上考試，班上同學的成績介於 0~100 分之間。為了方便分析考試成績，張老師想請您幫他設計程式，用來輸出分析後的結果，包含：及格的總人數、不及格的總人數、及格成績最低分、不及格成績最高分等。在此，及格是指分數 ≥ 60；不及格是指分數 < 60。

輸入格式

第一列為班上的總人數 n ($n \leq 50$)。

第二列為 n 個成績，中間用空格隔開。

輸出格式

及格的總人數

不及格的總人數

及格成績最低分

不及格成績最高分

輸入範例

```
10
10 40 50 90 100 55 80 70 85 30
```

輸出範例

```
5
5
70
55
```

20.2.1 問題分析

首先，根據「程式設計專題」範例，在讀完問題描述之後，須先理解輸入與輸出爲何。本範例的輸入爲班上的總人數 n ($n = 10$)；接著，輸入 n 筆分數的資料。輸出包含：及格的總人數、不及格的總人數、及格成績最低分、不及格成績最高分等。

20.2.2 運算思維

使用「運算思維」思考解題方向，包含下列幾點：

- **分解問題**：我們可以將原來的問題分解成 4 個子問題：

  計算及格的總人數

  計算不及格的總人數

  計算及格成績最低分

  計算不及格成績最高分

- **模式識別**：本問題牽涉班上的總人數，定義為 n。成績介於 0~100 分之間。

- **抽象化**：思考適合的「資料結構」。我們可以選取**串列**（List）資料結構，用來記錄班上的考試成績。此外，我們須根據輸出定義問題的解。因此可得：

  `scores`：記錄班上考試成績的串列

  `n1`：記錄及格人數

  `n2`：記錄不及格人數

  `low`：記錄及格成績最低分

  `high`：記錄不及格成績最高分

  注意：您當然也可以用其他的名稱。

- **演算法設計**：我們可以根據問題設計「演算法」，其中包含：

  (1) 讀取班上的總人數，並以串列的資料結構儲存。

  (2) 進行初始化，設定 `n1 = 0`、`n2 = 0`、`low = 100`、`high = 0`。

  (3) 使用 `for` 迴圈，逐一檢視每筆成績。

  (4) 若成績 ≥ 60 分，則更新 `n1` 與 `low`；否則更新 `n2` 與 `high`。

  (5) 輸出結果。

20.2.3 流程圖

本範例的流程圖，如圖 20-1。

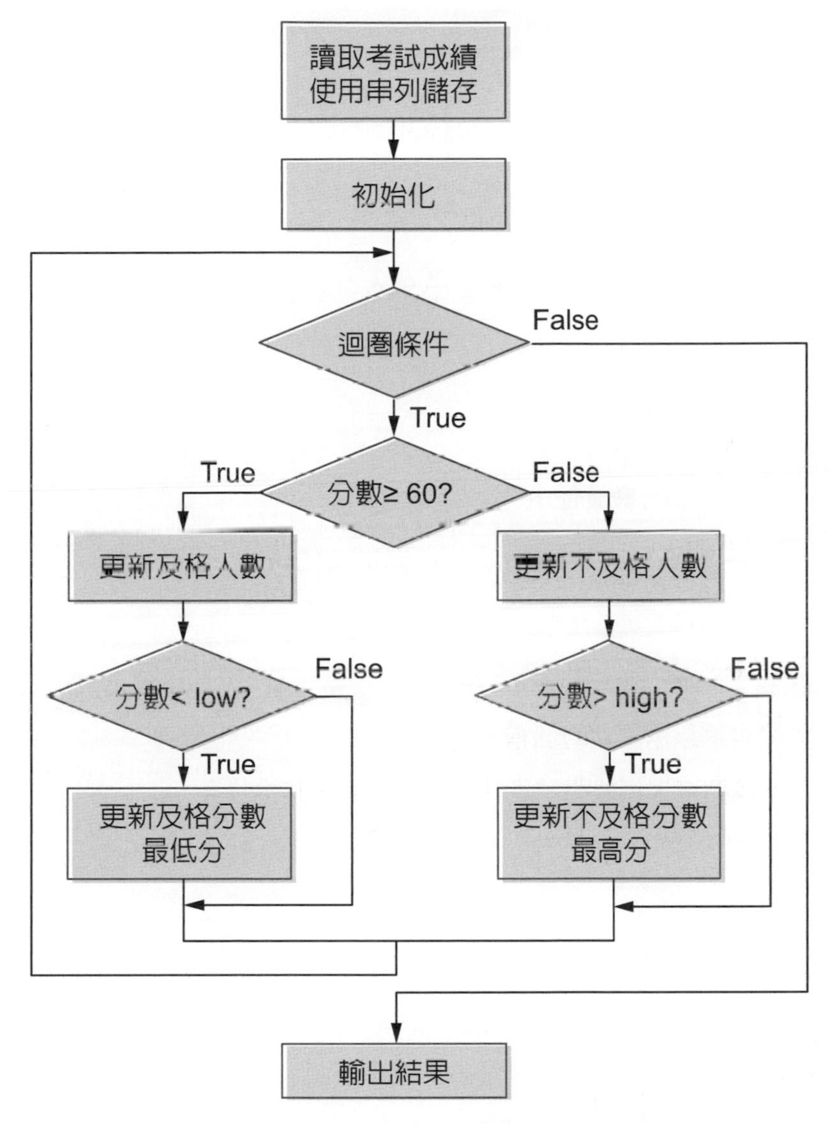

圖 20-1 程式設計專題「考試成績」的流程圖

20.2.4 程式設計

根據以上的流程圖，我們就可以完成「程式設計」工作。

程式範例 20-1

```
1   #
2   #  考試成績
3   #
4   n = eval(input())
5   score_list = input().split()
6   scores = [eval(score) for score in score_list]
7
8   n1 = 0       # 及格人數
9   n2 = 0       # 不及格人數
10  low = 100    # 及格分數最低分
11  high = 0     # 不及格分數最高分
12  for i in range(n):
13      if scores[i] >= 60:
14          n1 = n1 + 1
15          if scores[i] < low:
16              low = scores[i]
17      else:
18          n2 = n2 + 1
19          if scores[i] > high:
20              high = scores[i]
21
22  print(n1)
23  print(n2)
24  print(low)
25  print(high)
```

完成程式設計工作之後，須根據範例輸入 / 輸出進行測試與除錯工作。

```
D:\Python> Python Ex20-1.py
10
10 40 50 90 100 55 80 70 85 30
5
5
70
55
```

通常，程式設計須進行不斷的測試，並進行除錯工作。程式設計錯誤，包含：語法錯誤、執行期間錯誤與邏輯錯誤等。

20.3 程式設計專題實作

本節介紹「程式設計專題」，將運用本書介紹的各個主題，藉以檢驗「運算思維與程式設計」的學習成果。原則上，解題的方法不會只有一種。然而，無論您是採取什麼方法（演算法），都必須根據輸入產生正確的輸出結果。

第 1 題	小花想減肥

問題描述

小花想要減肥，她想知道每天有沒有吃太多東西。假設每天應攝取的熱量是體重的 40 倍（卡）。接著，列舉小花某一天吃的各種食物與熱量。

請您設計程式，幫小花計算她是否超過當天應攝取的熱量。

輸入格式

第一列為 n 與 w，代表食物的種類與小花的體重。

接著，共有 n 列，代表食物名稱與熱量。食物名稱的英文為 1 個英文字串，熱量為正整數（卡），中間用空格隔開。

輸出格式

若未超過（小於或等於）每天應攝取的熱量，則輸出「`Eat just right.`」。

否則，輸出「`Eat too much.`」。

範例一

輸入

```
5 60
Rice 800
Hamburger 800
FriedChicken 500
MilkTea 100
CocaCola 150
```

輸出

```
Eat just right.
```

範例二

輸入

```
5 55
Rice 900
Hamburger 800
FriedChicken 500
CocaCola 150
IceCream 200
```

輸出

```
Eat too much.
```

解題思考方向
基本輸入與輸出
選擇敘述 if-else
迴圈敘述 for

第 2 題	雞兔同籠

問題描述

雞有兩隻腳，兔子有四隻腳，現在把它們放在同一個籠子。已知雞與兔子的總數為 n，總共有 m 隻腳，請問雞有幾隻？兔子有幾隻？

請您設計程式，解決「雞兔同籠」的問題。

輸入格式

兩個正整數 n 與 m，中間用空格隔開。

輸出格式

雞與兔子的個數。若為無解，則輸出 `No Answer`。

範例一	**範例二**
輸入	輸入
`14 32`	`10 16`
輸出	輸出
`12 2`	`No Answer`

解題思考方向

基本輸入與輸出

數學問題——解聯立方程式

第 3 題	3n + 1 問題

問題描述

給定自然數 n (n > 1)，若 n 為奇數，則將 n 變為 3n + 1；否則變成原來的一半，經過若干次變換之後，一定會使得 n 變為 1。

舉例說明，若 n = 3，則變換的過程為 3 → 10 → 5 → 16 → 8 → 4 → 2 → 1，共變換 7 次。3n + 1 問題是指：「給定自然數 n，決定變換的次數？」

請您設計程式，解決 3n + 1 問題。

輸入格式

自然數 n (n > 1)。

輸出格式

變換的次數。

範例一	**範例二**
輸入	輸入
`3`	`10`
輸出	輸出
`7`	`6`

解題思考方向
基本輸入與輸出 迴圈敘述 while

第 4 題	秘密差

問題描述

若將十進位正整數的奇數位數的和稱為 A，偶數位數的和稱為 B，則 A 與 B 的絕對值差 | A – B |，稱為這個正整數的**秘密差**。

例如：135682 的奇數位數的和為 A = 3 + 6 + 2 = 11，偶數位數的和為 B = 1 + 5 + 8 = 14。因此，135682 的秘密差為 | 11 – 14 | = 3。

請您設計程式，解決「秘密差」的問題。

輸入格式

十進位的正整數（位數不超過 100）。

輸出格式

輸出為秘密差。

範例一	範例二
輸入 135682 輸出 3	輸入 521 輸出 4

解題思考方向
基本輸入與輸出 迴圈敘述 for 奇數 / 偶數判斷

第 5 題	迴文字串

問題描述

迴文（Palindrome） 字串是指將字串反轉後，結果與原來的字串相同。

典型的迴文字串，例如：abba、dad、mom、madam、abcdcba 等。

請您設計程式，判斷輸入的字串是否是「迴文」字串。

輸入格式

英文字串，其中的英文字母均為小寫。

輸出格式

若為迴文字串，則輸出 Yes；否則，輸出 No。

範例一	範例二	範例三
輸入 madam 輸出 Yes	輸入 abcdcba 輸出 Yes	輸入 papaya 輸出 No

解題思考方向
基本輸入與輸出 迴圈敘述 `for` 字串處理

第 6 題	凱撒密碼

問題描述

密碼學中，**凱撒密碼**（Caesar Cipher）是一種最簡單的加密技術，使用替換的方式進行加密。加密前的資料，稱為「明文」；加密後的資料，稱為「密文」。**凱撒密碼**是按照一個固定的數，稱為偏移量，將明文替換為密文。這個加密方法是以羅馬時期凱撒的名字命名，據稱凱撒曾經使用這個方法與將軍們聯絡。

【圖片來源】https://unsplash.com

例如：當位移量為 3 時，則明文與密文的對照表為：

　明文字母表：ABCDEFGHIJKLMNOPQRSTUVWXYZ

　密文字母表：DEFGHIJKLMNOPQRSTUVWXYZABC

換句話說，A 以 D 替換、B 以 E 替換、C 以 F 替換，依此類推。因此，若明文為 APPLE，則替換後的密文為 DSSOH。

輸入格式

第一列為位移量。

第二列為明文，均為英文大寫字母。

輸出格式

輸出替換後的密文。

範例一	**範例二**

輸入
`3`
`APPLE`
輸出
`DSSOH`
	輸入
	`4`
	`ZOO`
	輸出
	`DSS`

解題思考方向
基本輸入與輸出 迴圈敘述 `for` 字串處理

第 7 題	撲克牌遊戲

問題描述

樸克牌遊戲是常見的遊戲。典型的樸克牌共有 52 張牌（不含鬼牌），其中包含四種**花色**（Suits），分別為**黑桃**（Spade）、**紅心**（Heart）、**方塊**（Diamond）與**梅花**（Club）。每種花色共有 13 張，分別為 2 ~ 9、T（代表 10）、J、Q、K、A。

一般來說，五張牌的組合，可以產生幾種不同的類型，例如：

同花大順（Royal Flush）：同花且為 A、K、Q、J、T

同花順（Straight Flush）：同花且 5 張樸克牌為緊接的順序

順子（Straight）：5 張樸克牌為緊接的順序，但花色不拘

同花（Flush）：5 張樸克牌的花色相同

請您設計程式，根據給定的 5 張樸克牌，判斷屬於上述何種類型。若都不是，則輸出 None。

輸入格式

5 張樸克牌，包含：花色（S、H、D、C）與數字（2~9 或 T、J、Q、K、A）的組合，5 張樸克牌中間用空格隔開。

輸出格式

輸出不同類型的組合。若不是以上列出的三種類型，則輸出 None。

範例一	範例二	範例三

輸入
`HA HK HQ HJ HT`
輸出
`Royal Flush`
	輸入
	`ST S9 S8 SJ SQ`
	輸出
	`Straight Flush`
		輸入
		`D5 S6 C4 D7 H8`
		輸出
		`Straight`

範例四	**範例五**	

輸入
`HJ H2 H5 HA H7`
輸出
`Flush`
	輸入
	`H2 D4 C5 D6 CK`
	輸出
	`None`	

解題思考方向
基本輸入與輸出 迴圈敘述 for 字串處理 排序

第 8 題	三角形的個數

問題描述

給定 n 個長度不同的桿子，長度分別為 1、2、⋯、n。我們從中選出三個不同的桿子組成一個三角形。試設計程式，計算總共有幾種不同的組合。

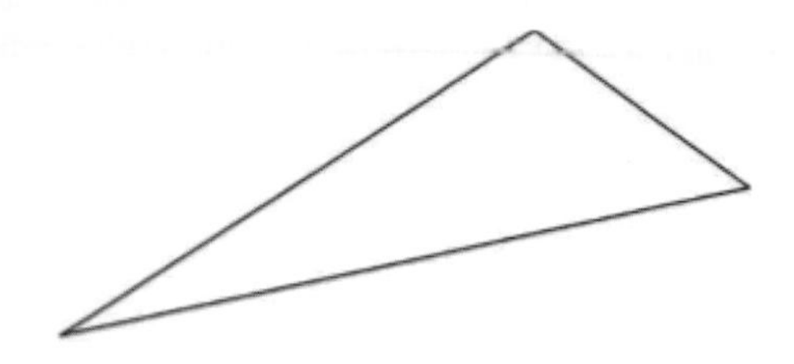

提示：三角形成立的條件是「三角形任意兩邊的和，須大於第三邊。」

輸入格式

輸入一個整數 n，其中 $3 \le n \le 20$。

輸出格式

輸出組合的方法共有幾種。

範例一	範例二
輸入	輸入
5	8
輸出	輸出
3	22

解題思考方向
基本輸入與輸出
迴圈敘述 for
三角形判斷

第 9 題	分組問題

問題描述

現有一個班級，班上有 n 位同學，同學的編號分別為 1~n。由於班上的同學比較想與自己熟悉的同學一組，分組時將盡可能滿足同學的要求。試設計程式解決分組問題，並輸出分組結果。

舉例說明，假設這個班級有 10 位同學，1 號同學想與 2、3 號同學一組，4 號同學想與 5、6 號同學一組；6 號同學想與 9 號同學一組；7 號同學想與 8 號同學一組；10 號同學則不想與任何人同組。因此，若依照同學的要求，可以分成四組，分別為：

```
Group 1: 1 2 3
Group 2: 4 5 6 9
Group 3: 7 8
Group 4: 10
```

輸入格式

第一列為 n 與 k，n 表示同學的總數，k 表示希望分配成同一組的配對編號。

接著，每一列代表配對的同學編號，中間用空格隔開。

輸出格式

各個分組與同學編號。

輸入範例

```
10 6
1 2
1 3
4 5
4 6
6 9
7 8
```

輸出範例

```
Group 1: 1 2 3
Group 2: 4 5 6 9
Group 3: 7 8
Group 4: 10
```

解題思考方向

基本輸入與輸出

資料結構——不相交集合（Disjoint Set）

第 10 題　電腦網路

問題描述

電腦網路是現代化社會的資訊科技產物。假設電腦網路中共有 n 台電腦，分別編號為 1、2、…、n，電腦網路是透過網路線連接電腦所構成。以右圖為例說明：

假設共有 5 台電腦 (n = 5)，電腦 1 分別連接電腦 2 與 3，電腦 2 連接電腦 5。電腦 1 可以發訊息給電腦 2，電腦 2 也可以發訊息給電腦 5。因此，電腦 1 與 5，可以視為「相連」（Connected）。同理，電腦 3 與電腦 5，也可以視為「相連」。電腦 4 與其他電腦無任何網路線連接，訊息無法傳至其他電腦，因此是視為「不相連」。

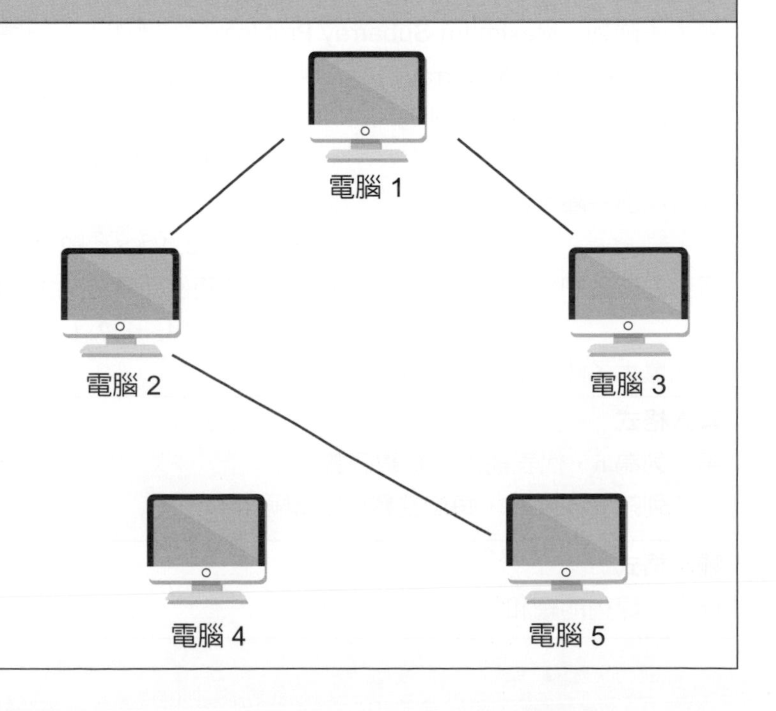

輸入格式

第一列為 n 與 k，n 表示電腦的總數，k 表示網路線的個數。

接著，每一列代表網路連線的電腦編號，中間用空格隔開。

最後，給定兩個電腦編號，判斷是否相連；0 0 代表結束

輸出格式

若兩個電腦「相連」，顯示 `connected`；否則，顯示 `not connected`

輸入範例

```
5 3
1 2
1 3
2 5
3 5
1 4
0 0
```

輸出範例

```
Computer 3 and 5 are connected.
Computer 1 and 4 are not connected.
```

解題思考方向

基本輸入與輸出

資料結構——不相交集合

第 11 題　最大子陣列問題

問題描述

最大子陣列（Maximum-Subarray Problem）描述如下：給定整數的**陣列**（Array），目的是找**最大子陣列**（Maximum Subarray），即陣列中的連續元素和最大，因此也稱為「連續元素和」問題。

舉例說明，若輸入的陣列為：

$$< -2, 1, -3, 4, -1, 2, 1, -5 >$$

則可能的子陣列為：

$$< -2 > 、< -2, 1 > 、< -2, 1, -3 > 、\cdots$$

得到的整數和分別為 -2、-1、-4 等。以本範例而言，最大子陣列為：

$$< 4, -1, 2, 1 >$$

因此最大子陣列的總和為 6。

輸入格式

第一列為 n，代表輸入之整數個數。

第二列為 n 個整數，每個整數以空格隔開。

輸出格式

最大子陣列的總和。

輸入範例

```
8
-2 1 -3 4 -1 2 1 -5
```

輸出範例

```
6
```

解題思考方向

基本輸入與輸出

暴力法——排列組合

分而治之法

第 12 題 神秘的門

問題描述

張小明率領的尋寶探險隊，在尋寶過程中遇到一個神秘的門。這個神秘的門無法使用其他方法打開，必須先解開特定的謎題。

神秘的門上有許多石盤，每個石盤上有一個英文單字。

這些石盤可以被重新排列，解謎的關鍵是：「石盤上的每個英文單字的第一個字母，必須與前一個石盤上的英文單字的最後一個字母相同。」例如：apple 後面可以接 egg，egg 後面可以接 grape 等。

請您設計程式，協助張小明的尋寶探險隊，打開這個神秘的門。

輸入格式

第一列為 n ($n \geq 2$)，代表石盤的數量，每個石盤上有一個英文單字。

接著，每一列為石盤上的英文單字，且均為小寫字母。

輸出格式

如果可以安排石盤的順序，使得每個單字的第一個字母與前一個石盤的單字最後一個字母相同，則輸出「Can be opened.」；否則，輸出「Can not be opened.」。

範例一	範例二[1]	範例三
輸入 3 apple egg grape 輸出 Can be opened.	輸入 5 bacon beef fish hamburger rib 輸出 Can be opened.	輸入 3 dog cat pig 輸出 Can not be opened.

1 本範例的解為 beef-fish-hamburger-rib-bacon（可重新排列）。

解題思考方向
基本輸入與輸出 暴力法——排列組合 分而治之法

第 13 題	雙子星塔

問題描述

很久很久以前，古老的帝國有兩座高塔位於兩座城市中，它們的形狀不太相同。但都是用圓柱形的石塊一個堆在另一個上面建造而成。每個圓柱形石塊的高度都相同（假設為 1），但是半徑卻不相同。所以，雖然兩座高塔的形狀不太一樣，但事實上他們有許多石塊可能是相同的。

在高塔建造完成的一千年後，國王要求建築師拿掉高塔的某些石塊，使得兩座高塔的形狀大小和高度一樣。但同時須盡可能讓兩座高塔的高度越高越好。新高塔的石塊的順序也必須和原來的高塔一樣。國王認為這樣可以代表兩座城市之間的和諧與平等。他為這兩座高塔命名為「雙子星塔」。

請您設計程式，協助建築師解決「雙子星塔」問題。

輸入格式

第一列為 m、n，代表兩座高塔原來的高度。

第二列有 m 個正整數，代表第一座高塔石塊的半徑（由底層至高層）。

第三列有 n 個正整數，代表第二座高塔石塊的半徑（由底層至高層）。

輸出格式

輸出「雙子星塔」的高度。

範例一	範例二
輸入	輸入
7 6	8 9
20 15 10 15 25 20 15	10 20 20 10 20 10 20 10
15 25 10 20 15 20	20 10 20 10 10 20 10 10 20
輸出	輸出
4	6

解題思考方向
基本輸入與輸出 暴力法——排列組合 動態規劃法——最長共同子序列（LCS）

第 14 題	西洋棋騎士

問題描述

西洋棋（Chess）是一種二人對弈的戰術棋盤遊戲，也是世界上最流行的遊戲之一。在此，讓我們探討西洋棋**騎士**（Knight）的移動問題，如下圖。西洋棋盤是一個 8×8 的棋盤，每一列使用 1~8 編號；每一行則使用 a~h 編號。

我們想要解決的問題是：「給定兩個位置 X 與 Y，若騎士從 X 到 Y 至少需要走幾步？」

舉例說明，若想將騎士從 b2 移到 c3，至少需要 2 步，即先將騎士從 b2 移到 d1，再從 d1 移到 c3。另一種走法，是先將騎士從 b2 移到 a4，再從 a4 移到 c3，但移動的步數相同。

輸入格式

兩個西洋棋的座標位置。每個座標位置是由一個英文字母 (a~h) 與一個數字 (1~8) 組成。

輸出格式

騎士至少需移動的次數。

範例一	範例二	範例三
輸入	輸入	輸入
`b2 c3`	`a1 b2`	`a1 h8`
輸出	輸出	輸出
`Knight Moves = 2`	`Knight Moves = 4`	`Knight Moves = 6`

解題思考方向

基本輸入與輸出

圖形演算法——寬度優先搜尋（BFS）

第 15 題	少女團體

問題描述

假設妳是少女團體的成員，這個團體的每個女孩都有自己的手機。妳有一些消息要告訴其他女孩，可是妳們都不在同一個地方，所以妳們只能用手機傳達這些消息。糟糕的是，妳的父母因為妳過度使用手機，拒絕支付妳的手機通話費。所以妳必須以最便宜的方法透過手機散布這些消息。換句話說，妳會先 Call 幾個妳的朋友，她們會再 Call 一些她們的朋友，直到所有人都知道這些消息為止。

由於妳們的手機服務提供者都不一樣，因此 A Call B 與 A Call C 的通話費可能不一樣。另外，並不是所有的朋友都喜歡彼此，而且有些人永遠都不要 Call 她不喜歡的人。

假設少女團體共有 n 個女孩，女孩的編號為 1~n，妳是編號 1 的女孩。現在妳的工作是找出最便宜的方法，讓所有的人都知道這些消息。

輸入格式

第一列為 n、m。n 代表少女團體的總人數，m 代表總共有幾種 Call 的方法。

接著的 m 列中，每一列都包含 u、v、w 三個數值，是指女孩 u Call 女孩 v 的通話費為 w。

輸出格式

輸出發布消息最便宜方法的總費用。

範例一

輸入

```
4 4
1 2 10
1 3 8
2 4 5
3 4 2
```

輸出

```
15
```

範例二

輸入

```
5 7
1 2 2
1 4 10
1 5 6
2 3 5
2 5 9
3 5 8
4 5 12
```

輸出

```
23
```

解題思考方向
基本輸入與輸出
圖形演算法——最小生成樹

第 16 題	子集和問題

問題描述

電腦科學領域中，**子集和**（Subset-Sum）問題是一個重要的問題，可以描述為：「給定一個整數集合，是否存在某個非空子集，使得子集內的數字和等於某個特定的目標值。」

舉例說明，給定集合 { 1, 3, 5, 8, 9, 13 }，是否存在子集和為 21 的子集。答案是 Yes，因為子集 { 1, 3, 8, 9 } 的和為 21。

輸入格式

第一列為 n 與 t，分別代表集合的元素個數與目標值。

第二列為整數集合，均為正整數，且用空格隔開。

輸出格式

若存在則輸出 `Yes`，否則輸出 `No`。

範例一	範例二
輸入	輸入
`6 21`	`4 13`
`1 3 5 8 9 13`	`1 3 6 8`
輸出	輸出
`Yes`	`No`

解題思考方向

基本輸入與輸出

暴力法——排列組合

第 17 題 迷宮問題

問題描述

迷宮（Maze）問題是常見的益智遊戲。現有一個迷宮，如下圖：

左上角是出發點 S，右下角是終點 E，迷宮的四面固定為牆壁。每次只能向東、西、南、北四個方向移動。迷宮問題是找到從出發點到終點的最短路徑。

輸入格式

第一列為 m、n $(m, n \geq 3)$，代表迷宮的大小為 $m \times n$。

接著的 m 列為迷宮，每一列共有 n 個整數，0 代表路徑，1 代表牆壁。

輸出格式

迷宮與路徑，其中最短路徑用星號 * 標註。若無路徑，則輸出「`No Answer`」。

輸入範例	輸出範例
10 10	Maze Solution
1111111111	1111111111
1000110101	1***110101
1110110101	111*110101
1100000101	11**000101
1101111101	11*1111101
1100000001	11******01
1101011011	1101011*11
1001011001	1001011**1
1111001101	11110011*1
1111111111	1111111111

解題思考方向
基本輸入與輸出
資料結構──堆疊
迴圈敘述 while

Appendix

本章綱要

A.1 ASCII 表

Dec	Hex	Char	Dec	Hex	Char	Dec	Hex	Char	Dec	Hex	Char
0	0	NUL	32	20	Space	64	40	@	96	60	`
1	1	SOH	33	21	!	65	41	A	97	61	a
2	2	STX	34	22	“	66	42	B	98	62	b
3	3	ETX	35	23	#	67	43	C	99	63	c
4	4	EOT	36	24	$	68	44	D	100	64	d
5	5	ENQ	37	25	%	69	45	E	101	65	e
6	6	ACK	38	26	&	70	46	F	102	66	f
7	7	BEL	39	27	‘	71	47	G	103	67	g
8	8	BS	40	28	(	72	48	H	104	68	h
9	9	TAB	41	29	)	73	49	I	105	69	i
10	0A	LF	42	2A	*	74	4A	J	106	6A	j
11	0B	VT	43	2B	+	75	4B	K	107	6B	k
12	0C	FF	44	2C	,	76	4C	L	108	6C	l
13	0D	CR	45	2D	-	77	4D	M	109	6D	m
14	0E	SO	46	2E	.	78	4E	N	110	6E	n
15	0F	SI	47	2F	/	79	4F	O	111	6F	o
16	10	DLE	48	30	0	80	50	P	112	70	p
17	11	DC1	49	31	1	81	51	Q	113	71	q
18	12	DC2	50	32	2	82	52	R	114	72	r
19	13	DC3	51	33	3	83	53	S	115	73	s
20	14	DC4	52	34	4	84	54	T	116	74	t
21	15	NAK	53	35	5	85	55	U	117	75	u
22	16	SYN	54	36	6	86	56	V	118	76	v
23	17	ETB	55	37	7	87	57	W	119	77	w
24	18	CAN	56	38	8	88	58	X	120	78	x
25	19	EM	57	39	9	89	59	Y	121	79	y
26	1A	SUB	58	3A	:	90	5A	Z	122	7A	z
27	1B	ESC	59	3B	;	91	5B	[	123	7B	{
28	1C	FS	60	3C	<	92	5C	\	124	7C	|
29	1D	GS	61	3D	=	93	5D	]	125	7D	}
30	1E	RS	62	3E	>	94	5E	^	126	7E	~
31	1F	US	63	3F	?	95	5F	_	127	7F	DEL

【註】Dec 代表十進位、Hex 代表十六進位。ASCII 碼前 32 個為控制碼，由 Ctrl 鍵組合而成。

A.2 費氏數列的數學推導

費氏數列的遞迴式爲：

$$F_n = F_{n-1} + F_{n-2}，F_0 = 0，F_1 = 1$$

假設 $F_n = x^n$ 代入，則：

$x^n = x^{n-1} + x^{n-2}$

$\Rightarrow\ x^n - x^{n-1} - x^{n-2} = 0$

$\Rightarrow\ x^{n-2}(x^2 - x - 1) = 0$　　（設 $x \neq 0$）

$\Rightarrow\ x^2 - x - 1 = 0$　　稱爲**輔助方程式**或**特性方程式**

$\Rightarrow$ 一元二次方程式的根爲 $\dfrac{1 \pm \sqrt{5}}{2}$

$\Rightarrow$ 設 $\varphi = \dfrac{1+\sqrt{5}}{2} = 1.61803398875\cdots$（黃金比例）、$\ddot{\varphi} = \dfrac{1-\sqrt{5}}{2}$

因此，$F_n = c_1\left(\dfrac{1+\sqrt{5}}{2}\right)^n + c_2\left(\dfrac{1-\sqrt{5}}{2}\right)^n$，稱爲遞迴式的**通解**。

$F_0 = 0 \Rightarrow F_0 = c_1 + c_2 = 0 \Rightarrow c_1 + c_2 = 0\ \cdots$ (1)

$F_1 = 1 \Rightarrow F_1 = c_1\left(\dfrac{1+\sqrt{5}}{2}\right) + c_2\left(\dfrac{1-\sqrt{5}}{2}\right) = 1$

$\Rightarrow (c_1 + c_2) + \dfrac{\sqrt{5}}{2}(c_1 - c_2) = 1$

$\Rightarrow (c_1 - c_2) = \dfrac{2}{\sqrt{5}}\ \cdots$ (2)

根據 (1)、(2) 式，可得：

$c_1 = \dfrac{1}{\sqrt{5}}$、$c_2 = -\dfrac{1}{\sqrt{5}}$

因此，費氏數列的**顯解**（Explicit Solution）如下：

$$F_n = \frac{1}{\sqrt{2}}\left(\frac{1+\sqrt{5}}{2}\right)^n - \frac{1}{\sqrt{2}}\left(\frac{1-\sqrt{5}}{2}\right)^n$$

A.3 河內塔的數學推導

若圓盤數為 n，假設 $T(n)$ 為最少搬動次數，則河內塔演算法的時間複雜度可以用下列的**遞迴式**（Recurrence）表示：

$$T(n) = 2T(n-1) + 1$$

遞迴式的解如下：

$$\begin{aligned} T(n) &= 1 + 2T(n-1) \\ &= 1 + 2[1 + 2T(n-2)] \\ &= 1 + 2 + 2^2 T(n-2) \\ &= 1 + 2 + 2^2 [1 + 2T(n-3)] \\ &= 1 + 2 + 2^2 + 2^3 T(n-3) \\ &= \vdots \end{aligned}$$

觀察遞迴式的規律性，因此可得：$T(n) = 1 + 2 + 2^2 + \cdots + 2^k T(n-k)$。

已知 $T(0) = 0$，因此可設 $n = k$，則：

$$\begin{aligned} T(n) &= 1 + 2 + 2^2 + \cdots + 2^n T(0) \\ &= 1 + 2 + 2^2 + \cdots + 2^{n-1} \\ &= 2^n - 1 \end{aligned}$$

其中，使用等比級數公式：

$$\sum_{k=0}^{n-1} r^k = 1 + r + r^2 + \cdots + r^{n-1} = \frac{r^n - 1}{r - 1}$$

因此，若河內塔問題的圓盤數為 n，則最少搬動次數為 $2^n - 1$ 次。

A.4 合併排序法的數學推導

合併排序法的時間複雜度可以用下列的**遞迴式**表示：

$$T(n) = 2T(n/2) + n$$

遞迴式的解如下：

$$\begin{aligned} T(n) &= n + 2T(n/2) \\ &= n + 2[n/2 + 2T(n/4)] \\ &= 2n + 4T(n/4) \\ &= 2n + 4[n/4 + 2T(n/8)] \\ &= 3n + 8T(n/8) \\ &= \vdots \end{aligned}$$

觀察遞迴式的規律性，因此可得：$T(n) = kn + 2^k T(n/2^k)$。

已知 $T(1) = 0$，因此可設 $n/2^k = 1$ 或 $k = \lg n$，則：

$$\begin{aligned} T(n) &= kn + 2^k T(n/2^k) \\ &= n \lg n + 2^{\lg n} T(1) \\ &= n \lg n \end{aligned}$$

或表示成：

$$T(n) = O(n \lg n)$$

A.5 Python 程式語言的關鍵字

and	as	assert	async	await
break	class	continue	def	del
else	except	False	finally	for
from	global	if	import	in
is	lambda	None	nonlocal	not
or	pass	return	True	try
while	with	yield		

【註】本表僅列舉部分常見的關鍵字。

參考文獻

1. Python 官方網站
   https://www.python.org
2. Anaconda 官方網站
   https://www.anaconda.com
3. APCS 大學程式設計先修檢測
   https://apcs.csie.ntnu.edu.tw
4. Bebras 國際運算思維挑戰賽
   http://bebras.csie.ntnu.edu.tw
5. TOI 台灣國際資訊奧林匹亞競賽
   http://toi.csie.ntnu.edu.tw
6. ZTYPE – Typing Game
   https://zty.pe
7. 高中生程式解題系統
   https://zerojudge.tw
8. Lucky 貓的 UVA (ACM) 園地
   http://luckycat.kshs.kh.edu.tw
9. A. Drozdek, Data Structures and Algorithm in C++, 2nd Edition, Brooks / Cole, 2001.
10. E. Horowitz, S. Sahni, D. Mehta, Fundamentals of Data Structures in C++, 2nd Edition, Silicon Press, 2006.
11. T. H. Cormen, C. E. Leiserson, R. L. Rivest, C. Stein, Introduction to Algorithms, 3rd Edition, MIT Press, 2009.
12. M. T. Goodrich, R. Tamassia, D. M. Mount, Data Structures and Algorithms in C++, 2nd Edition, John Wiley, 2011.
13. R. D. Necaise, Data Structures and Algorithms using Python, John Wiley & Sons Inc., 2011.
14. A. B. Downey, Think Python, O'Reily, 2012.
15. D. Beazley and B. K. Jones, Python Cookbook, 3rd Edition, O'Reily, 2013.
16. N. Karumanchi, Data Structure and Algorithmic Thinking with Python, CareerMonk Publications, 2016.
17. 洗鏡光，名題精選百則——技巧篇，儒林圖書，2006
18. 蔡郁彬、胡繼陽、侯玉展，演算法概論，學貫行銷，2007
19. 結城浩著，管杰譯，程序員的數學（簡體字），人民郵電出版社，2012

20. 劉汝佳著，H&C 譯，打下好基礎——基礎程式設計與演算法競賽入門經典，碁峰資訊，2014
21. John MacCormick 著，陳正芬譯，改變世界的九大演算法：讓今日電腦無所不能的最強概念，經濟新潮社，2014
22. 張元翔，工程數學入門——專為科學家與工程師設計之教材，全華圖書，2015
23. 張元翔，Raspberry Pi 嵌入式系統入門與應用實作，碁峰資訊，2016
24. Y. D. Liang 著，蔡明志譯，Python 程式設計入門指南，碁峰資訊，2016
25. 郭英勝、鄭志宏、龔志銘、謝哲光，實用 Python 程式設計，松崗，2016
26. 陳惠貞，第一次學 Python 就上手，旗標科技，2017
27. 石田保輝、宮崎修一著，陳彩華譯，演算法圖鑑：26 種演算法 + 7 種資料結構，人工智慧、數據分析、邏輯思考的原理和應用全圖解，臉譜，2017
28. 榮欽科技，圖說運算思維與演算邏輯訓練：使用 Python，博碩文化，2018
29. 吳翌禎、黃立政，Python 程式設計學習經典——工程分析 × 資料處理 × 專案開發，碁峰資訊，2018
30. 陳小玉著，H&C 譯，趣學演算法—— 50 種必學演算法的完美圖解與應用實作，碁峰資訊，2018
31. Eric Matthes 著，H&C 譯，Python 程式設計的樂趣：範例實作與專題研究的 20 堂程式設計課，碁峰資訊，2018
32. Ana Bell 著，魏宏達譯，用 Python 學運算思維，旗標科技，2019
33. 草野俊彥著，陳彩華譯，[全圖解] 寫給所有人的運算思維入門，臉譜，2019
34. 數位新知，APCS Python 解題高手，深石，2019
35. 洪國勝、胡馨元，中學生資訊科技與 APCS ——使用 C 程式設計，泉勝出版，2019
36. 洪錦魁，Python 零基礎學程式設計與運算思維，深智數位，2019
37. 吳燦銘，APCS 大學程式設計先修檢測：Python 超效解題致勝秘笈，博碩文化，2019
38. 黃建庭，C++ 程式設計解題入門（第二版）——融入程式設計競賽與 APCS 檢定試題，碁峰資訊，2019
39. Christoph Dürr, Jill-Jênn Vie 著，史世強譯，培養與鍛鍊程式設計的邏輯腦：程式設計大賽的 128 個進階技巧，博碩文化，2019
40. 魏夢舒，圖解演算法：每個人都要懂一點演算法與資料結構，碁峰資訊，2019
41. 張元翔，數位訊號處理—— Python 程式實作，全華圖書，2019
42. 張元翔，數位影像處理—— Python 程式實作，全華圖書，2020
43. 張元翔，量子電腦與量子計算—— IBM Q Experience 實作，碁峰資訊，2020
44. 洪錦魁，演算法：最強彩色圖鑑 + Python 程式實作王者歸來，深智數位，2020

勘誤表

頁碼	行數	修改內容(修改處以粗體標示)	說明
1-12	第 5 行	建議您上網…英文打字遊戲，~~如下圖，~~網頁為…	
9-17	第 12 行	6. 下列 Python 程式的輸出結果為何？(A) n(n-1)/2 (B) n(n+1)/2 (C) **n^2** (D) **n^2**(n+1)/2	改為「n 平方」
9-18	第 7 行	10. 下列 Python 程式的輸出結果為何？ (A) n (B) **n^2** (C) 2n (D) n!	改為「n 平方」
12-10	第 6 行	集合名稱須符合識別字的命名規則，元組是由元素構成，中間以逗號隔開。與前述的串列**或元組**不同，元素不能重複。	
12-20	倒數第 9、10 行	程式範例 12-2 n = 0 # **佇列**內元素的個數 queue = [] # 建立空的**佇列**	程式註解有誤 程式碼修改後檔案下載： https://tinyurl.com/bddrbne4
16-12	倒數第 1、3 行	1. …時間效能。請參考第 **14** 章….。 ~~2.~~ 請將您的結果紀錄於下表:	修改參考章節
18-10	倒數第 8 行	$O(2^m \cdot n)$ 或 $O(2^n \cdot m)$	2 的 *n* 次方
20-10	第 6 題第 5 行	第 6 題 凱撒密碼是按照一個固定的數，稱為**位移量**，將明文替換為密文。	使用統一的名稱「位移量」

（請由此線剪下）

讀者回函卡

掃 QRcode 線上填寫 ▶▶▶

姓名：________ 生日：西元____年____月____日 性別：□男 □女

電話：( ) ________ 手機：________

e-mail：(必填)________

註：數字零，請用 Φ 表示，數字 1 與英文 L 請另註明並書寫端正，謝謝。

通訊處：□□□□□________

學歷：□高中・職 □專科 □大學 □碩士 □博士

職業：□工程師 □教師 □學生 □軍・公 □其他

學校／公司：________ 科系／部門：________

・需求書類：

□ A. 電子 □ B. 電機 □ C. 資訊 □ D. 機械 □ E. 汽車 □ F. 工管 □ G. 土木 □ H. 化工 □ I. 設計

□ J. 商管 □ K. 日文 □ L. 美容 □ M. 休閒 □ N. 餐飲 □ O. 其他

・本次購買圖書為：________ 書號：________

・您對本書的評價：

封面設計：□非常滿意 □滿意 □尚可 □需改善，請說明________

內容表達：□非常滿意 □滿意 □尚可 □需改善，請說明________

版面編排：□非常滿意 □滿意 □尚可 □需改善，請說明________

印刷品質：□非常滿意 □滿意 □尚可 □需改善，請說明________

書籍定價：□非常滿意 □滿意 □尚可 □需改善，請說明________

整體評價：請說明________

・您在何處購買本書？

□書局 □網路書店 □書展 □團購 □其他________

・您購買本書的原因？（可複選）

□個人需要 □公司採購 □親友推薦 □老師指定用書 □其他________

・您希望全華以何種方式提供出版訊息及特惠活動？

□電子報 □ DM □廣告（媒體名稱________）

・您是否上過全華網路書店？（www.opentech.com.tw）

□是 □否 您的建議________

・您希望全華出版哪方面書籍？________

・您希望全華加強哪些服務？________

感謝您提供寶貴意見，全華將秉持服務的熱忱，出版更多好書，以饗讀者。

填寫日期： / /

2020.09 修訂

親愛的讀者：

感謝您對全華圖書的支持與愛護，雖然我們很慎重的處理每一本書，但恐仍有疏漏之處，若您發現本書有任何錯誤，請填寫於勘誤表內寄回，我們將於再版時修正，您的批評與指教是我們進步的原動力，謝謝！

全華圖書 敬上

勘誤表

書號		書名		作者	
頁數	行數	錯誤或不當之詞句		建議修改之詞句	

我有話要說：（其它之批評與建議，如封面、編排、內容、印刷品質等・・・）